住房和城乡建设领域施工现场专业人员继续教育培训教材

公共基础知识

中国建设教育协会继续教育委员会　组织编写

中国建筑工业出版社

图书在版编目（CIP）数据

公共基础知识/中国建设教育协会继续教育委员会组织编写. —北京：中国建筑工业出版社，2019.6（2020.12重印）
住房和城乡建设领域施工现场专业人员继续教育培训教材
ISBN 978-7-112-23825-5

Ⅰ.①公… Ⅱ.①中… Ⅲ.①建筑施工-继续教育-教材 Ⅳ.①TU7

中国版本图书馆CIP数据核字（2019）第106505号

责任编辑：李 杰 李 明
责任校对：李欣慰

住房和城乡建设领域施工现场专业人员继续教育培训教材
公共基础知识
中国建设教育协会继续教育委员会 组织编写
*
中国建筑工业出版社出版、发行（北京海淀三里河路9号）
各地新华书店、建筑书店经销
北京鸿文瀚海文化传媒有限公司制版
北京京华铭诚工贸有限公司印刷
*
开本：787×1092毫米 1/16 印张：11½ 字数：284千字
2019年8月第一版 2020年12月第七次印刷
定价：**42.00**元
ISBN 978-7-112-23825-5
（34066）

丛书编委会

出版说明

住房和城乡建设领域施工现场专业人员（以下简称施工现场专业人员）是工程建设项目现场技术和管理关键岗位从业人员，人员队伍素质是影响工程质量和安全生产的关键因素。当前，我国建筑行业仍处于较快发展进程中，城镇化建设方兴未艾，城市房屋建设、基础设施建设、工业与能源基地建设、交通设施建设等市场需求旺盛。为适应行业发展需求，各类新标准、新规范陆续颁布实施，各种新技术、新设备、新工艺、新材料不断涌现，工程建设领域的知识更新和技术创新进一步加快。

为加强住房和城乡建设领域人才队伍建设，提升施工现场专业人员职业水平，住房和城乡建设部印发了《关于改进住房和城乡建设领域施工现场专业人员职业培训工作的指导意见》（建人〔2019〕9号）、《关于推进住房和城乡建设领域施工现场专业人员职业培训工作的通知》（建办人函〔2019〕384号），并委托中国建筑工业出版社组织制定了《住房和城乡建设领域施工现场专业人员继续教育大纲》。依据大纲，中国建筑工业出版社、中国建设教育协会继续教育委员会和江苏省建设教育协会，共同组织行业内具有多年教学和现场管理实践经验的专家编写了本套教材。

本套教材共14本，即：《公共基础知识》（各岗位通用）与《××员岗位知识》（13个岗位），覆盖了《建筑与市政工程施工现场专业人员职业标准》涉及的施工员、质量员、标准员、材料员、机械员、劳务员、资料员等13个岗位，结合企业发展与从业人员技能提升需求，精选教学内容，突出能力导向，助力施工现场专业人员更新专业知识，提升专业素质、职业水平和道德素养。

我们的编写工作难免存在不足，请使用本套教材的培训机构、教师和广大学员多提宝贵意见，以便进一步修订完善。

前　言

本教材根据住房和城乡建设部颁发的《关于改进住房和城乡建设领域施工现场专业人员职业培训工作的指导意见》（建人〔2019〕9号）要求，以中国建设教育协会审定通过的《住房和城乡建设领域施工现场专业人员继续教育大纲》为依据，结合当前建筑业改革发展背景，总结提炼了各岗位对专业技术人员所需掌握知识技能的共性部分，编写了这本继续教育用书。

本教材共分"建筑业全面深化改革与发展、建设工程相关的新法律法规和管理规定、建设工程施工现场消防要求、建设工程施工现场安全管理知识、职业道德"5个章节。内容上力求涵盖最新政策信息、法律法规和规范性文件，反映最新技术方法和理论成果。

本教材由江苏省住房和城乡建设厅执业资格考试与注册中心金强，江苏省住房和城乡建设厅住宅与房地产业促进中心张冬瑜，江苏省工业设备安装集团有限公司马记，苏州中亿丰建设集团朱杰峰，江苏信息职业技术学校张克纯，南京市城建中专刘长秀，北京谷雨时代教育科技有限公倪树新、刘灵俐、张嘉豪共同编写。

本教材是住房和城乡建设领域施工现场专业人员的继续教育培训教材，也可作为施工现场相关专业人员的实用工具书，并可供职业院校师生和相关专业人员参考使用。

本教材在编写过程中，参阅和引用了不少专家学者的著作，在此一并表示衷心的感谢。

限于编者水平和编制时间有限，书中难免存在不妥之处，敬请广大读者批评指正。

目　　录

第 1 章　建筑业全面深化改革与发展

第 1 节　国务院办公厅关于促进建筑业持续健康发展的意见

2017 年 2 月 24 日，国务院办公厅发布了《关于促进建筑业持续健康发展的意见》（国办发〔2017〕19 号，以下简称《意见》)。该《意见》为我国新时代建筑业发展指明了前进方向，是未来若干年建筑业发展的纲领性文件，许多新理念、新举措都是首次提出。

同年，党的十九大报告提出了习近平新时代中国特色社会主义思想，作出了我国经济已由高速增长阶段转向高质量发展阶段的重要判断，为建筑业改革转型提供了理论源泉和路径指导。回顾党的十八大以来建筑行业的总体发展历程可以发现，建筑业改革有一条主线贯穿始终：由“粗放型发展”向“精细化发展”转型。精细化发展的最终诉求，在于服务高水平、产品高品质和发展高效益。《意见》中的改革方向和重要举措都与“高质量发展”的要求相契合。

1.1.1 《意见》出台背景

1. 建筑业的重要性

建筑业的重要性可以从以下三个方面来加以认识。

一是建筑业已经是国民经济的支柱产业。经过 30 多年的改革发展，我国建筑业的建造能力不断增强，产业规模不断扩大，建筑业增加值占 GDP 的比重多年以来都超过 6%，建筑业增长率始终高于国民经济增长率，并与 GDP 增长率变动趋势相一致。到 2016 年，全国建筑业总产值达 19.35 万亿元，建筑业增加值达 4.95 万亿元，占国内生产总值的 6.66%。

二是建筑业对国计民生关系重大。建筑业吸纳了超过五分之一的农村转移劳动力，并带动了 50 多个关联产业发展，对经济社会发展、城乡建设和民生改善作出了重要贡献。建筑业所创造的最终建筑产品是国家和社会财富的重要组成部分，也直接影响到国家安全及人民生命财产安全。

三是建筑业的持续健康发展对于我国成功实施“一带一路”倡议有着举足轻重的影响。“一带一路”倡议是近 200 年来首次以中国为主导的洲际开发合作框架，是我国构筑国土安全发展屏障、寻求更大范围资源和市场合作的世纪大战略。其中，基础设施互联互通是“一带一路”建设的优先领域。“一带一路”地区覆盖总人口约 46 亿（超过世界人口 60%），GDP 总量达 20 万亿美元（约占全球三分之一）。这将给中国建筑业带来巨大的国际市场，而中国建筑业也将从一个重要方面代言我国的国际形象。

2. 建筑业转型升级发展面临重大历史机遇

建筑业既是支柱产业、传统产业和基础性产业，又是朝阳产业。建筑业这样一个传统行业，之所以能跻身于当代的朝阳产业，是因为当代建筑业的转型发展正面临以下重大机遇。

一是绿色发展的机遇。绿色可持续已经成为我国重要的国家战略，必将长期坚持，绿色建筑、地下管廊、海绵城市、生态修复等领域都已成为建筑业转型发展的重要方面。

二是新型城镇化的机遇。如今我国的城市化进程已经进入增速发展阶段。2016 年 2 月 6 日《中共中央国务院关于进一步加强城市规划建设管理工作的若干意见》中指出，要着力转变城市发展方式，着力塑造城市特色风貌，着力提升城市环境质量，着力创新城市管理服务，走出一条中国特色城市发展道路。2016 年 7 月 1 日《住房城乡建设部、国家发展改革委、财政部关于开展特色小镇培育工作的通知》（建村〔2016〕147 号）还进一步明确提出到 2020 年要培育 1000 个左右各具特色、富有活力的休闲旅游、商贸物流、现代制造、教育科技、传统文化、美丽宜居等特色小镇。

三是 BIM、大数据、互联网等新型 IT 技术为建筑业带来的新机遇。BIM 将颠覆建筑业的传统协同方式，大数据互联网将极大地增进交易信用和透明度，改变建筑业的传统市场生态，以新型 IT 技术重构建筑业将是建筑业转型发展的新风口。

四是装配式建筑的发展机遇。装配式建筑是建筑工业化的一个重要组成部分，势必将极大地提升我国建筑业的生产效率。长期以来建筑业的工业化相对滞后，但随着我国劳动力就业人口的日渐萎缩，工业化是必由之路，而 BIM、大数据、互联网等则为装配式建筑的快速发展提供了极为有利的外部条件。目前，全国各地在装配式建筑的发展方面已经有了大量的试点，而国务院办公厅于 2016 年 9 月 27 日印发的《关于大力发展装配式建筑的指导意见》（国办发〔2016〕71 号），则吹响了装配式建筑发展的“集结号”。

3. 建筑业急需应对的若干挑战

当前，中国建筑业面临的主要挑战如下：

一是市场监管体制机制不健全。我国建筑市场的监管体制机制还处于从计划经济到市场经济的艰难转型之中，政府监管越位、缺位、错位并存，导致改革对既有体制机制突破的需求与各种市场违法违规行为之间的界限容易相互混淆，加上工程建设领域腐败诱惑巨大，常常导致政府对不少市场违法违规行为总是难以根治。由此，转包挂靠、围标串标、工程款及农民工工资拖欠等违法违规现象屡禁不止，建筑业也成为腐败重灾区。

二是建筑业自身还存在不少亟待解决的问题。如工程建设组织方式落后、建筑设计水平有待提高、企业核心竞争力不强、工人技能素质偏低等。这些问题不少也与整个建筑市场的监管体制机制未理顺存在着极大的相关性。如建筑市场因过度的行政监管而碎片化，导致新型工程建设组织方式难以落地，同时建筑业专业人士话语权不足，设计大师难以脱颖而出；不少企业则因受到过度的资质保护而无动力去提升自身竞争力；而工人技能素质问题，则直接与因公共服务不足而导致建筑市场大量使用缺乏身份归属感的农民工密切关联。最终，上述问题在企业层面表现出来，就是我国建筑业尽管规模很大，但大而不强，整体效益较低。

三是质量安全问题。当前，在建工程的质量安全事故时有发生，质量安全问题既是建筑业发展中各项问题矛盾的一个焦点，也凸显了有关工程质量安全保障这一重要的公共服务的不足。工程质量安全将是建筑市场监管体制机制改革成败的试金石。

1.1.2 《意见》颁布的意义

在上述背景下，《意见》的出台首先是对十八大和十八届二中、三中、四中、五中、六中全会以及中央经济工作会议、中央城镇化工作会议、中央城市工作会议精神的全面贯彻，也是对习近平总书记系列重要讲话精神和治国理政新理念新思想新战略的深入贯彻；是对《中共中央、国务院关于进一步加强城市规划建设管理工作的若干意见》（2016 年 2 月 6 日）的落实，也是对进一步深化建筑业“放管服”改革的一次重要部署。它必将有利于完善监管体制机制，优化市场环境，加快建筑业的产业升级，提升工程质量安全水平，促进建筑业持续健康发展，并为新型城镇化提供重要支撑。关于《意见》出台的意义，可以从以下几个方面进行解读。

1. 从顶层设计入手完善体制和机制

《意见》的出台为建筑业持续健康发展之路做出了顶层设计。长期以来，我国建筑业的诸多问题都是系统性的，与既有建筑市场监管体制机制不畅密切相关。单纯头痛医头脚痛医脚很难从根本上解决问题。尤其是监管体制机制不健全，行业监管重审批、轻监管，信息化水平不高，工程担保与保险和诚信管理等市场配套机制进展缓慢，市场在行业准入清出、优胜劣汰方面作用不足，严重影响行业健康持续发展。不少地方在实践中也看到了问题的根源，但改革中首先遭遇的就是现行法律法规滞后，难以突破；其次则是受制于部门利益、相互掣肘，在上层改革思路大方向不明之际，难以在部门间形成合力。此次《意见》的出台无异于是对建筑业全面深化改革的一大助力。

2. 以问题为导向明确改革举措

《意见》所提出的每一条都非常有针对性，直接切入到行业痛点。如市场信用问题、资质管理碎片化问题、招投标扩大化形式化问题、工程总承包落地问题、培育全过程咨询问题、工程质量安全问题、工程承包履约及合同价款结算问题、人才队伍建设问题和建筑业转型升级及走出去问题，等等。上述问题是建筑业难以治愈的顽症，根本原因是因为缺乏系统性的配套解决手段。《意见》件从 7 大方面分别提出了 20 条举措，逐一提出破解上述制约行业发展的关键问题的措施。2017 年 6 月 13 日，住房城乡建设部等 19 部委又联合发布《住房城乡建设部等部门关于印发贯彻政策促进建筑业持续健康发展意见重点任务分工方案的通知》，进一步明确《意见》中所列改革举措的具体责任部门、配合部门，确保改革举措能够落地。

3. 以放管服为突破口强化市场机制

建筑业是一个受政府监管影响较大的行业，严格的资质管理、众多的行政审批环节早已成为建筑业不堪承受之重。《意见》对简政放权进一步做出了详细的部署，提出了明确的要求。可以预见，随着全国统一建筑市场的推进，资质管理的简化，行政审批效率的提高，必将为建筑业带来更为宽松的发展环境，有望进一步释放市场创造的活力，甚至激发一些建筑市场新业态的成长。目前，全国许多地市都开展专项行动，出台放管服改革文件，不断精减行政审批事项，压缩行政审批时间，改善营商环境，加快项目落地建设。

长期以来，一种错误的思潮是政府简单的“退出”，似乎只要政府退出了，建筑业的所有问题就迎刃而解了，这就造成政府监管部门在不少问题上举棋不定、该管不管，甚至成为懒政的借口。《意见》在强调简政放权的同时，又强调了强化政府对工程质量安全的监管，全面提高监管水平和行政效率，在简政放权的同时加强事中事后监管。应该说，这次改革是在建筑业对政府监管理念的全新调整。沿着这个方向坚定地走下去，相信未来我国的工程质量安全水平肯定会再上一个台阶。

4. 狠抓供给侧结构性改革

人口红利衰减、“中等收入陷阱”风险累积、国际经济格局深刻调整等一系列内因与外因的作用，中国经济发展逐步进入了“新常态”。供给侧结构性改革因此上升为国家战略。供给侧改革旨在调整经济结构，使要素实现最优配置，提升经济增长的质量和数量。落实到建筑业的供给侧，则主要在于强化队伍建设、增强企业核心竞争力和创新建筑生产组织方式。《意见》在此方面着墨很多，从设计队伍、技术队伍到工人队伍，到企业的转型发展，及工程总承包、全过程咨询等新型服务模式，再到行业的技术进步和准建设等，不一而足。这些措施必将有力地支持建筑业供给侧改革的深化发展。

1.1.3 《意见》内容解析

《意见》针对当前我国建筑业发展中存在的一些突出问题，从七个方面提出了20条措施，基本理念是以市场化为基础、以国际化为方向，聚焦建筑业管理的体制和机制，抓住了建筑业持续健康发展的核心问题。

1. 深化建筑业简政放权改革

深化建筑业简政放权改革，是落实国务院“放管服”改革的要求，是在建筑业进行简政放权放管结合优化服务的改革。简政放权，是要加快完善体制机制，创建适应建筑业发展需要的建筑市场环境，进一步激发市场活力和社会创造力。深化建筑业简政放权改革的主要内容是优化资质资格管理，完善招标投标制度等。

（1）优化资质资格管理，是要改革建筑市场准入制度，对资质资格管理进行改革，改变重企业资质的行业监管方式。我国建筑企业资质人为分割，分级分类又过多过细。这就使得企业需要花费大量人力、物力和财力去申请多种资质，企业精力分散，影响效率，并导致大量“挂靠”等违规乱象的产生。

发展社会主义市场经济，发挥市场配置资源的决定性作用和更好地发挥政府的作用，关键是处理好市场和政府的关系。《意见》提出的优化资质资格管理，是要减少政府对市场经济活动的直接干预，弱化企业资质，强化个人执业资格。是对行政审批权精减压缩，降低和取消不必要的门槛，减轻企业负担，从而建立完善以信用体系、工程担保为市场基础，强化个人执业资质管理的制度。

资质资格管理的变化，有利于破除对企业资质等级的迷信，同时也能更好地发挥市场的作用，鼓励市场竞争。如对于那些信用良好、业绩优秀、具有专业技术能力的建筑企业，可以打破企业资质等级的限制和束缚，在市场竞争中发展壮大。

另外，大力推行“互联网＋政务服务”，实行“一站式”网上审批，进一步提高建筑领域行政审批效率。《意见》发布后，全国各地都在探索如何提高工程建设项目审批效率，精简审批事项，创新审批办法，充分发挥互联网的作用，大幅压缩建设项目从立项到获取施工许可证的政府审批时间，极大地提高了建设项目的落地效率。2019年2月12日，国家发展改革委、住房和城乡建设部等15部委又联合发布《关于印发全国投资项目在线审批监管平台投资审批管理事项统一名称和申请材料清单的通知》，进一步强调为防止审批工作中的自由裁量权，各级审批部门不得要求项目单位提供通知之外的申请材料，提高投资审批“一网通办”水平，严格执行并联审批制度、规范投资审批行为。

（2）完善招标投标制度，是将招投标改革作为深入推进建筑业“放管服”改革的重要任务。

改革开放以来，工程招投标制度的建立健全客观上推动了我国工程建设管理体制改革，促进了工程建设管理水平的提高和建筑业的发展。但是，招投标制度设计和监管体制建设相对滞后，招投标过程中暴露出许多薄弱环节，严重制约行业的健康持续发展。强制招投标的工程范围过宽，政府投资工程要招投标，社会投资工程也要招投标；大型工程要招投标，小型工程也要招投标。

《意见》提出的完善招标投标制度，是要缩小必须招标的工程建设项目范围，让社会投资工程的建设单位自主决定发包方式。

分类管理两类工程，即政府工程采购以招标方式为主，社会投资工程由建设单位自主决策，充分尊重市场主体意愿，体现“谁投资、谁决策”的理念。两类工程实施分类管理，有利于转变政府职能，减政放权、放管结合，提高监管成效。

清除阻碍企业自由流动、公平竞争的各种市场壁垒。进一步简化招投标监管程序，全面清理涉及招投标活动的相关文件，减少不必要的备案或审核环节，彻底革新传统监管方式，有利于全面提高招投标工作效率，保障投资效益。

《意见》提出将依法必须招标的工程建设项目纳入统一的公共资源交易平台，实现招标投标交易全过程电子化，推行网上异地评标，规范建筑市场。推行招投标信息化，将传统的线下现场报名、资格预审、答疑、投标等环节搬到线上，有利于减少不必要的资源浪费，减轻投标企业负担。通过政府工程的示范带动，引导实施网上异地评标，广泛整合专家资源，提高信息公开程度，发挥社会监督作用，减少交易成本和腐败现象，从根本上杜绝虚假招标、围标串标等行业痼疾，使招投标的竞争淘汰机制能够切实发挥作用。

2. 完善工程建设组织模式

完善工程建设组织模式的主要内容是加快推行工程总承包、培育全过程工程咨询等。

（1）加快推行工程总承包，提高工程建设组织效率

“施工总承包”向“工程总承包”发展是完善工程建设组织模式的方向之一，有利于实现设计、采购、施工和运行阶段工作的深度融合。《意见》提出，装配式建筑原则上应采用工程总承包模式；政府投资工程应完善建设管理模式，带头推行工程总承包；要加快完善工程总承包相关的招标投标、施工许可、竣工验收等制度规定。同时，《意见》也明确了应按照总承包负总责的原则，落实工程总承包单位在工程质量和安全、进度控制、费用控制与管理等方面的责任。

专业工程分包是建筑市场专业化、精细化、产业化发展的结果。《意见》明确，除以暂估价形式包括在工程总承包范围内且依法必须进行招标的项目外，工程总承包单位可以直接发包总承包合同中涵盖的其他专业业务。这对于工程总承包企业而言，除特定情形外可以直接发包总承包合同中涵盖的其他专业业务（包括专业工程、货物和服务），将有利于与信誉好质量高的专业工程分包单位和供应单位建立长期高效的战略合作关系。同时，工程总承包企业必须承担对选择的专业分包企业负责的义务。工程总承包模式对承包企业的经济实力要求较高，企业应具有较好的承担经济风险的能力。

（2）培育全过程工程咨询，是要整合分散的工程咨询服务，发展全过程工程咨询，发展全过程工程咨询企业。

我国现行工程咨询市场是各个部门在不同时期，依照部门需求分别建立起来的，对工程咨询相关工作和环节都设置了单独的准入门槛，导致市场被强行切割，咨询服务碎片

化，难以贯穿工程建设全过程。

在建设的全过程中都存在对工程顾问的需求，国际大型工程顾问公司能提供系统性问题一站式整合的服务模式。大型工程顾问公司吸收多国人才，全球布点，构建网络型组织，开展多种国际合作模式，可实现全球化服务。通常，其拥有一批设计、施工和工程管理经验非常丰富的顾问工程师，提供综合性很强的多元化服务，包括各种类型工程的顾问服务［房屋建筑、工业建设、基础设施（公路、铁路、地铁、航道等）、建筑设备、环境工程和水务工程等］，提供全生命周期顾问服务，并能以可持续建设指导工程建设，积极开展创新研发。

《意见》提出，要鼓励投资咨询、勘察、设计、监理、招标代理、造价等企业采取联合经营、并购重组等方式发展全过程工程咨询，培育一批具有国际水平的全过程工程咨询企业；要制定全过程工程咨询服务技术标准和合同范本；政府投资工程应带头推行全过程工程咨询，鼓励非政府投资工程委托全过程工程咨询服务。由此，目前的投资咨询、勘察、设计、监理、招标代理、造价等单个方面或环节的咨询将向全过程工程咨询方向转变，提供整合服务，积极参与各类城市建设和基础设施建设，形成建设项目全面服务的综合能力。同时，也需要政府尽快消除工程管理制度建设的障碍，拆除传统建设模式下的投资、设计、施工等各阶段之间的制度性“篱笆”。

另外，国家发展改革委、住房和城乡建设部于2019年3月15日联合发布了《关于推进全过程工程咨询服务发展的指导意见》，在前期研讨、征求意见和各地试点的基础上，正式对《意见》中的“培育全过程工程咨询”给出明确意见。文件中特别提到，要遵循项目周期规律和建设程序的客观要求，在项目决策和实施两个阶段，着力破除制度性障碍，重点培育发展投资决策综合性咨询和工程建设全过程咨询，为固定资产投资及工程建设活动提供高质量智力技术服务，全面提升投资效益、工程建设质量和运营效率，推动高质量发展。

3. 加强工程质量安全管理

建筑业的供给侧结构性改革，就是要不断提升工程质量和安全水平，为人民群众提供高品质、安全、美观、绿色的建筑产品；坚持以推进供给侧结构性改革为主线，满足人民群众对宜居、适居和美居等的居住需求。加强工程质量安全管理的主要内容是严格落实工程质量责任、加强安全生产管理、全面提高监管水平。

（1）严格落实工程质量责任，是要强化建设单位的首要责任和勘察、设计、施工单位的主体责任。

工程质量是建筑的生命，也是社会关注的热点，事关国家经济发展和人民群众生命财产安全。改革开放以来，我国工程质量整体水平不断提高，但是，工程质量监管仍存在一些问题和不足，不能完全适应经济社会发展的新要求和人民群众对工程质量的更高期盼。全面严格落实工程质量责任，就是要保证参建各方的责任可追溯，把责任转化为参建各方的内在动力。对于施工企业来说，发生工程质量事故，企业将被停业整顿、降低资质等级、吊销资质证，个人将遭受暂停执业、吊销资格证书，一定时间直至终身不得进入行业等处罚。

（2）加强安全生产管理，就是要全面落实安全生产责任。加强施工现场安全防护，深基坑、高支模、起重机械等危险性较大的分部分项工程的管理是重点。要通过信息技术和手段，与安全生产深度融合，以信息化手段加强安全生产管理。

（3）全面提高监管水平，是要强化政府对工程质量安全的监管，提升工程质量安全水平。

长期以来，工程质量监督机构定位不明晰，职责不明确，没有明确什么该监管，什么不该监管，导致该监管的没有监管好，不该监管的，倒费了不少工夫。要保证落实责任就要强化政府监管，明确监管重点，强化队伍建设，创新监管方式，确保政府对工程质量安全实施有效监管。《意见》突出了政府质量监管的地位。政府是人民群众利益的代表，理应强化政府对工程质量的监管力度，对涉及公共安全的工程地基基础、主体结构等部位和竣工验收等环节的监督检查是重中之重；不仅是涉及公共利益的各类公共工程，对涉及群众切身利益的住宅工程，特别是商品房住宅质量的监管也要强化，确保工程质量满足人民群众的生产生活需要。高水平的技术标准是实现高品质工程质量的保障，要对标国际先进标准，不断完善和适度提高我国的工程建设标准。

《意见》提出创新政府监管和购买社会服务相结合的监管模式。除加强政府对工程质量的监管之外，还应当通过购买社会服务的方式弥补政府监管力量的不足，逐步实现由“行政手段干预工程质量”的管理模式向“市场机制调节工程质量”的全新模式转变，转变政府职能，激发市场活力。

4. 优化建筑市场环境

优化建筑市场环境的主要内容是建立统一开放市场，加强承包履约管理、规范工程价款结算。

（1）建立统一开放市场，是要充分发挥市场机制的作用。

《意见》提出，要打破区域市场准入壁垒，取消各地区、各行业在法律、行政法规和国务院规定外对建筑业企业设置的不合理准入条件。

由于地方保护主义，统一开放的建筑市场尚未完全形成，地方保护、部门分割等问题严重，不利于建筑市场的公平竞争。建立统一开放、竞争有序的建筑市场，将有助于营造公平竞争的市场环境，使市场机制作用得到充分发挥。

（2）加强承包履约管理，是要规范建筑市场主体的行为。

《意见》明确，要引导承包企业以银行保函或担保公司保函的形式，向建设单位提供履约担保。严厉查处转包和违法分包等行为。

健全的诚信体系是一个成熟规范建筑市场的重要标志。我国的工程款拖欠问题，集中反映了建筑市场诚信体系建设的缺失。因此，这就要建立承包商履约担保和业主工程款支付担保等制度，用经济的手段约束合同双方的履约行为。要充分运用信息化手段，完善全国统一的建筑市场诚信信息平台，为社会各方所用，营造“守信得偿、失信惩戒”“一处违规，处处受限”的市场信用环境。要健全完善市场机制，通过设定前置条件，推行国际通行的最低价中标办法。

（3）规范工程价款结算，是要通过经济、法律手段，预防拖欠工程款。

《意见》明确，建设单位不得将未完成审计作为延期工程结算、拖欠工程款的理由。未完成竣工结算的项目，有关部门不予办理产权登记。对长期拖欠工程款的单位不得批准新项目开工。

这就是通过执行工程预付款制度、业主支付担保等经济和法律手段约束建设单位行为，预防拖欠工程款。为规范工程价款结算，《意见》明确了相关具体落实的措施。

5. 提高从业人员素质

20 世纪 80 年代我国的建筑业实施劳务层和管理层分离，把建筑业中的生产力几乎全部变成农民工，建筑工人都是亦工亦农，多数没有学过专业技术、没有经过必要的从业常识和职业技能培训，业务素质不高，质量安全意识淡薄；此外，由于务工人员流动性较大，就业不稳定，企业并不愿意承担技能培训和教育责任，因而可以说目前建筑业几乎没有产业工人和技术工人。这种“两层分离”后的施工作业群体的专业质量和素质，是导致工程质量安全事故时有发生的重要原因之一。因此，《意见》提出的加快培养建筑人才、建筑用工制度，非常必要和紧迫。

提高从业人员素质的主要内容是加快培养建筑人才、改革建筑用工制度、全面落实劳动合同制度。

（1）加快培养建筑人才，是以提高建筑工人素质为基础，推动“大众创业、万众创新”，要大力弘扬工匠精神，培养高素质建筑工人，培育现代建筑产业工人队伍。到 2020 年建筑业中级工技能水平以上的建筑工人数量达到 300 万，2025 年达到 1000 万。

要从根本上提高工程质量和施工安全生产管理水平，必须大力提升建筑产业发展水平和从业人员素质，重新培育产业工人。当前，我国建筑业吸纳农村转移人口 5000 多万人，建筑劳务就是建筑业的基础。这样一个庞大的建筑劳务工人队伍，若要实现知识化、公司化、专业化和技能化，培训工作相当重要，需要从最底端做起，制度建设和政策建设到位。《意见》明确了提高建筑工人技能水平的管理体制和机制，明确了政府部门的管理责任，包括建立建筑工人职业基础技能培训制度、职业技能鉴定制度、统一的职业技能标准；发展建筑工人职业技能鉴定机构，开展建筑工人技能评价工作，引导企业将工人技能与薪酬待遇挂钩等，这符合国际上工业发达国家和地区的通行做法，是提高工程质量和保证安全生产的非常重要的基础性工作。

以中国香港为例，20 世纪 70 年代初期，建筑行业用工制度很混乱，工人自身素质、技术水平普遍偏低，直接导致工程质量没有保障，工程存在安全隐患，安全事故频发；同时工人待遇没有保障，出现劳资纠纷，没有年轻人愿意从事建筑行业，工人队伍面临枯竭。中国香港政府通过立法、政府投资、建立专门管理机构等行政手段，逐步将香港建筑业用工制度正规化。现在的中国香港工人要通过正规的培训、考核鉴定，取得相应工种的技术等级资格，才能进入工地工作。中国香港的建筑企业也积极配合政府的各项管理措施，因为工人管理制度的完善，工人技术水平的提升，建筑企业是最大的受益者之一。

（2）改革建筑用工制度，是要大力发展以作业为主的专业企业。农民工是建筑业生存和发展的基石，建筑业的改革发展必须要惠及他们。只有先解决农民工的归属问题，降低其流动性，才能保障工人的合法权益，才能有效地开展技能培训和技能鉴定，提升工人技能水平，这是提高工人素质的基本条件。要以专业企业为建筑工人的主要载体，逐步实现建筑工人公司化、专业化管理。在此基础上，推动实名制管理，落实劳动合同制度，规范工资支付，开展技能培训和鉴定，促进建筑业农民工向技术工人转型。

2019 年 2 月 17 日，住房和城乡建设部、人力资源社会保障部联合发布《关于印发建筑工人实名制管理办法（试行）的通知》，明确要求全面实行建筑业农民工实名制管理制度，坚持建筑企业与农民工先签订劳动合同后进场施工。

要打破过去建筑劳务用工必须通过有资质的劳务企业这一壁垒，对于技术已经历练成熟的建筑劳务人员，可以以专业技能为基础，创建以建筑作业为主的小微型企业。

要健全建筑业职业技能标准体系，全面实施建筑业技术工人职业技能鉴定制度。制定施工项目技能配比标准，如每个项目的工地必须配比有多少中级以上的工人、高级以上的工人。监管部门负责进行检查，如果达不到标准，则对项目总包单位进行处罚。运用这种倒逼方式，使建筑工人意识到培训是一定管用的，技能水平一定是和薪酬挂钩的。

（3）全面落实劳动合同制度，是要加大监察力度，督促施工单位与招用的建筑工人依法签订劳动合同，到 2020 年基本实现劳动合同全覆盖。将存在拖欠工资行为的企业列入黑名单，对其采取限制市场准入等惩戒措施，情节严重的降低资质等级。建立健全与建筑业相适应的社会保险参保缴费方式，保护工人合法权益。

6. 推进建筑产业现代化

应该看到，在建筑产业现代化方面，我们与发达国家相比还有很大差距，多数技术领域总体上仍以模仿跟踪为主。设计理念存在差距，施工精细化水平有待提升，国产化装备总体质量不高，建筑工业化程度不高，部分信息化核心技术依赖于国外技术，部分高端或专用产品和材料技术滞后等。此外，建筑产业科技投入明显不足，科研与市场需求结合不紧密，科技成果转化率低，无法形成新的生产力。因此，亟须大力推进建筑产业现代化。

推进建筑产业现代化的主要内容是推广智能和装配式建筑、提升建筑设计水平、加强技术研发应用、完善工程建设标准。

（1）推广智能和装配式建筑，是要推动建造方式创新和升级。

我国施工工业化水平较低，技术创新能力和集约化程度不够，施工企业还大量依靠民工，技能劳动者占从业人员总量比重低。在生产方式上，发达国家已较早就采用了预制装配式建造方式，主要包括装配式混凝土结构、钢结构和木结构。而我国预制装配化比例较低，房屋建筑基本采用现场浇筑，新建建筑中装配式建筑比例不高，建造工业化率低。

《意见》明确，要坚持标准化设计、工厂化生产、装配化施工、一体化装修、信息化管理、智能化应用，推动建造方式创新，大力发展装配式混凝土和钢结构建筑，在具备条件的地方倡导发展现代木结构建筑，不断提高装配式建筑在新建建筑中的比例。《意见》提出，大力推广智能和装配式建筑，推动建造方式创新，力争用 10 年左右的时间，使装配式建筑占新建建筑面积的比例达到 30%。

因此，在建筑工业化方面，今后一段时间内应研究形成设计、构配件生产、施工建造、运维的全产业链成套应用技术，形成符合我国当前设计施工技术水平的工业化建筑体系，包括装配式混凝土结构、钢结构、现代木结构、现场现浇体系的工业化等。建立建筑工业化信息集成应用体系和平台，研究完善标准规范、工法、技术导则等标准化体系。研究建筑工业化产业商业模式和管理模式。要优化产品结构，促进我国建筑业装备自动化、智能化的转型升级，提升装备的安全、环保、节能等绿色技术性能，为建筑工业化发展提供强有力的技术支撑。

（2）提升建筑设计水平、加强技术研发应用、完善工程建设标准，是要不断提升建筑产业现代化水平。

《意见》提出，要健全适应建筑设计特点的招标投标制度，推行设计团队招标、设计方案招标等方式。

《意见》提出，要加快先进建造设备、智能设备的研发、制造和推广应用，提升各类施工机具的性能和效率，提高机械化施工程度。限制和淘汰落后、危险工艺工法，保障生产施工安全。

《意见》提出，要整合精简强制性标准，适度提高安全、质量、性能、健康、节能等强制性指标要求，逐步提高标准水平。

因此，这就要加快建筑业产业升级，转变建造方式，提升我国建筑业的国际竞争力。加强技术研发应用，大力推广建筑信息模型（BIM）技术、大数据、智能化、移动通信、云计算等信息技术在建筑业中的集成应用，大幅提高技术创新对产业发展的贡献率，推动建筑业传统生产方式的升级改造，培育有国际竞争力的建筑设计、工程咨询和工程承包企业，打造“中国建造”品牌。

7. 加快建筑业企业“走出去”

我国建筑企业外向度仍偏低，企业“走出去”整体水平较低、国际竞争力不强。企业的境外市场主要集中在发展中国家，对外承包工程业务主要在亚洲和非洲，欧美市场拓展的规模不大。且对外承包工程的业务主要集中在中低端领域。针对企业在走出国门后面临的种种“水土不服”，国务院提出对标国际先进标准，推行工程总承包。对此，住房和城乡建设部也早已着手对相应政策进行调整。

加快建筑业企业“走出去”的主要内容是加强中外标准衔接、提高对外承包能力、加大政策扶持力度。

（1）加强中外标准衔接，是要推动中国标准“走出去”。

《意见》提出，要积极开展中外标准对比研究，适应国际通行的标准内容结构、要素指标和相关术语，缩小中国标准与国外先进标准的技术差距。加大中国标准外文版翻译和宣传推广力度，以“一带一路”倡议为引领，优先在对外投资、技术输出和援建工程项目中推广应用。到2025年，实现中国工程建设国家标准全部有外文版。

建筑企业要“走出去”，就必须掌握标准制定的主动权，推动中国标准“走出去”，要系统性翻译中国标准，为开展工程技术标准合作打好基础。同时，要做好标准的国际接轨工作，通过国际化认证、对国外项目业主和专业人员进行培训，开展多种方式的双边合作，提高中国标准在相关国家的接受度。要制定相关政策，鼓励和要求使用中国资金的境外投资项目采用中国标准。

（2）提高对外承包能力，是要求建筑业企业积极研究和适应国际标准，加强对外承包工程质量、履约等方面管理，鼓励建筑企业积极有序开拓国际市场。

《意见》提出，要统筹协调建筑业“走出去”，充分发挥我国建筑业企业在高铁、公路、电力、港口、机场、油气长输管道、高层建筑等工程建设方面的比较优势，有目标、有重点、有组织地对外承包工程，参与“一带一路”建设。

建筑业企业要积极响应和紧密结合国家战略，积极参与“一带一路”建设，积极探索适应国际竞争的业务发展模式。在国际建筑市场中，通过工程顾问和设计咨询来带动工程承包业务。在一般情况下，工程顾问或设计咨询来自哪个国家，项目往往就会被推荐给那个国家的工程承包企业。因此，工程顾问和设计咨询的实力有时就决定着工程承包企业在国际工程承包市场上的份额。

（3）加大政策扶持力度，是要重点支持对外经济合作战略项目。

《意见》提出，到 2025 年，与大部分“一带一路”沿线国家和地区签订双边工程建设合作备忘录，同时争取在双边自贸协定中纳入相关内容，推进建设领域执业资格国际互认。

8. 关注《意见》提出的新理念

《意见》提出了有关建筑业发展理念、建筑方针、责任体系、风险体系、服务模式创新和品牌建设等一系列新理念。这些理念将会对行业未来的健康持续发展产生深远影响。

1.1.4　对基层单位变革发展的推动

作为今后一段时期内建筑业改革发展的纲领性文件，《意见》充分体现了以市场化为基础、以国际化为方向的发展理念。纵观《意见》中的七大改革举措，国际化、专业化、市场化、信息化等“四化”贯穿其中、统领全文，无疑会对建筑行业产生巨大而深远的影响。设计、施工、监理等基层企业应当积极响应《意见》中提出的改革方向，贯彻落实《意见》中的改革举措，形成改革合力，共同推进建筑业健康持续发展。

1. 国际化是建筑业改革发展的主导方向

住房和城乡建设部在 2017 年 2 月召开的促进建筑业持续健康发展新闻发布会上明确指出，要加快建筑业“走出去”，推动品牌创新，培育有国际竞争力的建筑设计队伍和建筑业企业，提升对外承包能力，打造“中国建造”品牌。因此，如何贯彻实现国际化也是基层单位首当其冲需要考虑的核心问题。与以往所提国际化不同的是，《意见》对国际化进行了更加深刻的阐述。一方面，建筑业企业要主动与国际接轨，适应发达国家市场经济的游戏规则，通过工程服务的国际化和企业组织的国际化，发挥在高铁、公路、电力、港口、机场、高层建筑等工程建设方面的比较优势，有目标、有重点、有组织地对外承包工程，真正提高中国建筑业企业在国际市场上的对外竞争能力和市场份额，打造中国建造品牌。另一方面，尽快缩小中国标准与国外先进标准的技术差距，加大中国标准外文版的翻译和宣传推广力度，在“一带一路”倡议实施过程中，建立以中国标准为核心的游戏规则，打破西方标准的垄断地位，为中国企业走出去彻底扫除标准障碍，与沿线国家共享中国建筑业的成功经验。

围绕国际化这一核心发展主题，基层单位都需要积极行动起来，共谋改革发展大计。地方政府应当积极鼓励推动当地企业走出去，从税收、政策、管理、信息等方面提供必要的支持和帮助，充分发挥政府在对外沟通交流、经贸往来方面的资源和渠道优势，为企业走出去创造便利条件；行业协会作为政府与企业的纽带，要积极发挥“提供服务、反映诉求、规范行为”的职能作用，在促进企业贯彻实施国家“一带一路”倡议，加快企业“走出去”过程中，为企业提供更贴近市场的专业服务，为企业提供交流沟通的平台；企业则需要立足长远、系统谋划，深刻解读国际化的真正内涵，结合企业发展实际情况，重新拟定国际化发展战略，从市场定位、战略规划、组织管理、人才培育、技术引进等方面进行全方位改造升级，从而增强企业的竞争力。

2. 专业化是建筑业改革发展的核心

专业化是一个持续不断的过程，最终实现“专业人干专业事，专业企业专业化发展，专业主体承担专业责任，专业工作有规范标准”的专业化发展模式。与其他行业相比，建筑行业的整体形象亟待提升。工业发达国家中建筑业数百年长期博弈后的结果提醒我们，专业化是建筑业健康持续发展的根基，离开专业化的支撑，国际化、市场化、信息化均难以实现，而专业化最本质的内涵就是“专业人干专业事”，这与中央政府深化建筑业放管服改革的要求完全一致。因此，专业化是基层单位必须高度重视和真正强化的环节，未来建筑业的形象将更加高大上，将由一系列专业机构、注册执业人士和产业工人组成，彻底扭转当前的脏乱差形象。

建筑业有其独特的内在规律和行业特征，因此，建筑业的专业化内涵非常丰富，《意见》中对此也有深刻、全面的剖析。所谓专业人干专业事涵盖整个建筑业的各个环节，《意见》对每第一个环节的专业化都直面问题、指明方向。当务之急就是如何尽快行动起来。首先是建设单位的首要责任，强化建设单位的首要责任可以有效约束建设单位的管理行为，促使建设单位自律守法，提高工程质量安全水平。其次是注册执业，未来的建筑业将要不断强化注册执业人士管理，通过担保与保险、诚信信息公开、企业资质淡化等一系列组合拳，进一步强化建筑业的注册执业管理。这对于手持注册执业资格的注册建筑师、结构工程师、注册造价师、注册建造师、注册监理工程师们来说，既是机遇更是挑战，需要不断强化专业学习，提高个人的注册执业信誉和口碑。再者是人员素质，毕竟行业的竞争归根结底还是人才的竞争，《意见》中花费大量篇幅来阐述如何提高从业人员素质，涉及建筑业高级管理人才、既有国际视野又有民族自信的建筑师队伍、具有工匠精神的高素质建筑工人等，可见人才培养的紧迫程度和巨大缺口。

对于基层单位来说，专业化任重而道远。各类工程建设企业、各级地方政府都责无旁贷，否则建筑业改革只能是无本之木、无源之水。地方政府应当加快落实深化建筑业“放管服”的改革要求，转变职能定位，由管理向服务过渡。要统筹考虑放管服，通过法律、行政、经济和引导手段规范建筑市场，形成有序的建筑生产过程。同时，要强化政府在公共工程管理中的核心地位，通过政府工程的带头示范作用，引导其他建设工程不断提高规范管理程度。工程建设企业则要通过市场定位、发展战略、人才培养、信息技术等方面围绕专业化扎扎实实做好各项准备工作，提高企业管理水平，增强核心竞争能力。

另外，在专业化改革发展过程中，行业协会将会发挥越来越重要的作用。在工业发达国家，政府对建筑行业的许多专业管理职能都由行业协会组织实施，即“小政府，大协会”。因此，行业协会要围绕建筑业改革发展，做好充分的准备，积极整合资源，充分发挥出自身优势，为建筑业改革出谋划策。

3. 市场化是提高建筑企业竞争能力的重要举措

李克强总理在 2017 年 2 月召开的推进放管服改革电视电话会议上明确提出，放管服改革的实质是政府自我革命，用政府减权限权和监管改革，换来市场活力和社会创造力释放。放管服改革是对传统行政管理模式的深刻变革，决定市场化进程、影响改革成效。有建筑业人士表示，建立统一开放、竞争有序的建筑市场，将有助于解决地方保护、部门分割等问题，营造公平竞争的市场环境，使市场机制作用得到充分发挥。因此，市场化是建筑业改革的基础，也是激活国内建筑市场、提高建筑企业竞争能力的重要举措。《意见》中提到的建筑业存在的诸多问题，市场化程度不高都难辞其咎。市场化是建筑业改革的必由之路，也恰恰是许多传统建筑业基层单位最不愿意面对的挠头问题，因此，如何应对市场化是建筑业基层单位的当务之急。

对于传统计划经济体制下孕育的勘察、设计、施工、监理、招标代理、造价咨询等基层工程建设企业而言，市场化面临的压力更大。春江水暖鸭先知，基层企业将率先感受到来自市场化的冲击，一大批核心竞争力不强、人才储备少、管理能力差的企业将会被淘汰出局，经历重新洗牌的生死时刻。其次，洗牌过后的企业还要面临战略定位带来的风险和挑战，传统的设计院究竟是侧重于方案设计还是施工图设计、监理单位究竟是迈向全过程工程咨询还是继续坚守质量安全监管、总承包单位如何打造总承包管理能力和资源整合能力、不同资质等级的施工单位如何在新的资质规则中寻找市场、建筑业劳务企业如何转型等问题都需要审时度势，对企业进行准确定位。最关键的是，通过与国际高水平的企业进行对标可以发现，国内的工程建设企业急需全方位转型升级，从战略、人才、知识、资源、管理、技术等方面奋起直追，强化学习型组织建设和知识储备，掌握信息技术手段，提升合作意识，不断提升核心竞争力，这些都是市场化进程中基层工程建设企业必须要尽快解决的棘手问题。

另外，政府放管服的最终目的是激发市场活力和创新能力。在市场化的大背景下，行业协会面临的机遇与挑战并存。一方面，行业协会将会承担大量政府转移的管理职能，例如资质管理、继续教育、行业自律等工作，传统依靠政府的工作思路、工作方式、人员配备均无法承担重任。如何有效、快速承接来自政府转移的各种职能是摆在面前的一道难题。另一方面，随着市场化的洗礼和行业变革的不断深化，行业协会与会员企业之间的关系将会发生根本转变，协会的发展空间将会更大。协会既要架起政府与企业之间的沟通桥梁，合理反映企业诉求、解读政策法规，还要通过各种方式强化行业自律和形象建设，制订行业规章、维护行业利益，更要为会员企业提供优质、高效服务。

4. 信息化是建筑业发展战略的重要组成部分

信息化是建筑业转变发展方式、提质增效、节能减排的必然要求，对建筑业绿色发展、提高人民生活品质具有重要意义。但是，建筑业在信息化技术应用方面一直行动迟缓。有统计数据表明，建筑业在信息技术应用方面只略好于农业，远远落后于一般制造业。建筑业的低生产效率与其在信息技术使用方面的落后呈正相关性。与国际建筑业信息化率0.3%的平均水平相比，我国建筑业信息化率仅约为0.03%，差距高达10倍左右。因此，建筑业信息化建设任重而道远。某种程度上，信息化是国际化、专业化、市场化的前提，整个建筑业改革中的许多关键环节都离不开信息技术的应用和普及，例如电子招投标、互联网+行政审批、公共诚信平台建设、建筑信息模型（BIM）技术在建设工程全过程的集成应用等。建筑业只有尽快提高自身的信息化应用，才能提升竞争力，才能满足服务于国民经济发展的要求。因此，信息技术不仅是一项技术，更是管理思想、组织形态和管理方式的变革。《意见》中多处提到信息化或信息化管理，对于基层单位而言，信息化带来的冲击和紧迫感丝毫不亚于其他方面。

围绕简政放权的全新执政理念，各级地方政府应当高度重视信息化建设工作。组织编制本地区的建筑业信息化发展目标和措施，加快完善相关配套政策措施，形成信息化推进工作机制，落实信息化建设专项经费保障。首先，应当重视信息信息技术在建筑业中的应用研究，加大人力、物力和财力投入。如何将先进的信息技术应用于建筑业中、如何实现基于BIM的全生命周期建设管理，尤其是涉及整个行业信息化建设的基础性理论、标准体系研究工作都需要持续投入。其次，需要加快统一信息化标准规范体系和编码体系，以及与信息安全相关的法律法规。建筑业产生的大量数据交互和共享都需要有统一的数据标准，否则大量数据无法有效利用和共享，建筑业信息化只能是各自为战，形成一个个新的信息孤岛。最后，还需要加快互联网＋行政审批建设力度，项目审批、招投标、诚信管理等传统的线下工作都要通过互联网进行，提升建筑业信息化的整体水平。

大量工程建设企业的信息化建设水平还处于初级阶段，资金投入、人才配备、建设成效远远无法满足企业发展需要，严重制约服务水平提升和企业生产组织方式变革。在信息化时代，传统的工程建设企业最重要的任务是思想、制度、组织、管理变革，充分应用信息技术支撑企业标准化管理，提升企业的核心能力，这也是先进企业发展过程中的最佳实践经验。对于各类基层企业而言，信息化建设必须要明确需求，深入研究企业的业务特点、组织模式、战略目标等因素，形成科学合理的信息化建设规划。其次，信息化建设失败某种程度上企业管理不规范难辞咎，信息化必须建立在规范化管理的基础之上。企业必须下大力气进行企业内部的任务、流程、成果再造，用信息化的理念规范企业管理，为信息化建设奠定成功基础。同时，信息化建设成败的关键还在于持续投入和人才匹配，没有资金和人才的长期支撑，信息化建设无法走出怪圈，为企业发展助力。

针对一系列信息孤岛及其他信息化建设核心问题，依靠企业单方面的努力在短时间内很难奏效，行业协会也有必要承担更多的专业化管理工作，从专业角度组织开展相关的研究讨论、信息共享、考察交流等工作，从整体上提升整个行业的信息化建设水平。

第 2 节　住宅建筑设计施工一体化技术及其优势

1.2.1　一体化设计

一体化设计是指建筑设计与室内装修设计同时设计、统一出图，建筑和室内装修专业协调结构、给排水、暖通、燃气、电气、智能化等各个专业，细化建筑物的使用功能，完成从建筑结构到建筑室内的设计。在最初的建筑设计阶段就将后端的内装设计、部品选型等工作前置，预留相关设计条件，建筑设计与内装部品设计实现一体化，内装与结构进行无缝对接。

在装配式建筑中由于一体化设计的缺失，预制混凝土主体结构缺少与设备管线、内装部品的整合，预制构件上剔凿的情况较为普遍（图 1-1）。

图 1-1　一体化设计缺失造成的预制构件剔凿

1. 标准化原则。部品部件从设计阶段便形成标准化，利于工厂生产、使用期间的更新与运维。应大量采用标准模块，配合部品的工厂化生产。

2. 模数协调。工厂批量化的生产要求建筑结构与装修的设计精度大幅提升，在设计阶段便注重模数化设计，并且严格按照现行国家标准《建筑模数协调标准》GB/T 50002的规定进行模数协调，装修设计的模数与设备模数、建筑结构模数等力求匹配。

3. 协同设计。装配式建筑设计中通过建筑、结构、设备、装修等专业相互配合，并运用信息化技术手段满足建筑设计、生产运输、施工安装等要求的一体化设计。

1.2.2 设计施工一体化

1. 内装设计与结构设计相协调

建筑设计阶段开始融入装修设计元素，在建筑最初设计方案中，就内装细节与结构的协调问题进行提前沟通。

1. 内装与结构交界位置的结构设计处理。为保证内装部品的安装精度，在预制构件设计上进行调整。比如门窗套的安装，可以在装配式建筑结构部件中通过预制件形状调整，保证集成窗套安装精准便捷。

2. 空间预留。比如厨房排烟管道、卫生间地漏、洗衣机放置空间、二次隔墙预留管线等细节部分，需在结构设计阶段提前解决空间不足导致的问题。管线敷设须预留空间。预留空间主要位于地面架空层、吊顶、墙面空腔等。墙体内有空腔的装配式隔墙，可在墙体空腔内敷设给水分支管线、电气分支管线及线盒等。装配式墙面的连接构造应与墙体结合牢固，宜在墙体内预留预埋管线、连接构造等所需要的孔洞或埋件。

3. 管线敷设。在设计中要充分考虑管线敷设路径，满足管线、设备设施的安装、检修所需的空间要求，并为发展改造预留空间及条件。

2. 内装设计综合考虑系统集成

部品部件系统经过集成设计，利于形成模块化，提升安装效率。厨卫集成吊顶系统是通过装配式吊顶与设备设施集成，比如灯具、排风扇等设备设施；集成地面系统是装配式楼地面与架空模块、地暖模块的集成；集成墙面系统是装配式墙面与装配式隔墙的集成等；集成厨房系统是橱柜一体化、定制油烟分离烟机、灶具等设备集成，厨电一体化设计。通过合理的构造设计，标准化设计装配式整体厨房中橱柜和厨房设备接口，考虑接口部位接缝的处理，确保每个环节完美匹配。

装配式建筑中应用BIM系统。装配化建筑的结构与装修都是基于部品部件的工厂化生产，便于实现工业化与信息化的融合。在设计阶段，可以通过植入智能芯片、二维码或者采用BIM系统等多种方式，为每个部品贴上标签，并且将安装工人的个人信息录入，便于后期的制造、维修与管理。

装配式建筑设计中可以实现为智能家居、新风系统等预留接口，提升装配式建筑与信息化系统、智能化应用的结合。

1.2.3 设计施工一体化技术优势

1. 统筹安排穿插施工。设计施工一体化可以实现建筑内装部分在建筑主体结构完工之后，二次结构、门窗等安装之前进场施工，通过统筹安排、协调施工，保证项目进度（图1-2）。

2. 作业程序标准化。施工现场工人不依赖传统的手工技能，而是作为产业工人要遵循标准作业程序。比如定位放线严格按照设计图纸，墙面、楼面安装顺序需要在隐蔽工程检测完成之后进行，按照产品的编码顺序进行施工组装等。

	楼层	相对关系	室内	室外
4层土建	21	N	结构作业层	止水层
	20	N-1	拆模及止水层	打磨修补层
	19	N-2	支顶及止水层	腻子及窗栏杆安装层
	18	N-3	墙板安装层	窗扇安装层
10层精装	17	N-4	天花腻子	
	16	N-5	天花吊顶层	
	15	N-6	厨卫墙地处理层	
	14	N-7	厅房铺贴层	
	13	N-8	窗套安装层	
	12	N-9	墙面挂板层	
	11	N-10	户内门安装层	
	10	N-11	部品安装层	
	9	N-12	地面安装层	
	8	N-13	保洁开荒层	
交付状态	7	N-14	交付状态	
	6	N-15	交付状态	
	5	N-16	交付状态	
	4	N-17	交付状态	
	3	N-18	交付状态	
	2	N-19	交付状态	
	1	N-20	交付状态	

图 1-2 项目作业流水排布

3. 作业程序精简化。在设计施工一体化模式下，很多现场作业得到精简，快装给水系统，现场装配只需要固定管线，并承插接口。集成吊顶安装尽量减少吊筋、打孔等操作，降低安全风险，通过工法构造提升安装效率（图 1-3）。

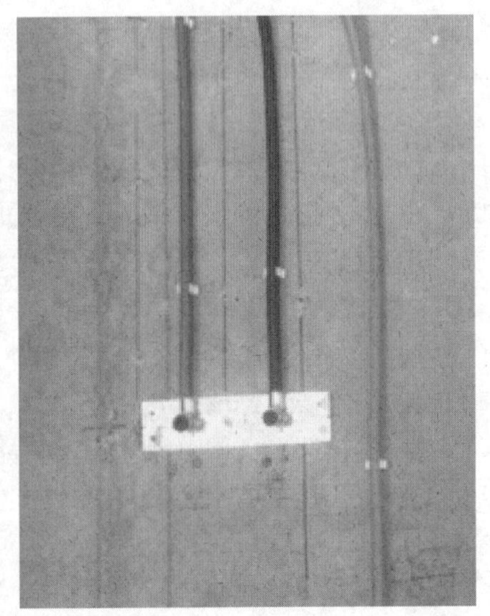

图 1-3 快装给水系统

4. 施工效果注重用户体验。在厨房、卫生间等特殊功能区，管线安装施工时要为后期检修集中设置检修口。给水管线集中在集成吊顶，集成吊顶采用特殊的搭接方式，更利于给水管线检修（图 1-4）。

图 1-4　厨房管线检修口及集成吊顶的给水管线检修

第 3 节　装配化装修技术及其优势

1.3.1　装配化装修技术

装配化装修是工业化建筑体系的重要组成部分，装配化装修技术基于支撑体与填充体分离的 SI 体系（Skeleton 支撑体和 Infill 填充体分离），涵盖了集成式厨卫、给排水、强弱电、地暖、内门、照明等全部内装部品。

装配化装修技术特点：装配化装修是采用干式工法，将工厂生产的内装部品部件在现场进行组合安装的装修方式，主要包括干式工法楼（地）面、集成厨房、集成卫生间、管线与结构分离等。装配化装修的实施和建筑体系中的结构体系、部品体系等都密切相关，是工业化建筑体系中的一部分。

1. 标准化设计。建筑设计与装修设计一体化模数，BIM 模型协同设计；验证建筑、设备、管线与装修零冲突。

2. 工业化生产。立足于部品、部件的工业化生产，使用标准化的部品、部件，其装修的精度和品质大大优于传统装修方式。产品统一部品化、部品统一型号规格、部品统一设计标准。

3. 装配化施工。以工业化生产的标准化部品、部件作支撑，装修施工现场实现了装配化，减少了大量现场手工制作工作，施工现场如同车间生产线的延伸，产业工人按照标准化的工艺进行安装，从而大大提高了装修质量。

4. 信息化协同。部品标准化、模块化、模数化，测量数据与工厂智造协同，现场进度与工程配送协同。

1.3.2　装配化装修优势

1. 节约原材：利用先进的装配化装修部品集成制造技术，部品部件工业化生产，现场无裁切保证了原材料边角料无浪费。

2. 节约工期：北京市郭公庄一期公租房装配式装修的经验数据表明采用“全屋装配式装修技术体系”，$60m^2$ 装修，3 个工人 10d 完成，且装修完成即可入住，大大节省了工期。

3. 质量稳定：水泥基和金属基原材材质稳定。工厂批量化生产保证了制造过程中部品性能的稳定性，施工过程中采用干式工法避免了传统湿作业带来的空鼓、开裂、瓷砖脱落等装修质量通病，保证了装修质量。

4.效率提高：简化了传统装修繁复的工序，将传统手工作业升级为工厂化生产部品部件、现场装配，工艺和流程标准化，极大提高了施工效率。

5.绿色环保：材料突出防水、防火、耐久性和可重复利用的特点，作业环境干净整洁无污染，施工过程无噪声，且零甲醛、零污染。

6.维修便利：部品部件标准化生产，工厂备有常用标准部件，更换便利，且在装修管线布置环节充分考虑了维修的方便性；此外，材料具有防水、防油污特点，利于日常清洁维护。

7.灵活拆改：装配式装修技术体系实现了内装与结构分离，适应不同居住人群和不同家庭结构对建筑空间需求的变化，室内空间可以多次灵活调整，不伤主体结构。

1.3.3 装配化装修主要技术介绍

1.整体（集成）卫生间技术及优势

（1）整体（集成）卫生间技术

整体（集成）卫生间是工业化生产的卫浴间产品的统称，由防水底盘、集成吊顶（或顶板）、集成墙面（或专用壁板）、五金、洁具、照明以及水电、通风系统等能够满足产品功能性的内部组件等组成的整体卫浴单元，产品具有独立的框架构造及配套功能性，可以根据使用需要装配在任何环境中。

早在20世纪90年代我国就引入了整体卫生间，最初主要应用于机舱、酒店、医院、快装房屋等领域，目前，在建筑领域主要应用于住宅、医院、快捷酒店等民用建筑。整体卫生间的设计应符合现行国家标准《住宅设计规范》GB 50096、《住宅建筑规范》GB 50368的有关规定。设备的选用应满足配套性、通用性和互换性，保证设备功能有效、运行安全、维修方便。

图1-5 柔性化制造防水底盘适用于任意卫生间形状

1）防水底盘。防水底盘是整体（集成）卫生间的核心部分，是具有防水、防渗漏等功能的卫生间底面盘形构件的统称。整体（集成）卫生间的防水主要采用物理构造防水，其墙板与防水盘的连接构造对卫生间整体的防水性能影响非常大，必须具有防渗漏的功能。采用柔性化制造的整体防水底盘可满足不同规格尺寸、不同造型的卫生间地面需要（图1-5）。

2）同层排水。由于国内建筑市场普遍对于建筑层高的增加比较敏感，传统整体卫生间在结合同层排水技术应用时，经常采用局部降板的方式，其降板高度根据卫生器具的布置、降板区域、管径大小、管道长度等因素确定。集成式卫生间采用轻薄型架空地面系统配合专用地漏，既满足了同层排水的技术要求，同时无须局部降板处理。

3）轻钢龙骨隔墙。整体卫生间本身是工业化程度很高的部品之一，但其与建筑连接部位的处理对其应用质量和效果有很大影响，尤其是与窗洞口的收边处理。装配式整体卫生间的外围墙体虽然既可以采用砌筑墙体，也可以采用轻质条板等墙体，但是为了精确定位和减少室内空间的浪费，宜采用轻钢龙骨隔墙，在构造上可以在墙板嵌入止水条，实现墙面整体防水。也有部分整体卫生间产品壁板带有内外装饰，内外墙体一次完成安装。

（2）整体（集成）卫生间优势

1）维修方便。整体（集成）卫生间水电直接布置在架空的地面层、墙面层、吊顶层，无须开槽，对于施工工人来说省去很多步骤，对于业主来说维修起来更是方便。卫生间采用同层排水方式，将坐便器、浴缸、花洒的排水管均设置于架空层内，减少上下层影响，易于维修。

2）质量稳定。整体（集成）卫生间直接在工厂生产一体化的墙面和地面，现场拼装，不仅省去了中间的很多步骤，而且也给产品和施工的质量带来了保障。尤其是使用柔性化生产的一体化防水底盘，可应用于任意形状的集成卫生间地面，材料性能保温隔热，流水坡度设计，杜绝了渗漏隐患。

2. 集成厨房技术及优势

（1）集成厨房技术

装配式整体厨房是对厨房结构、厨房家具、厨房设备和厨房设施进行整体布置设计、系统搭配组合成的一种新型厨房形式。装配式整体厨房部品集成化是厨房的发展趋势，可以减少不同部品之间的不兼容性。装配式整体厨房设计应符合现行国家标准《住宅厨房及相关设备基本参数》GB/T 11228的要求，应在设计阶段定型定位。

装配式整体厨房设计应遵循建筑、装修、部品一体化的设计原则，推行装修设计标准化、模数化、通用化。设计应遵循各部品（体系）之间集成化设计原则，并满足构件和部品制造工厂化、施工安装装配化要求。部品和部品体系采用标准化、模数化、通用化的工艺设计，满足制造工厂化、施工装配化的要求，并执行优化参数、公差配合和接口技术等有关规定，以提高其互换性和通用性。

模数是装配式整体厨房标准化、产业化的基础，是厨房与建筑一体化的核心。模数协调的目的是使建筑空间与整体厨房的装配相吻合，使橱柜单元及电器单元具有配套性、通用性、互换性，是橱柜单元及电器单元装入、重组、更换的最基本保证。

装配式整体厨房工程施工应建立完整的质量、安全、环境管理体系和检验制度，采取有效措施控制施工现场对周围环境造成的污染和危害。工程施工前，承包方应编制施工组织设计和各类专项施工方案。

（2）集成厨房优势

1）性能稳定，施工高效。装配式整体厨房橱柜、厨房设备、水电全部由一个厂家来指导安装，且都是根据户型实际制定的相应部品体系，部品接口的细化，避免了在施工中自行切割橱柜带来的尺寸不匹配问题，可以给现场安装减少不确定因素，提高施工效率和品质。

2）管线分离，便于维修。装配式整体厨房采用墙体与管线分离技术，水电管道铺设在地板架空层、隔墙内、吊顶层，不会对墙体和地面造成破坏，便于后期维修，提升了整体使用品质和舒适度。

第4节 绿色建筑技术及其优势

绿色建筑技术，指的是在绿色理念思想的指导下，完成建筑工程的施工建设，加大力度降低对环境污染与能源损耗，让人类能够拥有舒适、美观、健康的室内居住环境的同时，有效地协调人与自然环境之间的关系。绿色建筑技术的实施，要根据建筑类型、地理环境、人文条件等综合进行考虑，虽然不拘泥于统一的形式，但是追求的建筑效果都是一样，这不仅符合现代建筑行业设计的基本要求，也符合我国可持续发展的实际国情。

绿色建筑技术体系涵盖节地、节能、节水、节材、环境质量、施工管理和运营管理等方面，贯穿于规划、设计、建造、运营各个阶段。

1.4.1 节地与室外环境

居住区节地主要通过优化规划建筑设计，提高土地利用效率。如风环境模拟技术，可改善规划建筑布局，提高规划设计质量；立体停车技术，可节约空间等。

1. 在小区选址方面，要实现住宅建设节地应合理住区布局、尽可能利用荒地、劣地、坡地；在小区规划、建筑设计和新技术应用等方面也有潜力可挖。

2. 在小区规划方面，改进住宅小区规划设计，合理安排用地，尽可能提高住宅面积比重；合理控制住宅建筑层数，增加高层住宅的比例，适度提高单位住宅用地的面积密度；合理配置居住区环境绿化用地，力求控制在30%左右，尽可能发展空间绿化；减少停车用地，尽可能向空间发展。

3. 在住宅建筑设计方面，合理控制户型面积，精细设计室内功能空间，提高使用面积利用率；缩小单元面宽，加大进深，可有效提高容积率；合理确定住宅层高，提高单位土地出房率；降低层高可以降低建筑物的总高度，从而减小住宅间距，以达到节约用地的目的。

4. 在技术方面，采用先进建筑体系和外围护体系，可提高室内使用面积。如采用钢结构体系，可提高7%～10%的使用面积。

1.4.2 节能与能源利用

住宅节能应本着节流和开源的原则，既要减少能源消耗，又要开发利用新能源。在节流方面，要从能源源头、建筑构造、设备设施、运行维护等方面形成系统节能体系。提高能源转化效率，减少能源输送损耗。在开源方面，应大力推广应用太阳能、风能、生物能、海洋能等自然能源技术。

1. 围护结构节能技术

在绿色建筑建设中，玻璃幕墙是常用的一种节能施工技术，不仅可以实现节能环保，还能提高建筑物的装修效果。但在施工时，需要严格控制幕墙的性能和质量，确保使用的玻璃性能强，安全系数高，不易出现开裂和破碎，比如钢化玻璃、中空夹胶玻璃及常用的半钢化玻璃等。另外，选择玻璃时应选择色泽均匀、杂质较少，镀膜不易脱落的玻璃，以防影响建筑物的美观效果。在玻璃幕墙中，除了对玻璃的质量进行严格的控制外，还需对支撑构架和密封胶梁中的材料进行严格选择。一般情况下，为了满足绿色建筑施工规范，构架多选用铝合金材质，密封胶多选用硅酮结构胶。

2. 墙体和保温施工

与传统施工技术不同的是，绿色建筑节能技术最大的改变，就是实现了墙体施工和屋面保温施工的节能。墙体作为施工的主体，很大程度上体现了节能技术在绿色建筑中的应用。目前为了达到节能效果，在墙体建设过程中，空心砖成了承重墙的主体。对空心砖的质量和性能进行严格把关，就能确保承重墙的质量符合施工要求。在建设墙体的同时，也应严格按照设计的图纸堆砌空心砖，严格控制空心砖的结构和顺序。屋面保温施工是除墙体施工外另一重要的施工环节，因为在建设工程施工质量的检测中，保温效果占举足轻重的地位。在当前的绿色建筑节能技术中，通常采用密度较小，传热较低的充气混凝土板、水泥及沥青混合高分子聚合物进行屋面保温施工。为了达到提高工程保温效果的目的，也会使用一些有天然岩石加工制成的防水材料铺设在屋面板和防水带之间。除此之外，在建设节能技术中，架空保温屋面、倒置屋面或通过改变形状降低建筑物耗热系数等方法，也能有效提高建筑物的保温效果。

3. 楼宇自动化节能系统

在绿色建筑中，有项技术起了关键性的作用，那就是楼宇自动化节能系统。自动化系统不仅可以对建筑中的照明、空调、配电等多个节能系统进行有效、科学的管理，还能同时协调多个系统，提升绿色建筑中各个系统的性能，实现多个系统自动化的目标，保证运行的安全性和稳定性，降低能源消耗，减少成本，提高效益。通常，在绿色建筑中，常见的就是三层的楼宇自动化系统，选用分布式的结构，形式分为二层网络和三层网络。其中二层是控制层，主要管理整体网络和现场控制网络，而三层则包括管理层、控制层、现场层三层结构。楼宇自动化系统不仅有效地连接各个系统，还提高了现场监控的可靠性和科学性。

4. 植物节能技术

现代建筑工程中出现了一种新的节能技术理念——植物节能技术。植物节能技术是充分利用自然植物吸热、遮光的特点为建筑物实现保温的一种节能技术。在建筑物墙面布置爬类植物，不仅对外墙起到装饰作用，还能有效地吸收太阳辐射的热能，遮挡了直射的太阳光，保证建筑物实现隔热保温效果，为节能创造良好的条件。除此之外，植物还能利用阳光进行光合作用，为人们提供新鲜的空气和健康的生活环境。

5. 太阳能利用技术

随着科学技术的不断发展，太阳能已经逐渐成为目前绿色能源中最重要的能源之一，具有取之不尽、用之不竭，廉价、洁净的独特优势。目前，在建筑中利用到太阳能的地方有很多，例如：太阳能空调、太阳能热水器、太阳能电池板、太阳能灯等等。太阳能资源对于我国来说十分丰富，我国年均日照时数高达 2500h 以上的地区占据我国领土面积的一半之多，还有一些常年高温的地区日照时长达 3000h，这为我国对太阳能资源的开发和利用提供了良好的自然条件。目前，对于太阳能利用过程中存在的最大问题就是能量转换率过低的问题，但是随着我国科技的不断进步，未来太阳能的开发和利用范围将会变得更加广泛，能量转换率也将会越来越高。

太阳能属于一种清洁安全的新能源，在热水供应系统当中得到广泛的应用。利用太阳能的加热设备，有真空管式和热管式两种方式，自身的集热效率比较高，还具有良好的保温性能，环境对其产生的影响很小，可以完成全自动的运行，操作非常简单，很方便进行维护，可以全年使用。在设计太阳能热水系统的过程中，要特别注意选用的集水器需要结合实际情况，对其抗冻性能和抗热冲击性能进行充分考虑，还要考虑其承压能力。在寒冷的地区需要采用的是防冻的方式。集热需要做到因地制宜，将串联和并联的方式进行综合应用，使水流得到平衡，在必要的时刻，可以采取辅助加热的方式。

1.4.3 节水与水资源利用

绿色建筑节水是指以绿色建筑为基础，将节水观念渗透到建筑工程中，实现既绿色又节水的效果。住宅建造过程和使用环节中节水潜力也很大。通过工业化手段建造住宅，减少施工现场湿作业，可极大提高建造中的节水效率。住宅使用中提高节水科技水平，从水资源使用、回用、利用等环节入手，可明显提高节水效率。推行节水型卫生器具（节水龙头和节水便器），效益相当可观。推广绿化自动微喷灌技术和节水型植物都可节约水资源使用。推广中水回用和自然水循环利用技术，中水可用于绿化浇灌、冲厕、景观、冲洗马路等，效果显著。推广应用雨水收集技术，也会起到明显的节水效果。

1. 建筑中水回用技术

中水回用技术的最大特点在于能够减少从环境中取水的次数，降低从环境中取水的数量；另外中水回用技术还能够降低排放水体中氮磷总量，几乎不会产生任何污染。所以，随着人们对水污染越来越重视，这项中水回用技术越来越受到欢迎。值得重视的一点是，工艺流程的合理性至关重要。因此，相关工作人员要在进行工艺流程的设计与组合时，应在多方考虑、积极借鉴国内外先进技术经验的基础上做出正确地选择。在进行工艺流程设计时，应主要符合以下几方面要求：一是安全、适用。也就是经过这项技术处理的水能够符合回用水水质标准；二是经济、合理。就是在合理规划的前提下将所用资金降到最低；三是将气味、噪声及其他因素等对环境产生的影响降到最低；四是尽量选择比较成熟、可信的处理工艺流程，保证该项工艺的切实可行。

2. 雨水利用技术

作为一种普通的自然资源，雨水具有污染小、含有机物较少、钙含量低、溶解氧接近饱和以及总硬度小地等特点。雨水对于生产生活来说最大的优势就在于只要对其进行较为交单的处理加工就可以在生产生活中的一些领域中使用，且所需费用低。现在较为常见的雨水利用主要体现在以下几个方面：一是分散住宅的雨水收集利用系统；二是建筑群或者建筑小区的集中式雨水收集利用系统；三是分散式雨水渗透系统；四是集中式雨水渗透系统；五是绿色屋顶花园雨水利用系统；六是生态小区雨水综合利用系统。这些已经在生活中普遍使用的雨水收集与利用方面的技术是绿色建筑雨水利用的重要基础。

1.4.4 节材与材料资源利用

住宅建设节约材料要通过标准化建筑体系、部品应用体系，提高住宅工业化装配率，减少现场手工操作；要应用高强材料和废弃再生材料；应推行成品住宅，提倡住宅精细设计，实现新建住宅装修一次到位；要推行住宅精密设计，树立土建、装修一体化设计理念；要强化住宅的细部构造设计和功能设计，提高使用面积系数；住宅装修应重装修，轻装饰，重功能、轻渲染，重细部、轻形式；要倡导简约、典雅的住宅设计理念，杜绝浮夸的设计，减少过度渲染和不必要的造型。

在绿色建筑中，广泛应用节能新材料势在必行，这对于城市环境的保护、能源短缺的缓解以及环境污染的改善都有着非常重要的意义。使用节能而又环保的新材料，有利于节能减耗，使建筑的舒适性与节能性得到有机融合，可进一步为人们提供更加优质的生活和工作环境。在绿色建筑中，节能新材料的应用范围主要包括建筑玻璃、屋顶、外围以及墙体等。

1.4.5　环境保护

居住环境包括室内环境和住区环境。室内环境要设计合理，尽可能采用自然通风、采光；室外要通过增加绿量，例如采用立体绿化，增加乔木等措施改善住区环境；要利用新风系统技术、分质供水技术、生活垃圾减量化处理与利用、景观水生态净化技术、防噪消声技术等，减少对居住环境的负面影响。

第 5 节　绿色建筑施工技术

1.5.1　绿色施工概念

根据住房和城乡建设部发布的《绿色施工导则》，绿色施工定义为：工程建设中，在保证质量、安全等基本要求的前提下，通过科学管理和技术进步，最大限度地节约资源与减少对环境负面影响的施工活动，实现四节一环保（节能、节地、节水、节材和环境保护）。绿色建筑施工是贯彻落实可持续发展战略的重要举措，也是保障我国国民经济健康发展必要手段。要在当前建筑领域实现社会经济的可持续发展，促进资源节约发展，就要加紧进行绿色施工的推进。

1.5.2　绿色施工技术概念

绿色施工技术是对于先进科学技术手段的有效利用，以环保为核心，采用环保的方式和理念对整体施工过程进行成本和能耗的有效降低，同时提高施工效益和总体效率，以达到对于建筑噪声和建筑垃圾污染的有效减少。在此过程中将技术、资源、能源、材料、管理等各主要环节进行有效控制，使水、电、油的成本消耗显著降低，确保建筑工程安全性的前提下，对环境进行最小化的破坏和污染，更好地促进建筑工程的顺利完成。

1.5.3　绿色施工技术原则

1. 优化原则。绿色施工要对各个环节做到最大优化，包括经济环节、技术环节、环保环节等，对其中的设计规划和技术方案等工作需要严格执行优化措施，在综合层面到达绿色施工的总目标。

2. 细化原则。建筑施工过程中要运用科学技术进行精细化运作，针对建筑施工中的各个环节和步骤进行科学规划，严格划分，切实实现绿色建筑施工的精细化管理。

1.5.4　绿色施工技术在工程中的应用

绿色施工是一个系统工程，包括施工组织设计、施工准备、施工运行和竣工后施工场地的生态恢复等。

1. 施工组织设计中的绿色施工技术

（1）在项目的施工组织设计中，施工平面布置是一项重要的内容。原则有：

1）在满足施工需要前提下，尽量减少施工用地，不占或少占城市人行通道和绿化用地。

2）施工现场布置要紧凑合理。合理布置起重机械和各项施工设施，科学规划施工道路，尽量降低运输费用。

3）科学确定施工区域和场地面积，合理规划生产、生活设施。各项施工设施布置都要满足：有利生产、方便生活、安全防火和环境保护要求。

4）尽量利用永久性建筑物、构筑物或现有设施为施工服务，降低施工临建设施的建造费用。

（2）而在实际的建设过程中，许多临街的建筑物，由于受建设场地的限制，临建设施在规划场地内无法布置，导致占用道路作为卸料场地，占用人行通道和绿化用地布置临建设施。近年来，随着建筑业的快速发展，行业分工越加细化，很多专业化工厂可为工程项目建设提供服务。不但可提高施工质量、加快建设速度，还可以减少对施工场地的占用，降低对环境的污染。

1）建筑用成型钢筋制品加工与配送技术。专业化的钢筋加工配送公司可在工厂内将客户送来的钢筋原料，按照设计施工图纸的要求，经过一定的加工工艺程序，由专业的机械设备制成钢筋制品，再依据客户的需求计划，运送到施工现场，供应给工程项目使用。成型钢筋制品进入施工现场，可直接由塔式起重机运送到安装位置。这样，在施工现场就可以不布置钢筋加工区、成品堆放区，减少了场地占用。

2）预拌混凝土加工与泵送技术。预拌混凝土的使用，不但可以减少砂、石、水泥料场对施工场地的占用，还可以降低工人的劳动强度，大幅提高劳动生产率。混凝土泵送技术可减少施工现场的垂直运输设备和水平运输设备，加快施工进度，降低能源消耗与材料损耗。目前，我国高层建筑施工垂直运输的配备主要为塔式起重机＋施工电梯＋混凝土输送泵的模式，其特点是可一次性连续完成垂直和水平运输，还可以配备布料杆，将混凝土定点、定位、定量输送到位。如在上海环球金融中心工程中，三一重工设计的HBT90CH2135D型超高压混凝土输送泵创造了单泵垂直泵送混凝土492m的高度记录。

3）预制装配式结构施工技术。预制装配式结构施工技术是指利用工厂化的生产方式，将房屋结构件在工厂内按设计图纸加工制作成型，然后依据客户的需求计划，将成品运送到施工现场，使用起重机械将结构件吊装就位，利用高强螺栓连接固定的施工方法。这种技术在钢结构工业厂房的建设中已经普遍采用。目前，湖南长沙远大公司正将这项技术在民用建筑中推广，2010年6月，远大住工集团在长沙县经开区远大城园区内建造了一栋模块式全钢结构楼房，两三天内，搭建完成了这座15层高的楼房。相比传统房屋建筑每平方米产生200kg建筑垃圾，这种建筑现场安装基本不产生垃圾，也不需要脚手架。是一种名副其实的环保低碳建筑，可持续建筑。

2. 施工准备中的绿色施工技术

施工准备主要包括材料准备和技术准备，在材料准备中也有许多绿色施工技术值得推广。

（1）混凝土重复利用技术。施工现场存在大量的废弃混凝土块，混凝土重复利用技术是将施工场地内废弃的混凝土破碎、清洗、分级后，按一定的比例与级配混合形成再生混凝土骨料，部分或全部替代砂石等天热骨料配置而成的新混凝土。这种技术可使废物利用，达到保护环境、节约资源的目的。

（2）高强度钢筋施工技术。2010年国家颁布了新的《混凝土结构设计规范》GB 50010-2010，规范规定：在工程设计中，优先使用400MPa级钢筋，积极推广500MPa级钢筋，取消235MPa级钢筋，逐步限制、淘汰335MPa级钢筋。目前在我国的建筑工程实践中，335MPa级钢筋仍然为主要用量钢材，占到总用量的60%左右。数据表明，国内高强度钢材的总体发展仍与发达国家相比还有较大的差距。若能将我国混凝土结构的主导受力钢筋强度提高到 HRB400、HRB500 级，结构用钢量可节约 20%～30%。近年来，HRB400 级钢筋得到广泛应用，HRB500 级高强度钢筋已经开始应用。

（3）高强高性能混凝土技术。我国 2010 年颁布的《建筑业十项新技术》，将强度等级超过 C80 的高性能混凝土定义为高强高性能混凝土。高强高性能混凝土具有高强度、高弹模、高耐久性和高耐磨性的综合优势。工程中采用高强高性能混凝土可以减小结构件的尺寸，增大房屋的内部空间，减轻结构自重，降低施工劳动强度。目前在国内的工程中仍然大量采用 C30 为主的混凝土，但《混凝土结构设计规范》GB 50010 中最高设计强度等级已达到 C80，在深圳京基 100 大厦已经使用了 120MPa 的混凝土。

（4）绿色墙体材料施工技术。目前我国的墙体材料已经严禁采用黏土实心砖，取而代之的是黏土空心砖、混凝土空心砌块、粉煤灰混凝土空心砌块，节约了大量的土地资源，同时也降低了环境污染。但由于材料性能单一，并没有改变原有的施工工艺，降低工人的劳动强度。因此，在积极利用各种工业废物生产建筑材料的时候，要大力发展集承重、保温、防水、装饰功能于一体的复合砌块，做到一材多能，取得综合的经济效益。

3. 施工运行中的绿色施工技术

（1）生产、生活用水回收利用技术。在城市中的建设项目，已经严禁将施工中产生的废水、生活中产生的污水直接排入城市雨水管网，必须经过处理，方可排放。而经过沉淀、过滤处理的污水虽然不能直接用到施工中，但我们可以把其用于生活区的卫生间冲洗厕所，绿化用水；喷洒施工区临时道路，控制扬尘。这样，不但可以节约工程用水费用，还能保证施工现场一个良好的工作环境。

（2）附着升降脚手架施工技术。目前在国内的高层、超高层建设项目中广泛采用的附着升降脚手架是对竹木脚手架、钢管扣件脚手架的一次重大革命。它只需搭设 4～5 层的脚手架，即可满足项目的施工需要，这样可以节约大量的建筑材料，降低工程建设成本。附着升降脚手架主要由架体系统、附墙系统、爬升系统三部分组成。

（3）自流密实混凝土施工技术。在高层、超高层项目的施工中，由于结构复杂、荷载巨大，结构件配筋较密；钢管混凝土、型钢混凝土等施工空间受限制的工程结构中，混凝土不易振捣密实，影响混凝土强度及施工质量。自流密实混凝土施工技术的采用，可很好地解决这个问题，其具有流动性好，免振捣，结构强度高的优点。自流密实混凝土对模板工程的质量要求极高，施工中严禁出现漏浆现象。

（4）钢模板施工技术。模板工程一般约占钢筋混凝土结构总造价的 25%，工期占到 50%～60%，其对于加快施工进度、保证施工质量和降低施工成本有较大的影响。在传统的房屋建筑施工中，结构件的施工主要采用竹木模板，竹木模板的生产需要消耗大量的森林资源，不利于环境保护，而且竹木模板的使用周转次数少，这不可避免地增大了工程建设成本。在高层、超高层项目的施工中，标准层的结构尺寸统一，有利于钢模板的推广使用。钢模板采用工厂化生产制作，具有加工尺寸精度高、不易变形、施工安拆快捷、混凝土成型效果好、使用周转次数多的优点。在降低工程建设成本的同时，还可以减少建筑垃圾对环境的污染。

（5）压型钢板＋混凝土组合楼板施工技术。压型钢板＋混凝土组合楼板是将压型钢板作为混凝土楼板的永久支撑模板，与混凝土组合，共同承担荷载。压型钢板作为一种永久性模板，可以完全免除拆模作业，简化施工，其具有施工进度快、人工劳动强度低、严密性好、不漏浆的优点。此外，压型钢板可作为主体结构安装施工的操作平台和下层施工人员的安全防护板，有利于立体交叉作业。压型钢板+混凝土组合楼板施工技术一般应用于高层、超高层钢结构工程。

4. 施工场地的生态恢复绿色施工技术

房屋建筑工程的总平面设计中，一般都有专业的绿化设计方案，对施工场地的生态恢复作了细致规划，此处就不再详述。

5. 绿色施工中的节能管理

（1）合理选择施工机械设备的型号、数量；合理安排施工顺序，工作面，统一调配施工机具，做到区域之间共享施工机具，避免机具闲置、空转。

（2）使用高效、节能的施工机具，合理安排机具保养时间。当机具出现问题时，不得让其带病工作，应及时修复，使机具时刻保持低耗、高效的工作状态。

（3）生活设施布置时，应选择南北朝向，保持适当间距，有利于自然通风、日照及采光。安装空调的办公用房，应规定空调开启时的天气温度、空调工作时的设置温度。空调开启时，应关闭门窗。工作人员离开时，应关闭空调。

6. 绿色施工中的噪声控制

施工噪声，是指在建设工程施工过程中产生的干扰周围生活环境的声音。按照《建筑施工场界噪声限值》GB 12523 的规定，城市建筑施工期间施工场地不同施工阶段产生的作业噪声限值为：土石方施工阶段，噪声限值是昼间 75dB（A），夜间 55dB（A）；打桩施工阶段，噪声限值是昼间 85dB（A），夜间禁止施工；结构施工阶段，噪声限值是昼间 70dB（A），夜间 55dB（A）；装修施工阶段，噪声限值是昼间 65dB（A），夜间 55dB（A）。

（1）位于城市中的建设工程项目，应合理安排施工工序、工作时间，减少夜间工作的时间。

（2）钢结构件的制作选择在工厂内进行，现场只进行安装作业。

（3）现场强噪声机械的工作场地应设置隔声围护结构作业棚，减少强噪声扩散。

（4）汽车运输工作安排在白天，严禁运输车辆鸣笛。

传统的施工技术存在着诸多弊端，如劳动生产率低，施工浪费大，工程建造成本高，环境污染严重，导致我国的建筑施工企业在国际建筑市场的竞争中处于劣势地位。施工企业应树立绿色施工理念，在建筑工程施工过程中采取有效的绿色施工技术，以减少施工对环境、人们生活所造成的不利影响。施工企业应不断学习和创新绿色施工技术，并将其作为提升自身竞争力的重要手段，从而促使建筑行业的可持续发展，获取经济效益、环境效益和社会效益的同步增长。

第 6 节　了解 BIM 基本特征及发展

1.6.1　BIM 的概念

BIM（Building Information Modeling）建筑信息模型是以三维数字技术为基础，集成各种相关信息的工程数据模型，可以为设计、施工和运营提供相协调且内部保持一致的项目全生命周期（Building Lifecycle Management，BLM）信息化过程管理。BIM 的出现和发展并不是偶然，它的出现离不开我们熟悉的 CAD，BIM 是 CAD 技术的一部分，是二维到三维形式发展的必然过程。

BIM 可以理解为 Building Information Management，即建筑信息管理，着眼点主要是整个项目的管理过程。把项目参与方如：土建施工、机电安装、工程预制等在设计阶段就集合到一起，共同着眼于项目的全生命周期，利用 BIM 进行虚拟设计、建造、维护及管理，达到互联互通，实现 BIM 数据实时传递，使得项目得到有效管理。从 BIM 概念引入到目前蓬勃发展，只用了 10 年时间。当创建完成 BIM 模型后，设计方可以利用改模型进行施工图绘制，利用 BIM 模型进行碰撞检测确保设计质量。施工企业在管理系统中导入 BIM 模型，得出施工材料量，根据施工进度得出每个阶段的资金预算。业主可以在工程设计阶段完整了解和模拟工程使用状况，利用 BIM 模型进行施工进度和工程质量管理，利用 BIM 模拟在后期物业运营，时刻跟进建筑工程中设备、管线的变化（图 1-6）。

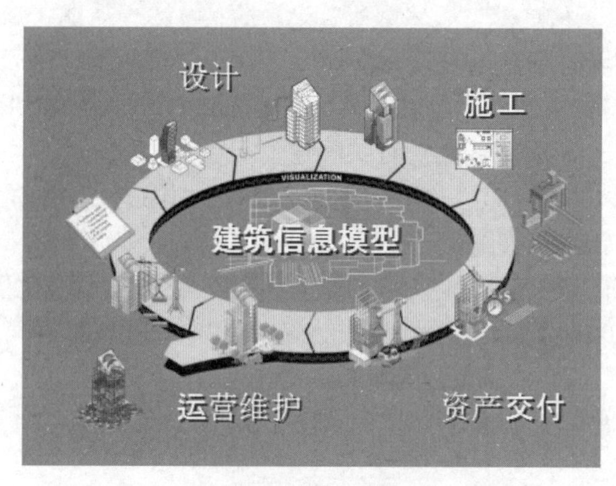

图 1-6　BIM 与其他各专业之间的关系

1.6.2　BIM 的特征

BIM 技术的应用具有以下 6 个特征：

1. 模型操作可视化

三维模型是 BIM 技术的集成，因此可视化是 BIM 最显而易见的特征。在 BIM 软件中，所有的操作都是在三维可视化的环境下完成，所有的建筑图纸、表格也都是基于 BIM 模型生成的。BIM 的可视化区别于传统建筑效果图，传统的建筑效果图一般针对建筑外观或入户大堂等局部进行部分专业的模型表达，而在 BIM 模型中将提供包括建筑、结构、暖通、给排水等在内的完整的真实的数字模型，使建筑的表达更加真实，建筑可视化更加完善。

2. 模型信息的完备性

除了对工程对象进行 3D 几何信息和拓扑关系的描述，还包括网站的工程信息描述，如对象名称、结构类型、建筑材料、工程性能等设计信息；施工工序、进度、成本、质量以及人力、机械、材料资源等施工信息；工程安全性能、材料耐久性性能等维护信息；对象之间的工序逻辑关系等。信息的完备性还体现在 BIM 模型的建立过程，在这个过程中，设备的前期策划、设计、施工、运营维护各个阶段都被连接起来，把各个阶段产生的信息都存储在 BIM 模型中，使得 BIM 模型的信息不是单一的工程数据源，而是包含设备所有的信息。

3. 模型信息的关联性

信息模型中的对象是可识别且互相关联的，系统能够对模型的信息进行统计和分析，并生成相应的图形和文档。如果模型中的某个对象发生变化，与之关联的所有对象都会随之更新，可以保持模型的完整性。

4. 模型信息的一致性

在建筑生命期的不同阶段模型信息是一致的，同一信息无须重复输入，而且信息模型能自动演化，模型对象在不同阶段可以简单进行修改和扩展，而无须重新创建，避免了信息不一致的错误。同时BIM支持IFC标准数据，可以实现BIM技术平台各专业软件间强大数据互通能力，可以轻松实现多专业三维协同设计。

5. 模型信息的动态性

信息模型能够自动演化，动态描述生命期各个阶段过程。BIM设计贯穿了工程项目全生命周期管理的各个阶段。在工程项目的全生命周期管理中，根据不同的需求可以划分为BIM模型创建、BIM模型的工序和BIM模型管理三个不同应用层面。

6. 模型信息的可扩展性

由于BIM模型需要贯穿设计、施工和运维的全生命周期，而不同阶段不同角色的人会需要不同的模型深度和信息深度，这就需要在工程中不断更新模型并加入新的信息。通常，我们把不同阶段的模型和深度称为“模型深度等级”（level of detail，LOD），通常用100～500代表不同阶段的深度要求，并可在工程的进行过程中不断细化加深。如图1-7所示，为不同精度下的模型状态。

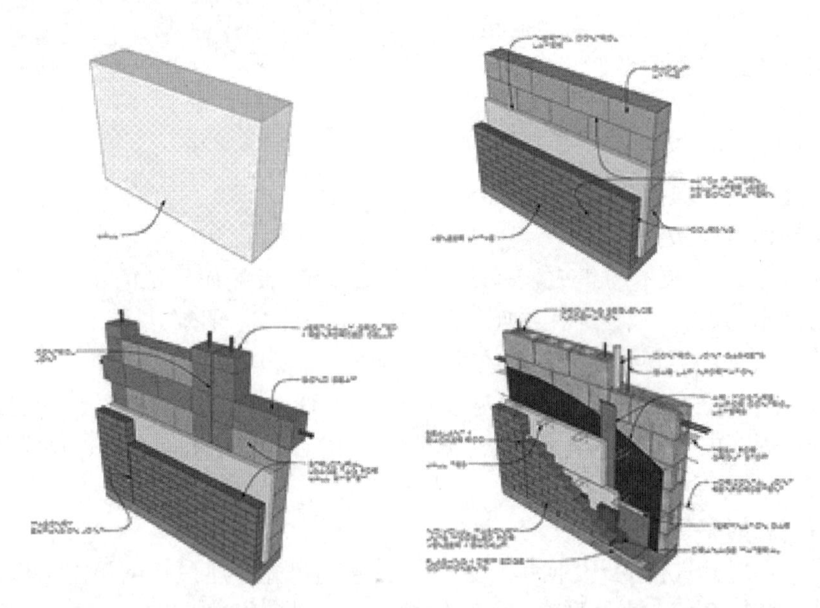

图1-7 墙体在LOD100、LOD300、LOD400、LOD500下状态

1.6.3 BIM的发展

BIM发展历史的背后是计算机图形学的发展历史，其随着计算机软件、硬件水平的发展而不断进步。BIM软件技术发展如图1-8所示。

1. 引入推广阶段

Autodesk收购了Revit后，于2004年在中国发布了Autodesk Revit 5.1版，BIM概念也随之而来。实际上，最早引入的BIM概念是：利用三维建筑设计工具，创建包含完整建筑工程信息的三维数字模型，并利用该数字模型有软件自动生成设计师需要的工程视图，并添加尺寸标注等，使得设计师可以在设计过程中，在直观的三维空间中观察设计的

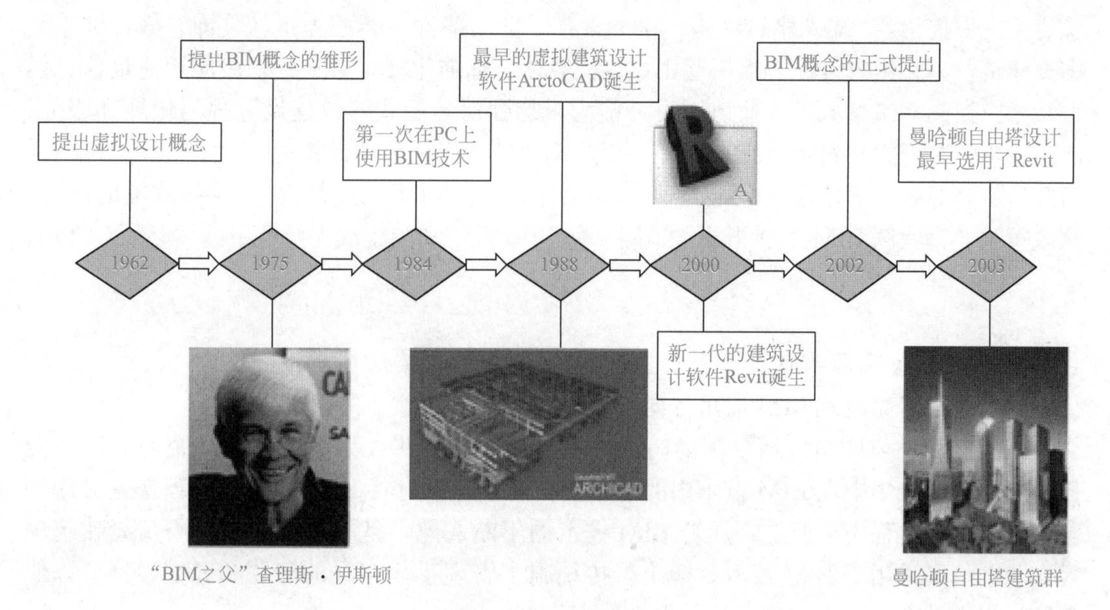

图 1-8　BIM 软件发展

各个细节。特别对于形态复杂的建筑设计来说，无论是直观的表达还是高效、准确的图档，其效率的提升不言而喻。早期的概念主要是偏重与三维视图的查看，不涉及管理部分，因此早期的 BIM 也成为“Building Information Model”，随着 BIM 应用加深，Autodesk 将国内的 BIM 概念逐步演变为“Building Information Modeling”，BIM 此时已不再简单是一个三维绘图工具，而是作为一种工程方法在工程领域中应用。

在企业方面，欧特克与各大设计院开始推广以 Revit 为代表的 BIM 软件，帮助设计院解决从 CAD 二维设计到三维协同设计的难题。从二维到三维的转变，设计手段的进步带来了无可比拟的优势。不过由于使用的设计院有限，并且只在有限的项目中以尝试的方式应用在项目的建筑专业中，所以不论是从受众，还是应用广度都是非常有限的。

2. 加速发展阶段

随着 BIM 发展，政府也逐渐认识到 BIM 对建筑业带来的巨大效益。在 2011 年，住房和城乡建设部印发了《2011-2015 年建筑业信息化发展纲要》，在纲要中提出了“加快建筑信息模型（BIM）等新技术在工程中的应用；推动基于 BIM 技术的协同设计系统建设与应用”，这是 BIM 作为建筑行业新技术第一次出现在住房和城乡建设部官方文件中。

2015 年，住房和城乡建设部印发《关于推进建筑信息模型应用的指导意见》，指导意见中明确提出了 BIM 推广目标：“到 2020 年末，建筑行业甲级勘察、设计单位以及特级、一级房屋建筑工程施工企业应掌握并实现 BIM 与企业管理系统和其他信息技术一体化集成应用。到 2020 年末，以下新立项的项目勘察设计、施工、运营维护中，集成应用 BIM 的项目比率达到 90%：以国有资金投资为主的大中型建筑；申报绿色建筑的公共建筑和绿色生态示范小区。”该文件除明确了 2020 年末 BIM 要达到应用范围外，同时还进一步明确了 BIM 属于“与企业管理系统集成应用”的目标，明确了 BIM 的过程管理的特征。

而在近年火热的装配式建筑的技术指导意见中，也纷纷将“积极应用建筑信息模型技术”作为装配式建筑的应用要求。例如：北京市人民政府《关于加快发展装配式建筑的实施意见》中提出："统筹建筑结构、机电设备、部品部件、装配施工、装饰装修，推销装配式建筑一体化集成设计。推广通用化、模数化、标准化设计方式，积极应用建筑信息模型技术，提高建筑领域各专业协同设计能力，加强对装配式建筑建设过程的指导和服务。政府投资的装配式建筑项目应全过程采用建筑信息模型技术进行管理。鼓励设计单位与科研院所、高等院校等联合开发装配式建筑设计技术和通用设计软件。"这些政策的出台，从政策层面为我国BIM发展指明了道路，使BIM推广和应用成为行业中的"必须"之路。

第7节　熟悉BIM在施工中的应用

1.7.1　不同类型项目中应用

1. 工业与房屋建筑BIM应用方向

BIM技术在刚刚引入到中国的时候，主要还是在一些大型国企及特级企业施工中应用，并且还只是集中在BIM技术中的某单项功能，并没有将BIM数据和管理普遍应用到整个施工管理过程中。但是，随着BIM技术的不断成熟，越来越多的工业与房屋建筑项目在施工阶段采用了BIM技术，解决了传统施工管理手段存在的问题和弊端，且可以使建筑工程在整个过程中减少风险、提高效率。

现阶段BIM在工业与房屋建筑施工领域主要应用包括以下五个方面，如图1-9所示：

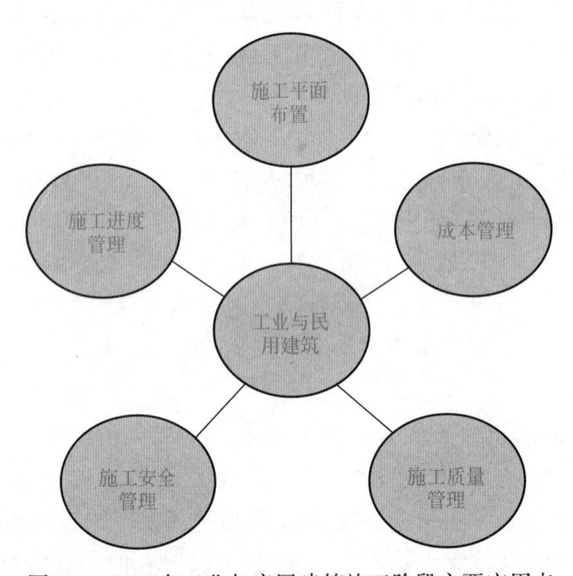

图1-9　BIM在工业与房屋建筑施工阶段主要应用点

施工平面布置是房建工程项目施工的前提，较好的施工平面布置图能从源头减少质量安全隐患，利于工程项目后期的施工管理，一定程度降低成本、提高项目效益。据统计，房建工程施工利润仅占建筑成本的10%～15%，若能够对施工平面布置设计出一个最佳的方案，这将直接提高工程的利润率，降低成本，实现多方利益的最大化。

为了对工程施工进行科学的管理，将房建工程按不同的性质和组成部分，分为地基与基础工程、主体结构工程以及装饰装修工程三个分类和组成部分进行分析。分别对这三个不同施工过程进行单独的施工平面布置设计，使工程的平面布置设计更加的灵活，可变动性加强，以此达到对整个施工过程的动态掌控。采用BIM技术进行房建工程平面布置时，分别对三个不同的施工过程进行平面布置方案设计，由此来对施工过程中的三个不同阶段执行不同的平面布置方案，借助 BIM 来分析各个设计之间可能存在的矛盾，如图 1-10～图 1-12 所示。

图 1-10　BIM 在地基与基础施工场地布置应用

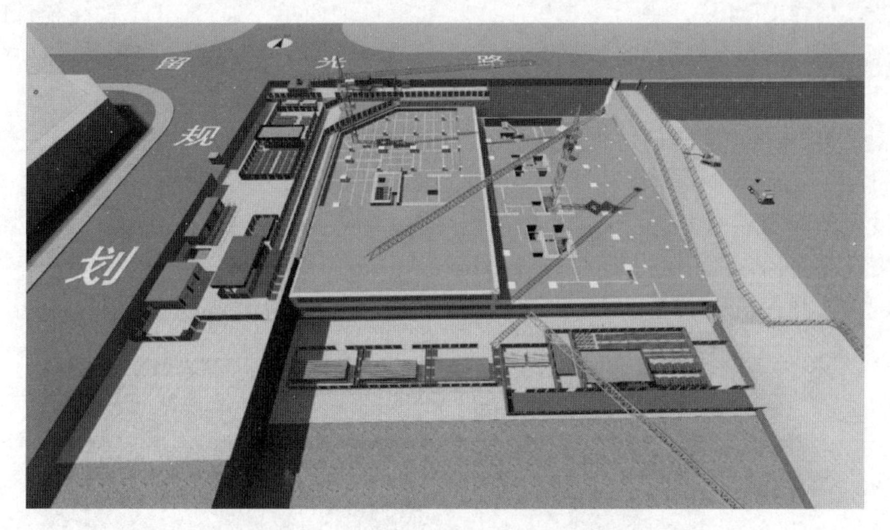

图 1-11　BIM 在主体施工场地布置应用

嵌板材料明细

编号	类别	规格	简图	单位	长度	宽度	厚度	数量
JD02	6+1.52PVB+6Low-E+12A+6	钢化夹胶中空玻璃		块	1164	3864	12	18
JD02	EPDM胶条	6*10		条	3900	10	7	36
JD02	EPDM胶条	6*10		条	3900	12	6	36
JD02	尼龙玻璃纤维断热条	3*10		条	3900	14	5	18
JD02	硅酮密封胶&泡沫棒	2*10		条	3900	10	24	36
JD02	硅酮密封胶&泡沫棒	2*10		条	1164	10	15	9
JD02	硅酮密封胶&泡沫棒	2*10		条	3900	10	15	36
JD02	铝合金装饰竖框	1*100		根	3900	321	100	18
JD20	铝合金压块	1*80		根	3900	80	16	18

图 1-12　基于 BIM 技术算量

2. 基于 BIM 技术的工程变更管理应用

BIM 技术建立的三维模型数据库的特性在于对建筑中对应的数据直接读取、汇总和统计，并根据已有的计量规则而产生数据表，因此，在此基础上统计的数据是准确无误的。同时，BIM 技术能通过计算机技术构建模型数据库，以集成建筑施工企业所有的信息，服务建筑施工企业建造建筑的全过程，达到“一模多用”的目的。

3. 基于 BIM 技术的工程变更管理应用

在实际项目中，由于非施工单位的原因经常出现量与价的调整而最终导致变更的情况相当普遍。在传统方式下，只要出现变更，施工单位的成本就得重新计算一次，随之而来的便是烦琐、重复的劳动。而 BIM 能根据造价规则自动重新计算造价，实时计算，无须重复统计，极大地减少了造价工程师的工作量。

1.7.2 BIM 在建筑施工进度管理的应用

1. 基于 BIM 技术科学的作业分配

BIM 模型的应用能为作业分配提供科学依据。工程进度中安排最为重要的依据是工程量，而工程量的计算一般情况下是采用手工汇编的方式完成的，该方式不仅不精确，而且烦琐复杂，但在 BIM 软件平台下，该工作将变得更加简单。通过 BIM 软件统计的数据，可准确算出施工阶段不同时段所需的材料用量，然后结合计价规范、定额和企业的施工水平就可计算出所需的劳动力、材料用量、机械台班数。

2. 基于 BIM 技术实施的矫正偏离和动态的进度控制

项目施工是动态的，项目的管理也是动态的，在进度控制过程中，可以通过 4D 可视化的进度模型与实际施工进度进行比较，直观地了解各项工作的执行情况。当现场施工情况与进度计划有出入时，可以通过 4DBIM 模型将进度计划与施工现场情况进行上对比，调整进度，增强建筑施工企业的进度控制能力，如图 1-13 所示。

图 1-13 进度计划比较分析

1.7.3 BIM 在建筑施工质量管理中的应用

1. 基于 BIM 建筑物料和成品的质量管理

就建筑物料质量管理而言，BIM 模型存储了大量的建筑构件、设备信息。通过 BIM

平台，各部门工作人员可以根据模型快速查到材料及购配件的规模、材质、尺寸等信息，因此，有质量问题的材料可以通过模型立马找到，然后进行更换。此外，BIM 技术还可以同物联网等技术相结合，对施工现场作业成品进行质量的追踪、记录、分析，监控施工产品质量。

2. 基于 BIM 有关质量技术管理

BIM 技术不仅是三维建模的技术，而且是一个很好的交流平台，在该平台上能通过 BIM 平台动态地模拟施工技术流程，对新材料、新工艺、新工法进行详细介绍，此外还可讨论关键技术问题，验证施工技术的可行性，最后还可结合 BIM 中 Navisworks 等仿真软件加以呈现。

1.7.4　BIM 在建筑施工安全管理中的应用

安全管理是任何一个企业或组织的命脉，建筑施工企业也不例外，安全管理应该遵循"安全第一，预防为主"的原则。在建筑施工安全管理中，关键措施是采用各种安全措施保障施工的薄弱环节和关键部位的安全，以不出现安全事故为目的。传统的安全管理，往往只能根据施工经验来减少安全事故，很少结合项目的实际情况，而在 BIM 的作用下，这种情况将有所改善。

1. 基于 BIM 的施工场地安排与现场材料堆放安全分析

在施工现场，由于各专业队、工种繁多，施工作业面交错，施工流程、时间交叉，物料堆放混乱，物料交错是常有的事情，这不仅会造成工作效率低下，而且还有可能发生安全隐患。BIM 技术则能对现场起到很好的指导作用，根据虚拟模拟技术，可以对材料的堆放提前做好安排，合理规划好取材、用材、舍材的路径和地点，保证施工现场堆放整齐，提高施工效率，如图 1-14 所示。

图 1-14　施工场地安排与现场材料堆放安全分析

2. 规避施工现场的危险源

BIM 可视化性能对工地上潜在的危险源进行分析。通过仿真模拟，将 BIM 模型划分不同区域，并以此制定各种应急措施，如制定或划定施工人员的出入口、建筑设备运送路线、消防车辆停车路线、恶劣天气的预防措施等。

第2章　建设工程相关的新法律法规和管理规定

第1节　《中华人民共和国招投标法》(2017修正)

《中华人民共和国招标投标法》是为了规范招标投标活动，保护国家利益、社会公共利益和招标投标活动当事人的合法权益，提高经济效益，保证项目质量而制定的法律。1999年8月30日第九届全国人民代表大会常务委员会第十一次会议通过。2017年12月27日第十二届全国人民代表大会常务委员会第三十一次会议修正。本法分总则，招标，投标，开标、评标和中标，法律责任，附则等6章共68条。该法与建设工程相关的法律内容主要如下：

2.1.1　修正内容

1.删去第十三条第二款第三项。即删除了《招标投标法》中，招标代理机构应当具备"有符合本法第三十七条第三款规定条件、可以作为评标委员会成员人选的技术、经济等方面的专家库"的内容。

2.删去第十四条第一款。即删除了"从事工程建设项目招标代理业务的招标代理机构，其资格由国务院或者省、自治区、直辖市人民政府的建设行政主管部门认定。具体办法由国务院建设行政主管部门会同国务院有关部门制定。从事其他招标代理业务的招标代理机构，其资格认定的主管部门由国务院规定。"

3.将第五十条第一款中的"情节严重的，暂停直至取消招标代理资格"修改为"情节严重的，禁止其一年至二年内代理依法必须进行招标的项目并予以公告，直至由工商行政管理机关吊销营业执照"。修改后的第五十条："招标代理机构违反本法规定，泄露应当保密的与招标投标活动有关的情况和资料的，或者与招标人、投标人串通损害国家利益、社会公共利益或者他人合法权益的，处五万元以上二十五万元以下的罚款，对单位直接负责的主管人员和其他直接责任人员处单位罚款数额百分之五以上百分之十以下的罚款；有违法所得的，并处没收违法所得；情节严重的，禁止其一年至二年内代理依法必须进行招标的项目并予以公告，直至由工商行政管理机关吊销营业执照；构成犯罪的，依法追究刑事责任。给他人造成损失的，依法承担赔偿责任。"

2.1.2　主要条文

1.在中华人民共和国境内进行下列工程建设项目包括项目的勘察、设计、施工、监理以及与工程建设有关的重要设备、材料等的采购，必须进行招标：(1)大型基础设施、公用事业等关系社会公共利益、公众安全的项目；(2)全部或者部分使用国有资金投资或者国家融资的项目；(3)使用国际组织或者外国政府贷款、援助资金的项目。此处所称工程建设项目，是指建设工程以及与工程建设有关的货物、服务。所称建设工程，包括建筑物和构筑物的新建、改建、扩建及其相关的装修、拆除、修缮等；所称与工程建设有关的货物，是指构成工程不可分割的组成部分，且为实现工程基本功能所必需的设备、材料等；所称与工程建设有关的服务，是指为完成工程所需的勘察、设计、监理等服务。

2.任何单位和个人不得将依法必须进行招标的项目化整为零或者以其他任何方式规避招标。招标投标活动应当遵循公开、公平、公正和诚实信用的原则。

3.依法必须进行招标的项目，其招标投标活动不受地区或者部门的限制。任何单位和个人不得违法限制或者排斥本地区、本系统以外的法人或者其他组织参加投标，不得以任何方式非法干涉招标投标活动。招标投标活动及其当事人应当接受依法实施的监督。

4.招标项目按照国家有关规定需要履行项目审批手续的，应当先履行审批手续，取得批准。招标人应当有进行招标项目的相应资金或者资金来源已经落实，并应当在招标文件中如实载明。

5.招标分为公开招标和邀请招标。公开招标，是指招标人以招标公告的方式邀请不特定的法人或者其他组织投标。邀请招标，是指招标人以投标邀请书的方式邀请特定的法人或者其他组织投标。国务院发展计划部门确定的国家重点项目和省、自治区、直辖市人民政府确定的地方重点项目不适宜公开招标的，经国务院发展计划部门或者省、自治区、直辖市人民政府批准，可以进行邀请招标。国有资金占控股或者主导地位的依法必须进行招标的项目，应当公开招标；但有下列情形之一的，可以邀请招标：（1）技术复杂、有特殊要求或者受自然环境限制，只有少量潜在投标人可供选择；（2）采用公开招标方式的费用占项目合同金额的比例过大。

6.招标人有权自行选择招标代理机构，委托其办理招标事宜。任何单位和个人不得以任何方式为招标人指定招标代理机构。招标人具有编制招标文件和组织评标能力的，可以自行办理招标事宜。任何单位和个人不得强制其委托招标代理机构办理招标事宜。依法必须进行招标的项目，招标人自行办理招标事宜的，应当向有关行政监督部门备案。

7.招标人采用公开招标方式的，应当发布招标公告。依法必须进行招标的项目的招标公告，应当通过国家指定的报刊、信息网络或者其他媒介发布。招标公告应当载明招标人的名称和地址、招标项目的性质、数量、实施地点和时间以及获取招标文件的办法等事项。

8.招标人采用邀请招标方式的，应当向三个以上具备承担招标项目的能力、资信良好的特定的法人或者其他组织发出投标邀请书。

9.招标人可以根据招标项目本身的要求，在招标公告或者投标邀请书中，要求潜在投标人提供有关资质证明文件和业绩情况，并对潜在投标人进行资格审查；国家对投标人的资格条件有规定的，依照其规定。招标人不得以不合理的条件限制或者排斥潜在投标人，不得对潜在投标人实行歧视待遇。

10.招标人应当根据招标项目的特点和需要编制招标文件。招标文件应当包括招标项目的技术要求、对投标人资格审查的标准、投标报价要求和评标标准等所有实质性要求和条件以及拟签订合同的主要条款。国家对招标项目的技术、标准有规定的，招标人应当按照其规定在招标文件中提出相应要求。招标项目需要划分标段、确定工期的，招标人应当合理划分标段、确定工期，并在招标文件中载明。招标文件不得要求或者标明特定的生产供应者以及含有倾向或者排斥潜在投标人的其他内容。

11.招标人不得向他人透露已获取招标文件的潜在投标人的名称、数量以及可能影响公平竞争的有关招标投标的其他情况。招标人设有标底的，标底必须保密。

12.招标人对已发出的招标文件进行必要的澄清或者修改的，应当在招标文件要求提交投标文件截止时间至少十五日前，以书面形式通知所有招标文件收受人。该澄清或者修改的内容为招标文件的组成部分。

13.招标人应当确定投标人编制投标文件所需要的合理时间；但是，依法必须进行招标的项目，自招标文件开始发出之日起至投标人提交投标文件截止之日止，最短不得少于二十日。

14.投标人是响应招标、参加投标竞争的法人或者其他组织。依法招标的科研项目允许个人参加投标的，投标的个人适用本法有关投标人的规定。投标人应当具备承担招标项目的能力；国家有关规定对投标人资格条件或者招标文件对投标人资格条件有规定的，投标人应当具备规定的资格条件。

15.投标人应当按照招标文件的要求编制投标文件。投标文件应当对招标文件提出的实质性要求和条件作出响应。招标项目属于建设施工的，投标文件的内容应当包括拟派出的项目负责人与主要技术人员的简历、业绩和拟用于完成招标项目的机械设备等。

16.投标人应当在招标文件要求提交投标文件的截止时间前，将投标文件送达投标地点。招标人收到投标文件后，应当签收保存，不得开启。投标人少于三个的，招标人应当依照本法重新招标。在招标文件要求提交投标文件的截止时间后送达的投标文件，招标人应当拒收。投标人在招标文件要求提交投标文件的截止时间前，可以补充、修改或者撤回已提交的投标文件，并书面通知招标人。补充、修改的内容为投标文件的组成部分。

17.投标人根据招标文件载明的项目实际情况，拟在中标后将中标项目的部分非主体、非关键性工作进行分包的，应当在投标文件中载明。

18.投标人不得相互串通投标报价，不得排挤其他投标人的公平竞争，损害招标人或者其他投标人的合法权益。投标人不得与招标人串通投标，损害国家利益、社会公共利益或者他人的合法权益。禁止投标人以向招标人或者评标委员会成员行贿的手段谋取中标。

19.投标人不得以低于成本的报价竞标，也不得以他人名义投标或者以其他方式弄虚作假，骗取中标。

20.招标人在招标文件要求提交投标文件的截止时间前收到的所有投标文件，开标时都应当当众予以拆封、宣读。开标过程应当记录，并存档备查。

21.评标由招标人依法组建的评标委员会负责。依法必须进行招标的项目，其评标委员会由招标人的代表和有关技术、经济等方面的专家组成，成员人数为五人以上单数，其中技术、经济等方面的专家不得少于成员总数的三分之二。与投标人有利害关系的人不得进入相关项目的评标委员会；已经进入的应当更换。评标委员会成员的名单在中标结果确定前应当保密。

22.评标委员会可以要求投标人对投标文件中含义不明确的内容作必要的澄清或者说明，但是澄清或者说明不得超出投标文件的范围或者改变投标文件的实质性内容。评标委员会应当按照招标文件确定的评标标准和方法，对投标文件进行评审和比较；设有标底的，应当参考标底。评标委员会完成评标后，应当向招标人提出书面评标报告，并推荐合格的中标候选人。招标人根据评标委员会提出的书面评标报告和推荐的中标候选人确定中标人。招标人也可以授权评标委员会直接确定中标人。评标委员会经评审，认为所有投标都不符合招标文件要求的，可以否决所有投标。依法必须进行招标的项目的所有投标被否决的，招标人应当依照本法重新招标。

23. 在确定中标人前，招标人不得与投标人就投标价格、投标方案等实质性内容进行谈判。评标委员会成员应当客观、公正地履行职务，遵守职业道德，对所提出的评审意见承担个人责任。评标委员会成员不得私下接触投标人，不得收受投标人的财物或者其他好处。评标委员会成员和参与评标的有关工作人员不得透露对投标文件的评审和比较、中标候选人的推荐情况以及与评标有关的其他情况。

24. 中标人确定后，招标人应当向中标人发出中标通知书，并同时将中标结果通知所有未中标的投标人。中标通知书对招标人和中标人具有法律效力。中标通知书发出后，招标人改变中标结果的，或者中标人放弃中标项目的，应当依法承担法律责任。

25. 招标人和中标人应当自中标通知书发出之日起三十日内，按照招标文件和中标人的投标文件订立书面合同。招标人和中标人不得再行订立背离合同实质性内容的其他协议。招标文件要求中标人提交履约保证金的，中标人应当提交。

26. 中标人应当按照合同约定履行义务，完成中标项目。中标人不得向他人转让中标项目，也不得将中标项目肢解后分别向他人转让。中标人按照合同约定或者经招标人同意，可以将中标项目的部分非主体、非关键性工作分包给他人完成。接受分包的人应当具备相应的资格条件，并不得再次分包。中标人应当就分包项目向招标人负责，接受分包的人就分包项目承担连带责任。

27. 违反本法规定，必须进行招标的项目而不招标的，将必须进行招标的项目化整为零或者以其他任何方式规避招标的，责令限期改正，可以处项目合同金额千分之五以上千分之十以下的罚款；对全部或者部分使用国有资金的项目，可以暂停项目执行或者暂停资金拨付；对单位直接负责的主管人员和其他直接责任人员依法给予处分。

28. 招标人以不合理的条件限制或者排斥潜在投标人的，对潜在投标人实行歧视待遇的，强制要求投标人组成联合体共同投标的，或者限制投标人之间竞争的，责令改正，可以处一万元以上五万元以下的罚款。

29. 依法必须进行招标的项目的招标人向他人透露已获取招标文件的潜在投标人的名称、数量或者可能影响公平竞争的有关招标投标的其他情况的，或者泄露标底的，给予警告，可以并处一万元以上十万元以下的罚款；对单位直接负责的主管人员和其他直接责任人员依法给予处分；构成犯罪的，依法追究刑事责任。所列行为影响中标结果的，中标无效。

30. 投标人以他人名义投标或者以其他方式弄虚作假，骗取中标的，中标无效，给招标人造成损失的，依法承担赔偿责任；构成犯罪的，依法追究刑事责任。

31. 依法必须进行招标的项目，招标人违反本法规定，与投标人就投标价格、投标方案等实质性内容进行谈判的，给予警告，对单位直接负责的主管人员和其他直接责任人员依法给予处分。所列行为影响中标结果的，中标无效。

32. 中标人将中标项目转让给他人的，将中标项目肢解后分别转让给他人的，违反本法规定将中标项目的部分主体、关键性工作分包给他人的，或者分包人再次分包的，转让、分包无效，处转让、分包项目金额千分之五以上千分之十以下的罚款；有违法所得的，并处没收违法所得；可以责令停业整顿；情节严重的，由工商行政管理机关吊销营业执照。

第2节 《中华人民共和国劳动法》（2018修正）

《中华人民共和国劳动法》是为了保护劳动者的合法权益，调整劳动关系，建立和维护适应社会主义市场经济的劳动制度，促进经济发展和社会进步而制定的法律。1994年7月5日第八届全国人民代表大会常务委员会第八次会议通过，2009年8月27日第十一届全国人民代表大会常务委员会第十次会议第一次修正，2018年12月29日第十三届全国人民代表大会常务委员会第七次会议第二次修正。本法分总则，促进就业，劳动合同和集体合同，工作时间和休息休假，工资，劳动安全卫生，女职工和未成年工特殊保护，职业培训，社会保险和福利，劳动争议，监督检查，法律责任，附则等13章共107条。2018年12月29日对《中华人民共和国劳动法》作出修改的条款主要包括：将第十五条第二款中的“必须依照国家有关规定，履行审批手续”修改为“必须遵守国家有关规定”；将第六十九条中的“由经过政府批准的考核鉴定机构”修改为“由经备案的考核鉴定机构”；将第九十四条中的“工商行政管理部门”修改为“市场监督管理部门”。该法与建设工程相关的法律内容主要如下：

1.在中华人民共和国境内的企业、个体经济组织（以下统称用人单位）和与之形成劳动关系的劳动者，适用本法。国家机关、事业组织、社会团体和与之建立劳动合同关系的劳动者，依照本法执行。

2.劳动者享有平等就业和选择职业的权利、取得劳动报酬的权利、休息休假的权利、获得劳动安全卫生保护的权利、接受职业技能培训的权利、享受社会保险和福利的权利、提请劳动争议处理的权利以及法律规定的其他劳动权利。劳动者应当完成劳动任务，提高职业技能，执行劳动安全卫生规程，遵守劳动纪律和职业道德。

3.妇女享有与男子平等的就业权利。在录用职工时，除国家规定的不适合妇女的工种或者岗位外，不得以性别为由拒绝录用妇女或者提高对妇女的录用标准。

4.禁止用人单位招用未满十六周岁的未成年人。文艺、体育和特种工艺单位招用未满十六周岁的未成年人，必须遵守国家有关规定，并保障其接受义务教育的权利。

5.劳动合同是劳动者与用人单位确立劳动关系、明确双方权利和义务的协议。建立劳动关系应当订立劳动合同，订立和变更劳动合同，应当遵循平等自愿、协商一致的原则，不得违反法律、行政法规的规定。劳动合同依法订立即具有法律约束力，当事人必须履行劳动合同规定的义务。

6.下列劳动合同无效：（1）违反法律、行政法规的劳动合同；（2）采取欺诈、威胁等手段订立的劳动合同。无效的劳动合同，从订立的时候起，就没有法律约束力。确认劳动合同部分无效的，如果不影响其余部分的效力，其余部分仍然有效。劳动合同的无效，由劳动争议仲裁委员会或者人民法院确认。

7.劳动合同应当以书面形式订立，并具备以下条款：（1）劳动合同期限；（2）工作内容；（3）劳动保护和劳动条件；（4）劳动报酬；（5）劳动纪律；（6）劳动合同终止的条件；（7）违反劳动合同的责任。劳动合同除前款规定的必备条款外，当事人可以协商约定其他内容。

8.劳动合同的期限分为有固定期限、无固定期限和以完成一定的工作为期限。劳动者在同一用人单位连续工作满十年以上，当事人双方同意续延劳动合同的，如果劳动者提出订立无固定期限的劳动合同，应当订立无固定期限的劳动合同。

9. 劳动合同可以约定试用期。试用期最长不得超过六个月。

10. 劳动合同期满或者当事人约定的劳动合同终止条件出现，劳动合同即行终止。经劳动合同当事人协商一致，劳动合同可以解除。

11. 劳动者有下列情形之一的，用人单位可以解除劳动合同：（1）在试用期间被证明不符合录用条件的；（2）严重违反劳动纪律或者用人单位规章制度的；（3）严重失职，营私舞弊，对用人单位利益造成重大损害的；（4）被依法追究刑事责任的。

12. 有下列情形之一的，用人单位可以解除劳动合同，但是应当提前三十日以书面形式通知劳动者本人：（1）劳动者患病或者非因工负伤，医疗期满后，不能从事原工作也不能从事由用人单位另行安排的工作的；（2）劳动者不能胜任工作，经过培训或者调整工作岗位，仍不能胜任工作的；（3）劳动合同订立时所依据的客观情况发生重大变化，致使原劳动合同无法履行，经当事人协商不能就变更劳动合同达成协议的。

13. 用人单位濒临破产进行法定整顿期间或者生产经营状况发生严重困难，确需裁减人员的，应当提前三十日向工会或者全体职工说明情况，听取工会或者职工的意见，经向劳动行政部门报告后，可以裁减人员。用人单位依据本条规定裁减人员，在六个月内录用人员的，应当优先录用被裁减的人员。

14. 劳动者有下列情形之一的，用人单位不得依据本法第二十六条、第二十七条的规定解除劳动合同：（1）患职业病或者因工负伤并被确认丧失或者部分丧失劳动能力的；（2）患病或者负伤，在规定的医疗期内的；（3）女职工在孕期、产期、哺乳期内的；（4）法律、行政法规规定的其他情形。

15. 劳动者解除劳动合同，应当提前三十日以书面形式通知用人单位。有下列情形之一的，劳动者可以随时通知用人单位解除劳动合同：（1）在试用期内的；（2）用人单位以暴力、威胁或者非法限制人身自由的手段强迫劳动的；（3）用人单位未按照劳动合同约定支付劳动报酬或者提供劳动条件的。

16. 企业职工一方与企业可以就劳动报酬、工作时间、休息休假、劳动安全卫生、保险福利等事项，签订集体合同。集体合同草案应当提交职工代表大会或者全体职工讨论通过。集体合同由工会代表职工与企业签订；没有建立工会的企业，由职工推举的代表与企业签订。集体合同签订后应当报送劳动行政部门；劳动行政部门自收到集体合同文本之日起十五日内未提出异议的，集体合同即行生效。依法签订的集体合同对企业和企业全体职工具有约束力，职工个人与企业订立的劳动合同中劳动条件和劳动报酬等标准不得低于集体合同的规定。

17. 国家实行劳动者每日工作时间不超过八小时、平均每周工作时间不超过四十四小时的工时制度。用人单位应当保证劳动者每周至少休息一日。企业因生产特点不能实行上述规定的，经劳动行政部门批准，可以实行其他工作和休息办法。用人单位在国家规定的节日期间应当依法安排劳动者休假。

18. 用人单位由于生产经营需要，经与工会和劳动者协商后可以延长工作时间，一般每日不得超过一小时；因特殊原因需要延长工作时间的，在保障劳动者身体健康的条件下延长工作时间每日不得超过三小时，但是每月不得超过三十六小时。用人单位不得违反本法规定延长劳动者的工作时间。

19.有下列情形之一的，用人单位应当按照下列标准支付高于劳动者正常工作时间工资的工资报酬：（1）安排劳动者延长工作时间的，支付不低于工资的百分之一百五十的工资报酬；（2）休息日安排劳动者工作又不能安排补休的，支付不低于工资的百分之二百的工资报酬；（3）法定休假日安排劳动者工作的，支付不低于工资的百分之三百的工资报酬。

20.工资应当以货币形式按月支付给劳动者本人。不得克扣或者无故拖欠劳动者的工资。劳动者在法定休假日和婚丧假期间以及依法参加社会活动期间，用人单位应当依法支付工资。

21.用人单位必须建立、健全劳动安全卫生制度，严格执行国家劳动安全卫生规程和标准，对劳动者进行劳动安全卫生教育，防止劳动过程中的事故，减少职业危害。新建、改建、扩建工程的劳动安全卫生设施必须与主体工程同时设计、同时施工、同时投入生产和使用。用人单位必须为劳动者提供符合国家规定的劳动安全卫生条件和必要的劳动防护用品，对从事有职业危害作业的劳动者应当定期进行健康检查。

22.从事特种作业的劳动者必须经过专门培训并取得特种作业资格。劳动者在劳动过程中必须严格遵守安全操作规程。劳动者对用人单位管理人员违章指挥、强令冒险作业，有权拒绝执行；对危害生命安全和身体健康的行为，有权提出批评、检举和控告。

23.国家对女职工和未成年工实行特殊劳动保护。禁止安排女职工从事矿山井下、国家规定的第四级体力劳动强度的劳动和其他禁忌从事的劳动。不得安排女职工在经期从事高处、低温、冷水作业和国家规定的第三级体力劳动强度的劳动。不得安排女职工在怀孕期间从事国家规定的第三级体力劳动强度的劳动和孕期禁忌从事的劳动。对怀孕七个月以上的女职工，不得安排其延长工作时间和夜班劳动。不得安排女职工在哺乳未满一周岁的婴儿期间从事国家规定的第三级体力劳动强度的劳动和哺乳期禁忌从事的其他劳动，不得安排其延长工作时间和夜班劳动。

24.用人单位与劳动者发生劳动争议，当事人可以依法申请调解、仲裁、提起诉讼，也可以协商解决，调解原则适用于仲裁和诉讼程序。

25.解决劳动争议，应当根据合法、公正、及时处理的原则，依法维护劳动争议当事人的合法权益。劳动争议发生后，当事人可以向本单位劳动争议调解委员会申请调解；调解不成，当事人一方要求仲裁的，可以向劳动争议仲裁委员会申请仲裁。当事人一方也可以直接向劳动争议仲裁委员会申请仲裁。对仲裁裁决不服的，可以向人民法院提起诉讼。

26.在用人单位内，可以设立劳动争议调解委员会。劳动争议调解委员会由职工代表、用人单位代表和工会代表组成。劳动争议调解委员会主任由工会代表担任。劳动争议经调解达成协议的，当事人应当履行。劳动争议仲裁委员会由劳动行政部门代表、同级工会代表、用人单位方面的代表组成。劳动争议仲裁委员会主任由劳动行政部门代表担任。

27.提出仲裁要求的一方应当自劳动争议发生之日起六十日内向劳动争议仲裁委员会提出书面申请。仲裁裁决一般应在收到仲裁申请的六十日内作出。对仲裁裁决无异议的，当事人必须履行。劳动争议当事人对仲裁裁决不服的，可以自收到仲裁裁决书之日起十五日内向人民法院提起诉讼。一方当事人在法定期限内不起诉又不履行仲裁裁决的，另一方当事人可以申请人民法院强制执行。

28.因签订集体合同发生争议，当事人协商解决不成的，当地人民政府劳动行政部门可以组织有关各方协调处理。因履行集体合同发生争议，当事人协商解决不成的，可以向劳动争议仲裁委员会申请仲裁；对仲裁裁决不服的，可以自收到仲裁裁决书之日起十五日内向人民法院提起诉讼。

29.用人单位制定的劳动规章制度违反法律、法规规定的，由劳动行政部门给予警告，责令改正；对劳动者造成损害的，应当承担赔偿责任。用人单位违反本法规定，延长劳动者工作时间的，由劳动行政部门给予警告，责令改正，并可以处以罚款。

30.用人单位有下列侵害劳动者合法权益情形之一的，由劳动行政部门责令支付劳动者的工资报酬、经济补偿，并可以责令支付赔偿金：（1）克扣或者无故拖欠劳动者工资的；（2）拒不支付劳动者延长工作时间工资报酬的；（3）低于当地最低工资标准支付劳动者工资的；（4）解除劳动合同后，未依照本法规定给予劳动者经济补偿的。

31.用人单位的劳动安全设施和劳动卫生条件不符合国家规定或者未向劳动者提供必要的劳动防护用品和劳动保护设施的，由劳动行政部门或者有关部门责令改正，可以处以罚款；情节严重的，提请县级以上人民政府决定责令停产整顿；对事故隐患不采取措施，致使发生重大事故，造成劳动者生命和财产损失的，对责任人员依照刑法有关规定追究刑事责任。用人单位强令劳动者违章冒险作业，发生重大伤亡事故，造成严重后果的，对责任人员依法追究刑事责任。

32.用人单位违反本法对女职工和未成年工的保护规定，侵害其合法权益的，由劳动行政部门责令改正，处以罚款；对女职工或者未成年工造成损害的，应当承担赔偿责任。

33.用人单位有下列行为之一，由公安机关对责任人员处以十五日以下拘留、罚款或者警告；构成犯罪的，对责任人员依法追究刑事责任：（1）以暴力、威胁或者非法限制人身自由的手段强迫劳动的；（2）侮辱、体罚、殴打、非法搜查和拘禁劳动者的。

34.由于用人单位的原因订立的无效合同，对劳动者造成损害的，应当承担赔偿责任。用人单位违反本法规定的条件解除劳动合同或者故意拖延不订立劳动合同的，由劳动行政部门责令改正；对劳动者造成损害的，应当承担赔偿责任。

35.用人单位招用尚未解除劳动合同的劳动者，对原用人单位造成经济损失的，该用人单位应当依法承担连带赔偿责任。用人单位无故不缴纳社会保险费的，由劳动行政部门责令其限期缴纳；逾期不缴的，可以加收滞纳金。用人单位无理阻挠劳动行政部门、有关部门及其工作人员行使监督检查权，打击报复举报人员的，由劳动行政部门或者有关部门处以罚款；构成犯罪的，对责任人员依法追究刑事责任。

36.劳动者违反本法规定的条件解除劳动合同或者违反劳动合同中约定的保密事项，对用人单位造成经济损失的，应当依法承担赔偿责任。

第3节　《建筑市场信用管理暂行办法》(建市〔2017〕241号)

为贯彻落实《国务院办公厅关于促进建筑业持续健康发展的意见》（国办发〔2017〕19号），加快推进建筑市场信用体系建设，规范建筑市场秩序，营造公平竞争、诚信守法的市场环境，2017年12月11日中华人民共和国住房和城乡建设部根据《中华人民共和国建筑法》《中华人民共和国招标投标法》《企业信息公示暂行条例》《社会信用体系建设规划纲要（2014—2020年）》等规定，印发了《建筑市场信用管理暂行办法》，该办法自2018年1月1日起施行。该暂行办法由总则，信用信息采集和交换，信用信息公开和应用，建筑市场主体“黑名单”，信用评价，监督管理，附则等7章共30条组成。主要内容如下：

1.建筑市场信用管理是指在房屋建筑和市政基础设施工程建设活动中，对建筑市场各方主体信用信息的认定、采集、交换、公开、评价、使用及监督管理。建筑市场各方主体是指工程项目的建设单位和从事工程建设活动的勘察、设计、施工、监理等企业，以及注册建筑师、勘察设计注册工程师、注册建造师、注册监理工程师等注册执业人员。

2.住房和城乡建设部负责指导和监督全国建筑市场信用体系建设工作，制定建筑市场信用管理规章制度，建立和完善全国建筑市场监管公共服务平台，公开建筑市场各方主体信用信息，指导省级住房和城乡建设主管部门开展建筑市场信用体系建设工作。省级住房和城乡建设主管部门负责本行政区域内建筑市场各方主体的信用管理工作，制定建筑市场信用管理制度并组织实施，建立和完善本地区建筑市场监管一体化工作平台，对建筑市场各方主体信用信息认定、采集、公开、评价和使用进行监督管理，并向全国建筑市场监管公共服务平台推送建筑市场各方主体信用信息。

3.信用信息由基本信息、优良信用信息、不良信用信息构成。（1）基本信息是指注册登记信息、资质信息、工程项目信息、注册执业人员信息等；（2）优良信用信息是指建筑市场各方主体在工程建设活动中获得的县级以上行政机关或群团组织表彰奖励等信息；（3）不良信用信息是指建筑市场各方主体在工程建设活动中违反有关法律、法规、规章或工程建设强制性标准等，受到县级以上住房和城乡建设主管部门行政处罚的信息，以及经有关部门认定的其他不良信用信息。

4.地方各级住房和城乡建设主管部门应当通过省级建筑市场监管一体化工作平台，认定、采集、审核、更新和公开本行政区域内建筑市场各方主体的信用信息，并对其真实性、完整性和及时性负责。按照“谁监管、谁负责，谁产生、谁负责”的原则，工程项目所在地住房和城乡建设主管部门依据职责，采集工程项目信息并审核其真实性。

5.各级住房和城乡建设主管部门应当建立健全信息推送机制，自优良信用信息和不良信用信息产生之日起7个工作日内，通过省级建筑市场监管一体化工作平台依法对社会公开，并推送至全国建筑市场监管公共服务平台。各级住房和城乡建设主管部门应当加强与发展改革委、人民银行、人民法院、人力资源社会保障、交通运输、水利、工商等部门和单位的联系，加快推进信用信息系统的互联互通，逐步建立信用信息共享机制。

6.各级住房和城乡建设主管部门应当完善信用信息公开制度，通过省级建筑市场监管一体化工作平台和全国建筑市场监管公共服务平台，及时公开建筑市场各方主体的信用信息。公开建筑市场各方主体信用信息不得危及国家安全、公共安全、经济安全和社会稳定，不得泄露国家秘密、商业秘密和个人隐私。

7.建筑市场各方主体的信用信息公开期限为：（1）基本信息长期公开；（2）优良信用信息公开期限一般为3年；（3）不良信用信息公开期限一般为6个月至3年，并不得低于相关行政处罚期限。具体公开期限由不良信用信息的认定部门确定。

8.地方各级住房和城乡建设主管部门应当通过省级建筑市场监管一体化工作平台办理信用信息变更，并及时推送至全国建筑市场监管公共服务平台。各级住房和城乡建设主管部门应当充分利用全国建筑市场监管公共服务平台，建立完善建筑市场各方主体守信激励和失信惩戒机制。对信用好的，可根据实际情况在行政许可等方面实行优先办理、简化程序等激励措施；对存在严重失信行为的，作为“双随机、一公开”监管重点对象，加强事中事后监管，依法采取约束和惩戒措施。

9.有关单位或个人应当依法使用信用信息，不得使用超过公开期限的不良信用信息对建筑市场各方主体进行失信惩戒，法律、法规或部门规章另有规定的，从其规定。

10 县级以上住房和城乡建设主管部门按照“谁处罚、谁列入”的原则，将存在下列情形的建筑市场各方主体，列入建筑市场主体“黑名单”：（1）利用虚假材料、以欺骗手段取得企业资质的；（2）发生转包、出借资质，受到行政处罚的；（3）发生重大及以上工程质量安全事故，或 1 年内累计发生 2 次及以上较大工程质量安全事故，或发生性质恶劣、危害性严重、社会影响大的较大工程质量安全事故，受到行政处罚的；（4）经法院判决或仲裁机构裁决，认定为拖欠工程款，且拒不履行生效法律文书确定的义务的。各级住房和城乡建设主管部门应当参照建筑市场主体“黑名单”，对被人力资源社会保障主管部门列入拖欠农民工工资“黑名单”的建筑市场各方主体加强监管。

11.对被列入建筑市场主体“黑名单”的建筑市场各方主体，地方各级住房和城乡建设主管部门应当通过省级建筑市场监管一体化工作平台向社会公布相关信息，包括单位名称、机构代码、个人姓名、证件号码、行政处罚决定、列入部门、管理期限等。省级住房和城乡建设主管部门应当通过省级建筑市场监管一体化工作平台，将建筑市场主体“黑名单”推送至全国建筑市场监管公共服务平台。

12.建筑市场主体“黑名单”管理期限为自被列入名单之日起 1 年。建筑市场各方主体修复失信行为并且在管理期限内未再次发生符合列入建筑市场主体“黑名单”情形行为的，由原列入部门将其从“黑名单”移出。

13.各级住房和城乡建设主管部门应当将列入建筑市场主体“黑名单”和拖欠农民工工资“黑名单”的建筑市场各方主体作为重点监管对象，在市场准入、资质资格管理、招标投标等方面依法给予限制。各级住房和城乡建设主管部门不得将列入建筑市场主体“黑名单”的建筑市场各方主体作为评优表彰、政策试点和项目扶持对象。各级住房和城乡建设主管部门可以将建筑市场主体“黑名单”通报有关部门，实施联合惩戒。

14.省级住房和城乡建设主管部门可以结合本地实际情况，开展建筑市场信用评价工作，鼓励第三方机构开展建筑市场信用评价。建筑市场信用评价主要包括企业综合实力、工程业绩、招标投标、合同履约、工程质量控制、安全生产、文明施工、建筑市场各方主体优良信用信息及不良信用信息等内容。

15.省级住房和城乡建设主管部门应当按照公开、公平、公正的原则，制定建筑市场信用评价标准，不得设置歧视外地建筑市场各方主体的评价指标，不得对外地建筑市场各方主体设置信用壁垒。鼓励设置建设单位对承包单位履约行为的评价指标。

16.地方各级住房和城乡建设主管部门可以结合本地实际，在行政许可、招标投标、工程担保与保险、日常监管、政策扶持、评优表彰等工作中应用信用评价结果。

17.省级住房和城乡建设主管部门应当指定专人或委托专门机构负责建筑市场各方主体的信用信息采集、公开和推送工作。各级住房和城乡建设主管部门应当加强建筑市场信用信息安全管理，建立建筑市场监管一体化工作平台安全监测预警和应急处理机制，保障信用信息安全。

18.住房和城乡建设部建立建筑市场信用信息推送情况抽查和通报制度。定期核查省级住房和城乡建设主管部门信用信息推送情况。对于应推送而未推送或未及时推送信用信息的，以及在建筑市场信用评价工作中设置信用壁垒的，住房和城乡建设部将予以通报，并责令限期整改。住房和城乡建设主管部门工作人员在建筑市场信用管理工作中应当依法履职。对于推送虚假信用信息，故意瞒报信用信息，篡改信用评价结果的，应当依法追究主管部门及相关责任人责任。

19. 地方各级住房和城乡建设主管部门应当建立异议信用信息申诉与复核制度，公开异议信用信息处理部门和联系方式。建筑市场各方主体对信用信息及其变更、建筑市场主体"黑名单"等存在异议的，可以向认定该信用信息的住房和城乡建设主管部门提出申诉，并提交相关证明材料。住房和城乡建设主管部门应对异议信用信息进行核实，并及时作出处理。

第 4 节 《建筑工程施工合同（示范文本）》GF-2017-0201

2.4.1 2017 版《示范文本》基本情况说明

为了指导建设工程施工合同当事人的签约行为，维护合同当事人的合法权益，依据《中华人民共和国合同法》《中华人民共和国建筑法》《中华人民共和国招标投标法》以及相关法律法规，住房和城乡建设部、国家工商行政管理总局对《建设工程施工合同（示范文本）》（GF-2013-0201）（以下简称《2013 版示范文本》）进行了修订，制定了《建设工程施工合同（示范文本）》（GF-2017-0201）（以下简称《2017 版示范文本》），《2017 版示范文本》自 2017 年 10 月 1 日起执行。为了便于合同当事人使用《2017 版示范文本》，现就有关问题说明如下：

1.《2017 版示范文本》的组成

《2017 版示范文本》由合同协议书、通用合同条款和专用合同条款三部分组成。

（1）合同协议书

《2017 版示范文本》合同协议书共计 13 条，主要包括：工程概况、合同工期、质量标准、签约合同价和合同价格形式、项目经理、合同文件构成、承诺以及合同生效条件等重要内容，集中约定了合同当事人基本的合同权利义务。

（2）通用合同条款

通用合同条款是合同当事人根据《中华人民共和国建筑法》《中华人民共和国合同法》等法律法规的规定，就工程建设的实施及相关事项，对合同当事人的权利义务作出的原则性约定。通用合同条款共计 20 条，具体条款分别为：一般约定、发包人、承包人、监理人、工程质量、安全文明施工与环境保护、工期和进度、材料与设备、试验与检验、变更、价格调整、合同价格、计量与支付、验收和工程试车、竣工结算、缺陷责任与保修、违约、不可抗力、保险、索赔和争议解决。前述条款安排既考虑了现行法律法规对工程建设的有关要求，也考虑了建设工程施工管理的特殊需要。

（3）专用合同条款

专用合同条款是对通用合同条款原则性约定的细化、完善、补充、修改或另行约定的条款。合同当事人可以根据不同建设工程的特点及具体情况，通过双方的谈判、协商对相应的专用合同条款进行修改补充。在使用专用合同条款时，应注意以下事项：

1）专用合同条款的编号应与相应的通用合同条款的编号一致；

2）合同当事人可以通过对专用合同条款的修改，满足具体建设工程的特殊要求，避免直接修改通用合同条款；

3）在专用合同条款中有横道线的地方，合同当事人可针对相应的通用合同条款进行细化、完善、补充、修改或另行约定；如无细化、完善、补充、修改或另行约定，则填写“无”或划“/”。

2.《2017 版示范文本》的性质和适用范围

《2017 版示范文本》为非强制性使用文本。《2017 版示范文本》适用于房屋建筑工程、土木工程、线路管道和设备安装工程、装修工程等建设工程的施工承发包活动，合同当事人可结合建设工程具体情况，根据《2017 版示范文本》订立合同，并按照法律法规规定和合同约定承担相应的法律责任及合同权利义务。

2.4.2　2017 版《示范文本》修改内容对照与解读

2017 年 10 月 30 日，住房和城乡建设部公布了《2017 版示范文本》。与《2017 版示范文本》相比，《2017 版示范文本》主要针对“缺陷责任“与”质量保证金”两项内容进行了修改。

1. 关于“缺陷责任”的修改

（1）关于“缺陷责任期的起算时间“的修改

关于缺陷责任期的起算时间，《2017 版示范文本》做了如下方面修改：

1）缺陷责任期的起算时间由“实际竣工日期起”，修改为“从工程通过竣工验收之日起”；

2）增加规定“因承包人原因导致工程无法按合同约定期限进行竣工验收的，缺陷责任期从实际通过竣工验收之日起计算”；

3）将“因发包人原因导致工程无法按合同约定期限进行竣工验收的，缺陷责任期自承包人提交竣工验收申请报告之日起开始计算”，修改为“因发包人原因导致工程无法按合同约定期限进行竣工验收的，在承包人提交竣工验收报告 90 天后，工程自动进入缺陷责任期”。实际上，将此种情况下缺陷责任期的起算时间向后推了 90 天。

（2）关于缺陷责任具体内容的修改

关于缺陷责任的具体内容，《2017 版示范文本》做了如下修改：

1）增加了关于“缺陷责任的具体内容”的描述，即第 15.2.2 项规定的，“缺陷责任期内，由承包人原因造成的缺陷，承包人应负责维修，并承担鉴定及维修费用。如承包人不维修也不承担费用，发包人可按合同约定从保证金或银行保函中扣除，费用超出保证金额的，发包人可按合同约定向承包人进行索赔。承包人维修并承担相应费用后，不免除对工程的损失赔偿责任”；

2）明确缺陷责任期包含延长部分最长不能超过 24 个月；

3）增加如下内容，“由他人原因造成的缺陷，发包人负责组织维修，承包人不承担费用，且发包人不得从保证金中扣除费用。”

2. 关于质量保证金的修改

关于质量保证金，《2017 版示范文本》在第 15.3 款“质量保证金”、第 15.3.2 目和第 15.3.3 目进行了以下修改：（1）增加规定，“在工程项目竣工前，承包人已经提供履约担保的，发包人不得同时预留工程质量保证金。”即履约担保和质量保证金不能同时使用；

（2）将质量保证金的额度从“不得超过结算合同价格的5%”，修改为“不得超过工程价款结算总额的3%”，减轻了承包人的负担；（3）明确了如果发包人扣留的是质量保证金，则“发包人在退还质量保证金的同时按照中国人民银行发布的同期同类贷款基准利率支付利息”；（4）增加了退还承包人质量保证金的程序，即：“缺陷责任期内，承包人认真履行合同约定的责任，到期后，承包人可向发包人申请返还保证金。

发包人在接到承包人返还保证金申请后，应于14天内会同承包人按照合同约定的内容进行核实。如无异议，发包人应当按照约定将保证金返还给承包人。对返还期限没有约定或者约定不明确的，发包人应当在核实后14天内将保证金返还承包人，逾期未返还的，依法承担违约责任。发包人在接到承包人返还保证金申请后14天内不予答复，经催告后14天内仍不予答复，视同认可承包人的返还保证金申请。发包人和承包人对保证金预留、返还以及工程维修质量、费用有争议的，按本合同第20条约定的争议和纠纷解决程序处理。”

3.《2017版示范文本》修改内容对承包人和发包人的影响

（1）关于“缺陷责任期的起算时间”的修改总体上加重了承包人的责任，实际上延长了承包人承担缺陷责任期限，对此承包人应当特别注意。

（2）关于质量保证金的规定，则整体上减轻了承包人的义务和责任，因而该部分的修改对于承包人较为有利，业主对此应当特别注意。

（3）关于缺陷责任的具体内容的修改，只是细化和明确了原来不明确的内容，可以避免因理解不一致产生的分歧，并没有明显加重哪一方当事人的义务，对于当事人双方都有好处。

第5节　专业技术人员继续教育规定（人社部令第25号）

2015年8月3日，人力资源社会保障部第70次部务会讨论通过并发布《专业技术人员继续教育规定》（人力资源社会保障部令第25号，以下简称《规定》），对专业技术人员继续教育工作的原则、要求、管理体制等作了明确要求，该规定自2015年10月1日起施行。这是第一部以部令形式颁布的专业技术人员继续教育方面的部门规章，是贯彻落实中央关于全面深化改革总体部署和国家中长期人才发展规划纲要的具体措施。该《规定》分总则，内容和方式，组织管理和公共服务，法律责任，附则等5章共31条。颁布实施《规定》对于规范继续教育活动，保障专业技术人员继续教育权益，不断提升专业技术人才能力素质，加强专业技术人才队伍建设，服务创新驱动发展战略，推进专业技术人员继续教育制度化、法制化建设，具有十分重要的意义。该《规定》与建设工程相关的内容主要如下：

1.国家机关、企业、事业单位以及社会团体等组织（以下称用人单位）的专业技术人员继续教育（以下称继续教育），适用本规定。继续教育应当以经济社会发展和科技进步为导向，以能力建设为核心，突出针对性、实用性和前瞻性，坚持理论联系实际、按需施教、讲求实效、培养与使用相结合的原则。

2.用人单位应当保障专业技术人员参加继续教育的权利。专业技术人员应当适应岗位需要和职业发展的要求，积极参加继续教育，完善知识结构、增强创新能力、提高专业水平。

3.继续教育工作实行统筹规划、分级负责、分类指导的管理体制。人力资源社会保障部负责对全国专业技术人员继续教育工作进行综合管理和统筹协调，制定继续教育政策，编制继续教育规划并组织实施。县级以上地方人力资源社会保障行政部门负责对本地区专业技术人员继续教育工作进行综合管理和组织实施。行业主管部门在各自职责范围内依法做好本行业继续教育的规划、管理和实施工作。

4.继续教育内容包括公需科目和专业科目。公需科目包括专业技术人员应当普遍掌握的法律法规、理论政策、职业道德、技术信息等基本知识。专业科目包括专业技术人员从事专业工作应当掌握的新理论、新知识、新技术、新方法等专业知识。

5.专业技术人员参加继续教育的时间，每年累计应不少于 90 学时，其中，专业科目一般不少于总学时的三分之二。专业技术人员通过下列方式参加继续教育的，计入本人当年继续教育学时：(1) 参加培训班、研修班或者进修班学习；(2) 参加相关的继续教育实践活动；(3) 参加远程教育；(4) 参加学术会议、学术讲座、学术访问等活动；(5) 符合规定的其他方式。

6.用人单位可以根据本规定，结合本单位发展战略和岗位要求，组织开展继续教育活动或者参加本行业组织的继续教育活动，为本单位专业技术人员参加继续教育提供便利。

7.专业技术人员根据岗位要求和职业发展需要，参加本单位组织的继续教育活动，也可以利用业余时间或者经用人单位同意利用工作时间，参加本单位组织之外的继续教育活动。专业技术人员按照有关法律法规规定从事有职业资格要求工作的，用人单位应当为其参加继续教育活动提供保障。

8.专业技术人员经用人单位同意，脱产或者半脱产参加继续教育活动的，用人单位应当按照国家有关规定或者与劳动者的约定，支付工资、福利等待遇。用人单位安排专业技术人员在工作时间之外参加继续教育活动的，双方应当约定费用分担方式和相关待遇。

9.用人单位可以与生产、教学、科研等单位联合开展继续教育活动，建立生产、教学、科研以及项目、资金、人才相结合的继续教育模式。

10.专业技术人员应当遵守有关学习纪律和管理制度，完成规定的继续教育学时。专业技术人员承担全部或者大部分继续教育费用的，用人单位不得指定继续教育机构。

11.用人单位应当建立本单位专业技术人员继续教育与使用、晋升相衔接的激励机制，把专业技术人员参加继续教育情况作为专业技术人员考核评价、岗位聘用的重要依据。专业技术人员参加继续教育情况应当作为聘任专业技术职务或者申报评定上一级资格的重要条件。有关法律法规规定专业技术人员参加继续教育作为职业资格登记或者注册的必要条件的，从其规定。

12.依法成立的高等院校、科研院所、大型企业的培训机构等各类教育培训机构（以下称继续教育机构）可以面向专业技术人员提供继续教育服务。继续教育机构应当具备与继续教育目的任务相适应的场所、设施、教材和人员，建立健全相应的组织机构和管理制度。

13.继续教育机构应当认真实施继续教育教学计划，向社会公开继续教育的范围、内容、收费项目及标准等情况，建立教学档案，根据考试考核结果如实出具专业技术人员参加继续教育的证明。继续教育机构可以充分利用现代信息技术开展远程教育，形成开放式的继续教育网络，为基层、一线专业技术人员更新知识结构、提高能力素质提供便捷高效的服务。

14. 人力资源社会保障行政部门、有关行业主管部门及其工作人员，在继续教育管理工作中不认真履行职责或者徇私舞弊、滥用职权、玩忽职守的，由其上级主管部门或者监察机关责令改正，并按照管理权限对直接负责的主管人员和其他直接责任人员依法予以处理。

第 6 节 《建设项目工程总承包管理规范》GB/T 50358-2017

为了提高建设项目工程总承包管理水平，促进建设项目工程总承包管理的规范化，推进建设项目工程总承包管理与国际接轨，2017 年 5 月 4 日中华人民共和国住房和城乡建设部发布了《建设项目工程总承包管理规范》GB/T 50358-2017。该规范主要包括总则，术语，工程总承包管理的组织，项目策划，项目设计管理，项目采购管理，项目施工管理，项目试运行管理，项目风险管理，项目进度管理，项目质量管理，项目费用管理，项目安全、职业健康与环境管理，项目资源管理，项目沟通与信息管理，项目合同管理，项目收尾等 17 章。本规范适用于工程总承包企业和项目组织对建设项目的设计、采购、施工和试运行全过程的管理。

2.6.1 工程总承包管理的组织

1. 一般规定

(1) 工程总承包企业应建立与工程总承包项目相适应的项目管理组织，并行使项目管理职能，实行项目经理负责制。

(2) 工程总承包企业宜采用项目管理目标责任书的形式，并明确项目目标和项目经理的职责、权限和利益。项目经理应根据工程总承包企业法定代表人授权的范围、时间和项目管理目标责任书中规定的内容，对工程总承包项目，自项目启动至项目收尾，实行全过程管理。

(3) 工程总承包企业承担建设项目工程总承包，宜采用矩阵式管理。项目部应由项目经理领导，并接受工程总承包企业职能部门指导、监督、检查和考核。

(4) 项目部在项目收尾完成后应由工程总承包企业批准解散。

2. 任命项目经理和组建项目部

(1) 工程总承包企业应在工程总承包合同生效后，任命项目经理，并由工程总承包企业法定代表人签发书面授权委托书。

(2) 项目部的设立应包括下列主要内容：1) 根据工程总承包企业管理规定，结合项目特点，确定组织形式，组建项目部，确定项目部的职能；2) 根据工程总承包合同和企业有关管理规定，确定项目部的管理范围和任务；3) 确定项目部的组成人员、职责和权限；4) 工程总承包企业与项目经理签订项目管理目标责任书。

(3) 项目部的人员配置和管理规定应满足工程总承包项目管理的需要。

3. 项目部职能

(1) 项目部应具有工程总承包项目组织实施和控制职能。

(2) 项目部应对项目质量、安全、费用、进度、职业健康和环境保护目标负责。

(3) 项目部应具有内外部沟通协调管理职能。

4. 项目部岗位设置及管理

(1) 根据工程总承包合同范围和工程总承包企业的有关管理规定，项目部可在项目经理以下设置控制经理、设计经理、采购经理、施工经理、试运行经理、财务经理、质量经理、安全经理、商务经理、行政经理等职能经理和进度控制工程师、质量工程师、安全工程师、合同管理工程师、费用估算师、费用控制工程师、材料控制工程师、信息管理工程师和文件管理控制工程师等管理岗位。根据项目具体情况，相关岗位可进行调整。

(2) 项目部的岗位设置，需满足项目需要，并明确各岗位的职责、权限和考核标准。项目部主要岗位的职责需符合下列要求：

1) 项目经理。项目经理是工程总承包项目的负责人，经授权代表工程总承包企业负责履行项目合同，负责项目的计划、组织、领导和控制，对项目的质量、安全、费用、进度等负责。

2) 控制经理。根据合同要求，协助项目经理制定项目总进度计划及费用管理计划。协调其他职能经理组织编制设计、采购、施工和试运行的进度计划。对项目的进度、费用以及设备、材料进行综合管理和控制，并指导和管理项目控制专业人员的工作，审查相关输出文件。

3) 设计经理。根据合同要求，执行项目设计执行计划，负责组织、指导和协调项目的设计工作，按合同要求组织开展设计工作，对工程设计进度、质量、费用和安全等进行管理与控制。

4) 采购经理。根据合同要求，执行项目采购执行计划，负责组织、指导和协调项目的采购工作，处理采购有关事宜和供应商的关系。完成项目合同对采购要求的技术、质量、安全、费用和进度以及工程总承包企业对采购费用控制的目标与任务。

5) 施工经理。根据合同要求，执行项目施工执行计划，负责项目的施工管理，对施工质量、安全、费用和进度进行监控。负责对项目分包人的协调、监督和管理工作。

6) 试运行经理。根据合同要求，执行项目试运行执行计划，组织实施项目试运行管理和服务。

7) 财务经理。负责项目的财务管理和会计核算工作。

8) 质量经理。负责组织建立项目质量管理体系，并保证有效运行。

9) 安全经理。负责组织建立项目职业健康安全管理体系和环境管理体系，并保证有效运行。

10) 商务经理。协助项目经理，负责组织项目合同的签订和项目合同管理。

11) 行政经理。负责项目综合事务管理，包括办公室、行政和人力资源等工作。

5. 项目经理能力要求

(1) 工程总承包企业应明确项目经理能力要求，确认项目经理任职资格，并进行管理。

(2) 工程总承包项目经理应具备下列条件：1) 取得工程建设类注册执业资格或高级专业技术职称；2) 具备决策、组织、领导和沟通能力，能正确处理和协调与项目发包人、项目相关方之间及企业内部各专业、各部门之间的关系；3) 具有工程总承包项目管理及相关的经济、法律法规和标准化知识；4) 具有类似项目的管理经验；5) 具有良好的信誉。

6. 项目经理的职责和权限

(1) 项目经理应履行下列职责：1) 执行工程总承包企业的管理制度，维护企业的合法权益；2）代表企业组织实施工程总承包项目管理，对实现合同约定的项目目标负责；3）完成项目管理目标责任书规定的任务；4）在授权范围内负责与项目干系人的协调，解决项目实施中出现的问题；5）对项目实施全过程进行策划、组织、协调和控制；6）负责组织项目的管理收尾和合同收尾工作。

（2）项目经理应具有下列权限：1）经授权组建项目部，提出项目部的组织机构，选用项目部成员，确定岗位人员职责；2）在授权范围内，行使相应的管理权，履行相应的职责；3）在合同范围内，按规定程序使用工程总承包企业的相关资源；4）批准发布项目管理程序；5）协调和处理与项目有关的内外部事项。

（3）项目管理目标责任书宜包括下列主要内容：1）规定项目质量、安全、费用、进度、职业健康和环境保护目标等；2）明确项目经理的责任、权限和利益；3）明确项目所需资源及工程总承包企业为项目提供的资源条件；4）项目管理目标评价的原则、内容和方法；5）工程总承包企业对项目部人员进行奖惩的依据、标准和规定；6）项目经理解职和项目部解散的条件及方式；7）在工程总承包企业制度规定以外的、由企业法定代表人向项目经理委托的事项。

2.6.2 项目施工管理

1. 一般规定

（1）工程总承包项目的施工应由具备相应施工资质和能力的企业承担。

（2）施工管理应由施工经理负责，并适时组建施工组。在项目实施过程中，施工经理应接受项目经理和工程总承包企业施工管理部门的管理。

2. 施工执行计划

（1）施工执行计划应由施工经理负责组织编制，经项目经理批准后组织实施，并报项目发包人确认。

（2）施工执行计划宜包括下列主要内容：1）工程概况；2）施工组织原则；3）施工质量计划；4）施工安全、职业健康和环境保护计划；5）施工进度计划；6）施工费用计划；7）施工技术管理计划，包括施工技术方案要求；8）资源供应计划；9）施工准备工作要求。

（3）施工采用分包时，项目发包人应在施工执行计划中明确分包范围、项目分包人的责任和义务。

（4）施工组应对施工执行计划实行目标跟踪和监督管理，对施工过程中发生的工程设计和施工方案重大变更，应履行审批程序。

3. 施工进度控制

（1）施工组应根据施工执行计划组织编制施工进度计划，并组织实施和控制。

（2）施工进度计划应包括施工总进度计划、单项工程进度计划和单位工程进度计划。施工总进度计划应报项目发包人确认。

（3）编制施工进度计划的依据宜包括下列主要内容：1）项目合同；2）施工执行计划；3）施工进度目标；4）设计文件；5）施工现场条件；6）供货计划；7）有关技术经济资料。

（4）施工进度计划宜按下列程序编制：1）收集编制依据资料；2）确定进度控制目标；3）计算工程量；4）确定分部、分项、单位工程的施工期限；5）确定施工流程；6）形成施工进度计划；7）编写施工进度计划说明书。

（5）施工组应对施工进度建立跟踪、监督、检查和报告的管理机制。

（6）施工组应检查施工进度计划中的关键路线、资源配置的执行情况，并提出施工进展报告。施工组宜采用赢得值等技术，测量施工进度，分析进度偏差，预测进度趋势，采取纠正措施。

（7）施工进度计划调整时，项目部按规定程序应进行协调和确认，并保存相关记录。

4. 施工费用控制

（1）施工组应根据项目施工执行计划，估算施工费用，确定施工费用控制基准。施工费用控制基准调整时，应按规定程序审批。

（2）施工组宜采用赢得值等技术，测量施工费用，分析费用偏差，预测费用趋势，采取纠正措施。

（3）施工组应依据施工分包合同、安全生产管理协议和施工进度计划制定施工分包费用支付计划和管理规定。

5. 施工质量控制

（1）施工组应监督施工过程的质量，并对特殊过程和关键工序进行识别与质量控制，并应保存质量记录。

（2）施工组应对供货质量按规定进行复验并保存活动结果的证据。

（3）施工组应监督施工质量不合格品的处置，并验证其实施效果。

（4）施工组应对所需的施工机械、装备、设施、工具和器具的配置以及使用状态进行有效性和安全性检查，必要时进行试验。操作人员应持证上岗，按操作规程作业，并在使用中做好维护和保养。

（5）施工组应对施工过程的质量控制绩效进行分析和评价，明确改进目标，制定纠正措施，进行持续改进。

（6）施工组应根据施工质量计划，明确施工质量标准和控制目标。

（7）施工组应组织对项目分包人的施工组织设计和专项施工方案进行审查。

（8）施工组应按规定组织或参加工程质量验收。

（9）当实行施工分包时，项目部应依据施工分包合同约定，组织项目分包人完成并提交质量记录和竣工文件，并进行评审。

（10）当施工过程中发生质量事故时，应按国家现行有关规定处理。

6. 施工安全管理

（1）项目部应建立项目安全生产责任制，明确各岗位人员的责任、责任范围和考核标准等。

（2）施工组应根据项目安全管理实施计划进行施工阶段安全策划，编制施工安全计划，建立施工安全管理制度，明确安全职责，落实施工安全管理目标。

（3）施工组应按安全检查制度组织现场安全检查，掌握安全信息，召开安全例会，发现和消除隐患。

（4）施工组应对施工安全管理工作负责，并实行统一的协调、监督和控制。

（5）施工组应对施工各阶段、部位和场所的危险源进行识别和风险分析，制定应对措施，并对其实施管理和控制。

(6) 依据合同约定，工程总承包企业或分包商必须依法参加工伤保险，为从业人员缴纳保险费，鼓励投保安全生产责任保险。

(7) 施工组应建立并保存完整的施工记录。

(8) 项目部应依据分包合同和安全生产管理协议的约定，明确各自的安全生产管理职责和应采取的安全措施，并指定专职安全生产管理人员进行安全生产管理与协调。

(9) 工程总承包企业应建立监督管理机制。监督考核项目部安全生产责任制落实情况。

7. 施工现场管理

(1) 项目部应建立项目环境管理制度，掌握监控环境信息，采取应对措施。

(2) 项目部应建立和执行安全防范及治安管理制度，落实防范范围和责任，检查报警和救护系统的适应性和有效性。

(3) 项目部应建立施工现场卫生防疫管理制度。

(4) 当现场发生安全事故时，应按国家现行有关规定处理。

2.6.3 项目进度管理

1. 一般规定

(1) 项目部应建立项目进度管理体系，按合理交叉、相互协调、资源优化的原则，对项目进度进行控制管理。

(2) 项目部应对进度控制、费用控制和质量控制等进行协调管理。

(3) 项目进度管理应按项目工作分解结构逐级管理。项目进度控制宜采用赢得值管理、网络计划和信息技术。

2. 进度计划

(1) 项目进度计划应按合同要求的工作范围和进度目标，制定工作分解结构并编制进度计划。

(2) 项目进度计划文件应包括进度计划图表和编制说明。

(3) 项目总进度计划应依据合同约定的工作范围和进度目标进行编制。项目分进度计划在总进度计划的约束条件下，根据细分的活动内容、活动逻辑关系和资源条件进行编制。

(4) 项目分进度计划应在控制经理协调下，由设计经理、采购经理、施工经理和试运行经理组织编制，并由项目经理审批。

3. 进度控制

(1) 项目实施过程中，项目控制人员应对进度实施情况进行跟踪、数据采集，并应根据进度计划，优化资源配置，采用检查、比较、分析和纠偏等方法和措施，对计划进行动态控制。

(2) 进度控制应按检查、比较、分析和纠偏的步骤进行，并应符合下列规定：1) 应对工程项目进度执行情况进行跟踪和检测，采集相关数据；2) 应对进度计划实际值与基准值进行比较，发现进度偏差；3) 应对比较的结果进行分析，确定偏差幅度、偏差产生的原因及对项目进度目标的影响程度；4) 应根据工程的具体情况和偏差分析结果，预测整个项目的进度发展趋势，对可能的进度延迟进行预警，提出纠偏建议，采取适当的措施，使进度控制在允许的偏差范围内。

（3）进度偏差分析应按下列程序进行：1）采用赢得值管理技术分析进度偏差；2）运用网络计划技术分析进度偏差对进度的影响，并应关注关键路径上各项活动的时间偏差。

（4）项目部应定期发布项目进度执行报告。

（5）项目部应按合同变更程序进行计划工期的变更管理，根据合同变更的内容和对计划工期、费用的要求，预测计划工期的变更对质量、安全、职业健康和环境保护等的影响，并实施和控制。

（6）当项目活动进度拖延时，项目计划工期的变更应符合下列规定：1）该项活动负责人应提出活动推迟的时间和推迟原因的报告；2）项目进度管理人员应系统分析该活动进度的推迟对计划工期的影响；3）项目进度管理人员应向项目经理报告处理意见，并转发给费用管理人员和质量管理人员；4）项目经理应综合各方面意见作出修改计划工期的决定；5）修改的计划工期大于合同工期时，应报项目发包人确认并按合同变更处理。

（7）项目部应根据项目进度计划对设计、采购、施工和试运行之间的接口关系进行重点监控。

（8）项目部应根据项目进度计划对分包工程项目进度进行控制。

2.6.4　项目质量管理

1. 一般规定

（1）工程总承包企业应按质量管理体系要求，规范工程总承包项目的质量管理。

（2）项目质量管理应贯穿项目管理的全过程，按策划、实施、检查、处置循环的工作方法进行全过程的质量控制。

（3）项目部应设专职质量管理人员，负责项目的质量管理工作。质量管理人员（包括质量经理、质量工程师）在项目经理领导下，负责质量计划的制定和监督检查质量计划的实施。项目部建立质量责任制和考核办法，明确所有人员的质量管理职责。

（4）项目质量管理应按下列程序进行：1）明确项目质量目标；2）建立项目质量管理体系；3）实施项目质量管理体系；4）监督检查项目质量管理体系的实施情况；5）收集、分析和反馈质量信息，并制定纠正措施。

2. 质量计划

（1）项目策划过程中应由质量经理负责组织编制质量计划，经项目经理批准发布。

（2）项目质量计划应体现从资源投入到完成工程交付的全过程质量管理与控制要求。

（3）项目质量计划的编制应根据下列主要内容：1）合同中规定的产品质量特性、产品须达到的各项指标及其验收标准和其他质量要求；2）项目实施计划；3）相关的法律法规、技术标准；4）工程总承包企业质量管理体系文件及其要求。

（4）项目质量计划应包括下列主要内容：1）项目的质量目标、指标和要求；2）项目的质量管理组织与职责；3）项目质量管理所需要的过程、文件和资源；4）实施项目质量目标和要求采取的措施。

3. 质量控制

（1）项目部确定项目输入的控制程序或有关规定，并规定对输入的有效性评审的职责和要求，以及在项目部内部传递、使用和转换的程序。

（2）项目部在设计、采购、施工和试运行接口关系中对质量实施重点监控。

1）在设计与采购的接口关系中，对下列主要内容的质量实施重点控制：①请购文件的质量；②报价技术评审的结论；③供应商图纸的审查、确认。

2）在设计与施工的接口关系中，对下列主要内容的质量实施重点控制：①施工向设计提出要求与可施工性分析的协调一致性；②设计交底或图纸会审的组织与成效；③现场提出的有关设计问题的处理对施工质量的影响；④设计变更对施工质量的影响。

3）在采购与施工的接口关系中，对下列主要内容的质量实施重点控制：①所有设备、材料运抵现场的进度与状况对施工质量的影响；②现场开箱检验的组织与成效；③与设备、材料质。

4）在施工与试运行的接口关系中，对下列主要内容的质量实施重点控制：①施工执行计划与试运行执行计划的协调一致性；②机械设备的试运转及缺陷修复的质量；③试运行过程中出现的施工问题的处理对试运行结果的影响。

（3）没有设置质量经理的项目部，质量经理的工作由项目质量工程师完成。不合格品的控制符合下列规定：1）对验证中发现的不合格品，按照不合格品控制程序规定进行标识、记录、评价、隔离和处置，防止非预期的使用或交付；2）不合格品处置结果需传递到有关部门，其责任部门需进行不合格原因的分析，制定纠正措施，防止今后产生同样或同类的不合格品；3）采取的纠正措施经验证效果不佳或未完全达到预期的效果时，需重新分析原因，进行下一轮计划、实施、检查和处理。

（4）质量记录包括：评审记录和报告、验证记录、审核报告、检验报告、测试数据、鉴定（验收）报告、确认报告、校准报告、培训记录和质量成本报告等。

4. 质量改进

（1）项目部人员应收集和反馈项目的各种质量信息。

（2）项目部应定期对收集的质量信息进行数据分析；召开质量分析会议，找出影响工程质量的原因，采取纠正措施，定期评价其有效性，并反馈给工程总承包企业。

（3）工程总承包企业应依据合同约定对保修期或缺陷责任期内发生的质量问题提供保修服务。

（4）工程总承包企业应收集并接受项目发包人意见，获取项目运行信息，应将回访和项目发包人满意度调查工作纳入企业的质量改进活动中。

2.6.5 项目安全、职业健康与环境管理

1. 一般规定

（1）工程总承包企业应按职业健康安全管理和环境管理体系要求，规范工程总承包项目的职业健康安全和环境管理。

（2）项目部应设置专职管理人员，在项目经理领导下，具体负责项目安全、职业健康与环境管理的组织与协调工作。

（3）项目安全管理应进行危险源辨识和风险评价，制定安全管理计划，并进行控制。

（4）项目职业健康管理应进行职业健康危险源辨识和风险评价，制定职业健康管理计划，并进行控制。

（5）项目环境保护应进行环境因素辨识和评价，制定环境保护计划，并进行控制。

2. 安全管理

（1）项目经理应为项目安全生产主要负责人，并应负有下列职责：1）建立、健全项目安全生产责任制；2）组织制定项目安全生产规章制度和操作规程；3）组织制定并实施

项目安全生产教育和培训计划；4）保证项目安全生产投入的有效实施；5）督促、检查项目的安全生产工作，及时消除生产安全事故隐患；6）组织制定并实施项目的生产安全事故应急救援预案；7）及时、如实报告项目生产安全事故。

（2）项目部应根据项目的安全管理目标，制定项目安全管理计划，并按规定程序批准实施。项目安全管理计划应包括下列主要内容：1）项目安全管理目标；2）项目安全管理组织机构和职责；3）项目危险源辨识、风险评价与控制措施；4）对从事危险和特种作业人员的培训教育计划；5）对危险源及其风险规避的宣传与警示方式；6）项目安全管理的主要措施与要求；7）项目生产安全事故应急救援预案的演练计划。

（3）项目部应对项目安全管理计划的实施进行管理，并应符合下列规定：1）应为实施、控制和改进项目安全管理计划提供资源；2）应逐级进行安全管理计划的交底或培训；3）应对安全管理计划的执行进行监视和测量，动态识别潜在的危险源和紧急情况，采取措施，预防和减少危险。

（4）项目安全管理必须贯穿于设计、采购、施工和试运行各阶段，并应符合下列规定：1）设计应满足本质安全要求；2）采购应对设备、材料和防护用品进行安全控制；3）施工应对所有现场活动进行安全控制；4）项目试运行前，应开展项目安全检查等工作。

（5）项目部应配合项目发包人按规定向相关部门申报项目安全施工措施的有关文件。

（6）在分包合同中，项目承包人应明确相应的安全要求，项目分包人应按要求履行其安全职责。

（7）项目部应制定生产安全事故隐患排查治理制度，采取技术和管理措施，及时发现并消除事故隐患，应记录事故隐患排查治理情况，并应向从业人员通报。

（8）当发生安全事故时，项目部应立即启动应急预案，组织实施应急救援并按规定及时、如实报告。

3. 职业健康管理

（1）项目部应按工程总承包企业的职业健康方针，制定项目职业健康管理计划，并按规定程序批准实施。项目职业健康管理计划宜包括下列主要内容：1）项目职业健康管理目标；2）项目职业健康管理组织机构和职责；3）项目职业健康管理的主要措施。

（2）项目部应对项目职业健康管理计划的实施进行管理，并应符合下列规定：1）应为实施、控制和改进项目职业健康管理计划提供必要的资源；2）应进行职业健康的培训；3）应对项目职业健康管理计划的执行进行监视和测量，动态识别潜在的危险源和紧急情况，采取措施，预防和减少伤害。

（3）项目部应制定项目职业健康的检查制度，对影响职业健康的因素采取措施，记录并保存检查结果。

4. 环境管理

（1）项目部应根据批准的建设项目环境影响评价文件，编制用于指导项目实施过程的项目环境保护计划，并按规定程序批准实施，包括下列主要内容：1）项目环境保护的目标及主要指标；2）项目环境保护的实施方案；3）项目环境保护所需的人力、物力、财力和技术等资源的专项计划；4）项目环境保护所需的技术研发和技术攻关等工作；5）项目实施过程中防治环境污染和生态破坏的措施，以及投资估算。

（2）项目部应对项目环境保护计划的实施进行管理，并应符合下列规定：1）应为实施、控制和改进项目环境保护计划提供必要的资源；2）应进行环境保护的培训；3）应对项目环境保护管理计划的执行进行监视和测量，动态识别潜在的环境因素和紧急情况，采取措施，预防和减少对环境产生的影响；4）落实环境保护主管部门对施工阶段的环保要求，以及施工过程中的环境保护措施；对施工现场的环境进行有效控制，建立良好的作业环境。

（3）项目部应制定项目环境巡视检查和定期检查制度，对影响环境的因素应采取措施，记录并保存检查结果。

（4）项目部应建立环境管理不符合状况的处置和调查程序，明确有关职责和权限，实施纠正措施。

2.6.6 项目合同管理

1. 工程总承包企业的合同管理部门应负责项目合同的订立，对合同的履行进行监督，并负责合同的补充、修改和（或）变更、终止或结束等有关事宜的协调与处理。

2. 工程总承包项目合同管理应包括工程总承包合同和分包合同管理。

3. 项目部应根据工程总承包企业合同管理规定，负责组织对工程总承包合同的履行，并对分包合同的履行实施监督和控制。

4. 项目部应根据工程总承包企业合同管理要求和合同约定，制定项目合同变更程序，把影响合同要约条件的变更纳入项目合同管理范围。

5. 工程总承包合同和分包合同以及项目实施过程的合同变更和协议，应以书面形式订立，并成为合同的组成部分。

2.6.7 项目收尾

1. 一般规定

（1）项目收尾工作应由项目经理负责。

（2）项目收尾工作宜包括下列主要内容：1）依据合同约定，项目承包人向项目发包人移交最终产品、服务或成果；2）依据合同约定，项目承包人配合项目发包人进行竣工验收；3）项目结算；4）项目总结；5）项目资料归档；6）项目剩余物资处置；7）项目考核与审计；8）对项目分包人及供应商的后评价。

2. 竣工验收

（1）项目竣工验收应由项目发包人负责。

（2）工程项目达到竣工验收条件时，项目发包人应向负责竣工验收的单位提出竣工验收申请报告。

3. 项目结算

（1）项目部应依据合同约定，编制项目结算报告。

（2）项目部应向项目发包人提交项目结算报告及资料，经双方确认后进行项目结算。

4. 项目总结

（1）项目经理应组织相关人员进行项目总结并编制项目总结报告。

（2）项目部应完成项目完工报告。

5. 考核与审计

（1）工程总承包企业应依据项目管理目标责任书对项目部进行考核。

（2）项目部应依据项目绩效考核和奖惩制度对项目团队成员进行考核。

（3）项目部应依据工程总承包企业对项目分包人及供应商的管理规定对项目分包人及供应商进行后评价。

（4）项目部应依据工程总承包企业有关规定配合项目审计。

第 7 节　《建设工程项目管理规范》GB/T 50326-2017

为规范建设工程项目管理程序和行为，提高工程项目管理水平，2017 年 5 月 4 日，住房城乡建设部公告第 1536 号，发布了最新国家标准《建设工程项目管理规范》GB/T 50326-2017，自 2018 年 1 月 1 日起实施。原国家标准《建设工程项目管理规范》GB/T 50326-2006 同时废止。本规范的主要技术内容包括项目管理责任制度、项目范围管理、采购与投标管理、合同管理、设计与技术管理、进度管理、质量管理、成本管理、安全生产管理、绿色建造与环境管理、资源管理、信息管理、沟通管理与协调、风险管理、收尾管理和管理绩效评价。本规范适用于建设单位、勘察单位、设计单位、监理单位、施工单位等建设工程有关各方组织的项目管理活动。主要内容摘要如下：

1. 基本规定

1）组织应识别项目需求和项目范围，根据自身项目管理能力、相关方约定及项目目标之间的内在联系，确定项目管理目标。

2）组织应遵循策划、实施、检查、处置的动态管理原理，确定项目管理流程，建立项目管理制度，实施项目系统管理，持续改进管理绩效，提高相关方满意水平，确保实现项目管理目标。

2. 项目管理责任制度

（1）一般规定

1）项目管理责任制度应作为项目管理的基本制度。

2）项目管理机构负责人责任制应是项目管理责任制度的核心内容。

3）建设工程项目各实施主体和参与方应建立项目管理责任制度，明确项目管理组织和人员分工，建立各方相互协调的管理机制。

4）建设工程项目各实施主体和参与方法定代表人应书面授权委托项目管理机构负责人，并实行项目负责人责任制。

5）项目管理机构负责人应根据法定代表人的授权范围、期限和内容，履行管理职责。

6）项目管理机构负责人应取得相应资格，并按规定取得安全生产考核合格证书。

7）项目管理机构负责人应按相关约定在岗履职，对项目实施全过程及全面管理。

（2）项目建设相关责任方管理

1）项目建设相关责任方应在各自的实施阶段和环节，明确工作责任，实施目标管理，确保项目正常运行。

2）项目管理机构负责人应按规定接受相关部门的责任追究和监督管理。

3）项目管理机构负责人应在工程开工前签署质量承诺书，报相关工程管理机构备案。

4）项目各相关责任方应建立协同工作机制，宜采用例会、交底及其他沟通方式，避免项目运行中的障碍和冲突。

5）建设单位应建立管理责任排查机制，按项目进度和时间节点，对各方的管理绩效进行验证性评价。

(3) 项目管理机构

1) 项目管理机构应承担项目实施的管理任务和实现目标的责任。

2) 项目管理机构应由项目管理机构负责人领导，接受组织职能部门的指导、监督、检查、服务和考核，负责对项目资源进行合理使用和动态管理。

3) 项目管理机构应在项目启动前建立，在项目完成后或按合同约定解体。

4) 建立项目管理机构应遵循下列规定：结构应符合组织制度和项目实施要求；应有明确的管理目标、运行程序和责任制度；机构成员应满足项目管理要求及具备相应资格；组织分工应相对稳定并可根据项目实施变化进行调整；应确定机构成员的职责、权限、利益和需承担的风险。

5) 建立项目管理机构应遵循下列步骤：根据项目管理规划大纲、项目管理目标责任书及合同要求明确管理任务；根据管理任务分解和归类，明确组织结构；根据组织结构，确定岗位职责、权限以及人员配置；制定工作程序和管理制度；由组织管理层审核认定。

6) 项目管理机构的管理活动应符合下列要求：应执行管理制度；应履行管理程序；应实施计划管理，保证资源的合理配置和有序流动；应注重项目实施过程的指导、监督、考核和评价。

(4) 项目团队建设

1) 项目建设相关责任方均应实施项目团队建设，明确团队管理原则，规范团队运行。

2) 项目建设相关责任方的项目管理团队之间应围绕项目目标协同工作并有效沟通。

3) 项目团队建设应符合下列规定：建立团队管理机制和工作模式；各方步调一致，协同工作；制定团队成员沟通制度，建立畅通的信息沟通渠道和各方共享的信息平台。

4) 项目管理机构负责人应对项目团队建设和管理负责，组织制定明确的团队目标、合理高效的运行程序和完善的工作制度，定期评价团队运作绩效。

5) 项目管理机构负责人应统一团队思想，增强集体观念，和谐团队氛围，提高团队运行效率。

6) 项目团队建设应开展绩效管理，利用团队成员集体的协作成果。

(5) 项目管理机构负责人职责、权限和管理

1) 项目管理机构负责人应履行下列职责：项目管理目标责任书中规定的职责；工程质量安全责任承诺书中应履行的职责；组织或参与编制项目管理规划大纲、项目管理实施规划，对项目目标进行系统管理；主持制定并落实质量、安全技术措施和专项方案，负责相关的组织协调工作；对各类资源进行质量监控和动态管理；对进场的机械、设备、工器具的安全、质量和使用进行监控；建立各类专业管理制度，并组织实施；制定有效的安全、文明和环境保护措施并组织实施；组织或参与评价项目管理绩效；进行授权范围内的任务分解和利益分配；按规定完善工程资料，规范工程档案文件，准备工程结算和竣工资料，参与工程竣工验收；接受审计，处理项目管理机构解体的善后工作；协助和配合组织进行项目检查、鉴定和评奖申报；配合组织完善缺陷责任期的相关工作。

2) 项目管理机构负责人应具有下列权限：参与项目招标、投标和合同签订；参与组建项目管理机构；参与组织对项目各阶段的重大决策；主持项目管理机构工作；决定授权范围内的项目资源使用；在组织制度的框架下制定项目管理机构管理制度；参与选择并直接管理具有相应资质的分包人；参与选择大宗资源的供应单位；在授权范围内与项目相关方进行直接沟通；法定代表人和组织授予的其他权利。

3）项目管理机构负责人应接受法定代表人和组织机构的业务管理，组织有权对项目管理机构负责人给予奖励和处罚。

3. 进度管理

（1）一般规定

1）组织应建立项目进度管理制度，明确进度管理程序，规定进度管理职责及工作要求。

2）项目进度管理应遵循下列程序：编制进度计划；进度计划交底，落实管理责任；实施进度计划；进行进度控制和变更管理。

（2）进度计划

1）项目进度计划编制依据应包括下列主要内容：合同文件和相关要求；项目管理规划文件；资源条件、内部与外部约束条件。

2）组织应提出项目控制性进度计划。项目管理机构应根据组织的控制性进度计划，编制项目的作业性进度计划。

3）各类进度计划应包括下列内容：编制说明；进度安排；资源需求计划；进度保证措施。

4）编制进度计划应遵循下列步骤：确定进度计划目标；进行工作结构分解与工作活动定义；确定工作之间的顺序关系；估算各项工作投入的资源；估算工作的持续时间；编制进度图（表）；编制资源需求计划；审批并发布。

5）编制进度计划应按需要选用下列方法：里程碑表；工作量表；横道计划；网络计划。

（3）进度控制

1）项目进度控制应遵循下列步骤：熟悉进度计划的目标、顺序、步骤、数量、时间和技术要求；实施跟踪检查，进行数据记录与统计；将实际数据与计划目标对照，分析计划执行情况；采取纠偏措施，确保各项计划目标实现。

2）对勘察、设计、施工、试运行的协调管理，项目管理机构应确保进度工作界面的合理衔接，使协调工作符合提高效率和效益的需求。

3）项目管理机构的进度控制过程应符合下列规定：将关键线路上的各项活动过程和主要影响因素作为项目进度控制的重点；对项目进度有影响的相关方的活动进行跟踪协调。

4）项目管理机构应按规定的统计周期，检查进度计划并保存相关记录。进度计划检查应包括下列内容：工作完成数量；工作时间的执行情况；工作顺序的执行情况；资源使用及其与进度计划的匹配情况；前次检查提出问题的整改情况。

5）进度计划检查后，项目管理机构应编制进度管理报告并向相关方发布。

（4）进度变更管理

1）项目管理机构应根据进度管理报告提供的信息，纠正进度计划执行中的偏差，对进度计划进行变更调整。

2）进度计划变更可包括下列内容：工程量或工作量；工作的起止时间；工作关系；资源供应。

3）项目管理机构应识别进度计划变更风险，并在进度计划变更前制定下列预防风险的措施：组织措施；技术措施；经济措施；沟通协调措施。

4）当采取措施后仍不能实现原目标时，项目管理机构应变更进度计划，并报原计划审批部门批准。

5）项目管理机构进度计划的变更控制应符合下列规定：调整相关资源供应计划，并与相关方进行沟通；变更计划的实施应与组织管理规定及相关合同要求一致。

4. 质量管理

（1）一般规定

1）组织应根据需求制定项目质量管理和质量管理绩效考核制度，配备质量管理资源。

2）项目质量管理应坚持缺陷预防的原则，按照策划、实施、检查、处置的循环方式进行系统运作。

3）项目管理机构应通过对人员、机具、材料、方法、环境要素的全过程管理，确保工程质量满足质量标准和相关方要求。

4）项目质量管理应按下列程序实施：确定质量计划；实施质量控制；开展质量检查与处置；落实质量改进。

（2）质量计划

1）项目质量计划应在项目管理策划过程中编制。项目质量计划作为对外质量保证和对内质量控制的依据，体现项目全过程质量管理要求。

2）项目质量计划编制依据应包括下列内容：合同中有关产品质量要求；项目管理规划大纲；项目设计文件；相关法律法规和标准规范；质量管理其他要求。

3）项目质量计划应包括下列内容：质量目标和质量要求；质量管理体系和管理职责；质量管理与协调的程序；法律法规和标准规范；质量控制点的设置与管理；项目生产要素的质量控制；实施质量目标和质量要求所采取的措施；项目质量文件管理。

4）项目质量计划应报组织批准。项目质量计划需修改时，应按原批准程序报批。

（3）质量控制

1）项目质量控制应确保下列内容满足规定要求：实施过程的各种输入；实施过程控制点的设置；实施过程的输出；各个实施过程之间的接口。

2）项目管理机构应在质量控制过程中，跟踪、收集、整理实际数据，与质量要求进行比较，分析偏差，采取措施予以纠正和处置，并对处置效果复查。

3）设计质量控制应包括下列流程：按照设计合同要求进行设计策划；根据设计需求确定设计输入；实施设计活动并进行设计评审；验证和确认设计输出；实施设计变更控制。

4）采购质量控制应包括下列流程：确定采购程序；明确采购要求；选择合格的供应单位；实施采购合同控制；进行进货检验及问题处置。

5）施工质量控制应包括下列流程：施工质量目标分解；施工技术交底与工序控制；施工质量偏差控制；产品或服务的验证、评价和防护。

6）项目质量创优控制宜符合下列规定：明确质量创优目标和创优计划；精心策划和系统管理；制定高于国家标准的控制准则；确保工程创优资料和相关证据的管理水平。

7）分包的质量控制应纳入项目质量控制范围，分包人应按分包合同的约定对其分包的工程质量向项目管理机构负责。

（4）质量检查与处置

1）项目管理机构应根据项目管理策划要求实施检验和监测，并按照规定配备检验和监测设备。

2）对项目质量计划设置的质量控制点，项目管理机构应按规定进行检验和监测。质量控制点可包括下列内容：对施工质量有重要影响的关键质量特性、关键部位或重要影响因素；工艺上有严格要求，对下道工序的活动有重要影响的关键质量特性、部位；严重影响项目质量的材料质量和性能；影响下道工序质量的技术间歇时间；与施工质量密切相关的技术参数；容易出现质量通病的部位；紧缺工程材料、构配件和工程设备或可能对生产安排有严重影响的关键项目；隐蔽工程验收。

3）项目管理机构对不合格品控制应符合下列规定：对检验和监测中发现的不合格品，按规定进行标识、记录、评价、隔离，防止非预期的使用或交付；采用返修、加固、返工、让步接受和报废措施，对不合格品进行处置。

（5）质量改进

1）组织应根据不合格的信息，评价采取改进措施的需求，实施必要的改进措施。当经过验证效果不佳或未完全达到预期的效果时，应重新分析原因，采取相应措施。

2）项目管理机构应定期对项目质量状况进行检查、分析，向组织提出质量报告，明确质量状况、发包人及其他相关方满意程度、产品要求的符合性以及项目管理机构的质量改进措施。

3）组织应对项目管理机构进行培训、检查、考核，定期进行内部审核，确保项目管理机构的质量改进。

4）组织应了解发包人及其他相关方对质量的意见，确定质量管理改进目标，提出相应措施并予以落实。

5. 成本管理

（1）一般规定

1）组织应建立项目全面成本管理制度，明确职责分工和业务关系，把管理目标分解到各项技术和管理过程。

2）项目成本管理应符合下列规定：组织管理层，应负责项目成本管理的决策，确定项目的成本控制重点、难点，确定项目成本目标，并对项目管理机构进行过程和结果的考核；项目管理机构，应负责项目成本管理，遵守组织管理层的决策，实现项目管理的成本目标。

3）项目成本管理应遵循下列程序：掌握生产要素的价格信息；确定项目合同价；编制成本计划，确定成本实施目标；进行成本控制；进行项目过程成本分析；进行项目过程成本考核；编制项目成本报告；项目成本管理资料归档。

（2）成本计划

1）项目成本计划编制依据应包括下列内容：合同文件；项目管理实施规划；相关设计文件；价格信息；相关定额；类似项目的成本资料。

2）项目管理机构应通过系统的成本策划，按成本组成、项目结构和工程实施阶段分别编制项目成本计划。

3）编制成本计划应符合下列规定：由项目管理机构负责组织编制；项目成本计划对项目成本控制具有指导性；各成本项目指标和降低成本指标明确。

4）项目成本计划编制应符合下列程序：确定项目总体成本目标；编制项目总体成本计划；项目管理机构与组织的职能部门根据其责任成本范围，分别确定自己的成本目标，并编制相应的成本计划；针对成本计划制定相应的控制措施；由项目管理机构与组织的职能部门负责人分别审批相应的成本计划。

（3）成本控制

1）项目管理机构成本控制应依据下列内容：合同文件；成本计划；进度报告；工程变更与索赔资料；各种资源的市场信息。

2）项目成本控制应遵循下列程序：确定项目成本管理分层次目标；采集成本数据，监测成本形成过程；找出偏差，分析原因；制定对策，纠正偏差；调整改进成本管理方法。

6. 安全生产管理

（1）一般规定

1）组织应建立安全生产管理制度，坚持以人为本、预防为主，确保项目处于本质安全状态。

2）组织应根据有关要求确定安全生产管理方针和目标，建立项目安全生产责任制度，健全职业健康安全管理体系，改善安全生产条件，实施安全生产标准化建设。

3）组织应建立专门的安全生产管理机构，配备合格的项目安全管理负责人和管理人员，进行教育培训并持证上岗。项目安全生产管理机构以及管理人员应恪尽职守、依法履行职责。

4）组织应按规定提供安全生产资源和安全文明施工费用，定期对安全生产状况进行评价，确定并实施项目安全生产管理计划，落实整改措施。

（2）安全生产管理计划

1）项目管理机构应根据合同的有关要求，确定项目安全生产管理范围和对象，制定项目安全生产管理计划，在实施中根据实际情况进行补充和调整。

2）项目安全生产管理计划应满足事故预防的管理要求，并应符合下列规定：针对项目危险源和不利环境因素进行辨识与评估的结果，确定对策和控制方案；对危险性较大的分部分项工程编制专项施工方案；对分包人的项目安全生产管理、教育和培训提出要求；对项目安全生产交底、有关分包人制定的项目安全生产方案进行控制的措施；应急准备与救援预案。

3）项目安全生产管理计划应按规定审核、批准后实施。

4）项目管理机构应开展有关职业健康和安全生产方法的前瞻性分析，选用适宜可靠的安全技术，采取安全文明的生产方式。

5）项目管理机构应明确相关过程的安全管理接口，进行勘察、设计、采购、施工、试运行过程安全生产的集成管理。

（3）安全生产管理实施与检查

1）项目管理机构应根据项目安全生产管理计划和专项施工方案的要求，分级进行安全技术交底。对项目安全生产管理计划进行补充、调整时，仍应按原审批程序执行。

2）施工现场的安全生产管理应符合下列要求：应落实各项安全管理制度和操作规程，确定各级安全生产责任人；各级管理人员和施工人员应进行相应的安全教育，依法取得必要的岗位资格证书；各施工过程应配置齐全劳动防护设施和设备，确保施工场所安全；作业活动严禁使用国家及地方政府明令淘汰的技术、工艺、设备、设施和材料；作业场所应设置消防通道、消防水源，配备消防设施和灭火器材，并在现场入口处设置明显标志；作业现场场容、场貌、环境和生活设施应满足安全文明达标要求；食堂应取得卫生许可证，并应定期检查食品卫生，预防食物中毒；项目管理团队应确保各类人员的职业健康需求，防治可能产生的职业和心理疾病；应落实减轻劳动强度、改善作业条件的施工措施。

3）项目管理机构应建立安全生产档案，积累安全生产管理资料，利用信息技术分析有关数据辅助安全生产管理。

4）项目管理机构应根据需要定期或不定期对现场安全生产管理以及施工设施、设备和劳动防护用品进行检查、检测，并将结果反馈至有关部门，整改不合格并跟踪监督。

5）项目管理机构应全面掌握项目的安全生产情况，进行考核和奖惩，对安全生产状况进行评估。

（4）安全生产应急响应与事故处理

1）项目管理机构应识别可能的紧急情况和突发过程的风险因素，编制项目应急准备与响应预案。应急准备与响应预案应包括下列内容：应急目标和部门职责；突发过程的风险因素及评估；应急响应程序和措施；应急准备与响应能力测试；需要准备的相关资源。

2）项目管理机构应对应急预案进行专项演练，对其有效性和可操作性实施评价并修改完善。

3）发生安全生产事故时，项目管理机构应启动应急准备与响应预案，采取措施进行抢险救援，防止发生二次伤害。

4）项目管理机构在事故应急响应的同时，应按规定上报上级和地方主管部门，及时成立事故调查组对事故进行分析，查清事故发生原因和责任，进行全员安全教育，采取必要措施防止事故再次发生。

5）组织应在事故调查分析完成后进行安全生产事故的责任追究。

（5）安全生产管理评价

1）组织应按相关规定实施项目安全生产管理评价，评估项目安全生产能力满足规定要求的程度。

2）安全生产管理宜由组织的主管部门或其授权部门进行检查与评价。评价的程序、方法、标准、评价人员应执行相关规定。

3）项目管理机构应按规定实施项目安全管理标准化工作，开展安全文明工地建设活动。

7. 绿色建造与环境管理

（1）一般规定

1）组织应建立项目绿色建造与环境管理制度，确定绿色建造与环境管理的责任部门，明确管理内容和考核要求。

2）组织应制定绿色建造与环境管理目标，实施环境影响评价，配置相关资源，落实绿色建造与环境管理措施。

3）项目管理过程应采用绿色设计，优先选用绿色技术、建材、机具和施工方法。

4）施工管理过程应采取环境保护措施，控制施工现场的环境影响，预防环境污染。

（2）绿色建造

1）项目管理机构应通过项目管理策划确定绿色建造计划并经批准后实施。编制绿色建造计划的依据应符合下列规定：项目环境条件和相关法律法规要求；项目管理范围和项目工作分解结构；项目管理策划的绿色建造要求。

2）绿色建造计划应包括下列内容：绿色建造范围和管理职责分工；绿色建造目标和控制指标；重要环境因素控制计划及响应方案；节能减排及污染物控制的主要技术措施；绿色建造所需的资源和费用。

3）设计项目管理机构应根据组织确定的绿色建造目标进行绿色设计。

4）施工项目管理机构应对施工图进行深化设计或优化，采用绿色施工技术，制定绿色施工措施，提高绿色施工效果。

5）施工项目管理机构应实施下列绿色施工活动：选用符合绿色建造要求的绿色技术、建材和机具，实施节能降耗措施；进行节约土地的施工平面布置；确定节约水资源的施工方法；确定降低材料消耗的施工措施；确定施工现场固体废弃物的回收利用和处置措施；确保施工产生的粉尘、污水、废气、噪声、光污染的控制效果。

6）建设单位项目管理机构应协调设计与施工单位，落实绿色设计或绿色施工的相关标准和规定，对绿色建造实施情况进行检查，进行绿色建造设计或绿色施工评价。

（3）环境管理

1）工程施工前，项目管理机构应进行下列调查：施工现场和周边环境条件；施工可能对环境带来的影响；制定环境管理计划的其他条件。

2）项目管理机构应进行项目环境管理策划，确定施工现场环境管理目标和指标，编制项目环境管理计划。

3）项目管理机构应根据环境管理计划进行环境管理交底，实施环境管理培训，落实环境管理手段、设施和设备。

4）施工现场应符合下列环境管理要求：工程施工方案和专项措施应保证施工现场及周边环境安全、文明，减少噪声污染、光污染、水污染及大气污染，杜绝重大污染事件的发生；在施工过程中应进行垃圾分类，实现固体废弃物的循环利用，设专人按规定处置有毒有害物质，禁止将有毒、有害废弃物用于现场回填或混入建筑垃圾中外运；按照分区划块原则，规范施工污染排放和资源消耗管理，进行定期检查或测量，实施预控和纠偏措施，保持现场良好的作业环境和卫生条件；针对施工污染源或污染因素，进行环境风险分析，制定环境污染应急预案，预防可能出现的非预期损害；在发生环境事故时，进行应急响应以消除或减少污染，隔离污染源并采取相应措施防止二次污染。

8. 收尾管理

（1）一般规定

1）组织应建立项目收尾管理制度，明确项目收尾管理的职责和工作程序。

2）项目管理机构应实施下列项目收尾工作：编制项目收尾计划；提出有关收尾管理要求；理顺、终结所涉及的对外关系；执行相关标准与规定；清算合同双方的债权债务。

（2）竣工验收

1）项目管理机构应编制工程竣工验收计划，经批准后执行。工程竣工验收计划应包括下列内容：工程竣工验收工作内容；工程竣工验收工作原则和要求；工程竣工验收工作职责分工；工程竣工验收工作顺序与时间安排。

2）工程竣工验收工作按计划完成后，承包人应自行检查，根据规定在监理机构组织下进行预验收，合格后向发包人提交竣工验收申请。

3）工程竣工验收的条件、要求、组织、程序、标准、文档的整理和移交，必须符合国家有关标准和规定。

4）发包人接到工程承包人提交的工程竣工验收申请后，组织工程竣工验收，验收合格后编写竣工验收报告书。

5）工程竣工验收后，承包人应在合同约定的期限内进行工程移交。

（3）竣工结算

1）工程竣工验收后，承包人应按照约定的条件向发包人提交工程竣工结算报告及完整的结算资料，报发包人确认。

2）工程竣工结算应由承包人实施，发包人审查，双方共同确认后支付。

3）工程竣工结算依据应包括下列内容：合同文件；竣工图和工程变更文件；有关技术资料和材料代用核准资料；工程计价文件和工程量清单；双方确认的有关签证和工程索赔资料。

4）工程移交应按照规定办理相应的手续，并保持相应的记录。

（4）竣工决算

1）发包人应依据规定编制并实施工程竣工决算。

2）编制工程竣工决算应遵循下列程序：收集、整理有关工程竣工决算依据；清理账务、债务，结算物资；填写工程竣工决算报表；编写工程竣工决算说明书；按规定送审。

3）工程竣工决算依据应包括下列内容：项目可行性研究报告和有关文件；项目总概算书和单项工程综合概算书；项目设计文件；设计交底和图纸会审资料；合同文件；工程竣工结算书；设计变更文件及经济签证；设备、材料调价文件及记录；工程竣工档案资料；相关项目资料、财务结算及批复文件。

4）工程竣工决算书应包括下列内容：工程竣工财务决算说明书；工程竣工财务决算报表；工程造价分析表。

（5）保修期管理

1）承包人应制定工程保修期管理制度。

2）发包人与承包人应签订工程保修期保修合同，确定质量保修范围、期限、责任与费用的计算方法。

3）承包人在工程保修期内应承担质量保修责任，回收质量保修资金，实施相关服务工作。

4）承包人应根据保修合同文件、保修责任期、质量要求、回访安排和有关规定编制保修工作计划，保修工作计划应包括下列内容：主管保修的部门；执行保修工作的责任者；保修与回访时间；保修工作内容。

（6）项目管理总结

1）在项目管理收尾阶段，项目管理机构应进行项目管理总结，编写项目管理总结报告，纳入项目管理档案。

2）项目管理总结依据宜包括下列内容：项目可行性研究报告；项目管理策划；项目管理目标；项目合同文件；项目管理规划；项目设计文件；项目合同收尾资料；项目工程收尾资料；项目的有关管理标准。

3）项目管理总结报告应包括下列内容：项目可行性研究报告的执行总结；项目管理策划总结；项目合同管理总结；项目管理规划总结；项目设计管理总结；项目施工管理总结；项目管理目标执行情况；项目管理经验与教训；项目管理绩效与创新评价。

4）项目管理总结完成后，组织应进行下列工作：在适当的范围内发布项目总结报告；兑现在项目管理目标责任书中对项目管理机构的承诺；根据岗位责任制和部门责任制对职能部门进行奖罚。

第8节 《建设工程质量管理条例》（国务院令第687号）

为了加强对建设工程质量的管理，保证建设工程质量，保护人民生命和财产安全，根据《中华人民共和国建筑法》，2000年1月10日国务院第25次常务会议通过《建设工程质量管理条例》（中华人民共和国国务院令第279号），2000年1月30日发布起施行。根据2017年10月7日中华人民共和国国务院令第687号《国务院关于修改部分行政法规的决定》的要求进行修订。该条例规定凡在中华人民共和国境内从事建设工程的新建、扩建、改建等有关活动及实施对建设工程质量监督管理的，必须遵守本条例；抢险救灾及其他临时性房屋建筑和农民自建低层住宅的建设活动，不适用本条例；军事建设工程的管理，按照中央军事委员会的有关规定执行。本条例分总则，建设单位的质量责任和义务，勘察、设计单位的质量责任和义务，施工单位的质量责任和义务，工程监理单位的质量责任和义务，建设工程质量保修，监督管理，罚则，附则，共9章82条。主要内容摘要如下：

1.本条例所称建设工程，是指土木工程、建筑工程、线路管道和设备安装工程及装修工程。

2.建设、勘察、设计、施工、工程监理等单位依法对建设工程质量负责。

3.县级以上人民政府建设行政主管部门和其他有关部门应当加强对建设工程质量的监督管理。从事建设工程活动，必须严格执行基本建设程序，坚持先勘察、后设计、再施工的原则。县级以上人民政府及其有关部门不得超越权限审批建设项目或者擅自简化基本建设程序。

4.建设单位应当将工程发包给具有相应资质等级的单位，建设单位不得将建设工程肢解发包。建设单位应当依法对工程建设项目的勘察、设计、施工、监理以及与工程建设有关的重要设备、材料等的采购进行招标。建设单位必须向有关的勘察、设计、施工、工程监理等单位提供与建设工程有关的原始资料，原始资料必须真实、准确、齐全。

5.建设工程发包单位不得迫使承包方以低于成本的价格竞标，不得任意压缩合理工期。建设单位不得明示或者暗示设计单位或者施工单位违反工程建设强制性标准，降低建设工程质量。

6.施工图设计文件审查的具体办法，由国务院建设行政主管部门、国务院其他有关部门制定。施工图设计文件未经审查批准的，不得使用。

7.实行监理的建设工程，建设单位应当委托具有相应资质等级的工程监理单位进行监理，也可以委托具有工程监理相应资质等级并与被监理工程的施工承包单位没有隶属关系或者其他利害关系的该工程的设计单位进行监理。下列建设工程必须实行监理：(1) 国家重点建设工程；(2) 大中型公用事业工程；(3) 成片开发建设的住宅小区工程；(4) 利用外国政府或者国际组织贷款、援助资金的工程；(5) 国家规定必须实行监理的其他工程。

8.建设单位在领取施工许可证或者开工报告前，应当按照国家有关规定办理工程质量监督手续。

9.按照合同约定，由建设单位采购建筑材料、建筑构配件和设备的，建设单位应当保证建筑材料、建筑构配件和设备符合设计文件和合同要求。建设单位不得明示或者暗示施工单位使用不合格的建筑材料、建筑构配件和设备。

10.涉及建筑主体和承重结构变动的装修工程，建设单位应当在施工前委托原设计单位或者具有相应资质等级的设计单位提出设计方案；没有设计方案的，不得施工。房屋建筑使用者在装修过程中，不得擅自变动房屋建筑主体和承重结构。

11.建设单位收到建设工程竣工报告后，应当组织设计、施工、工程监理等有关单位进行竣工验收。建设工程竣工验收应当具备下列条件：(1) 完成建设工程设计和合同约定的各项内容；(2) 有完整的技术档案和施工管理资料；(3) 有工程使用的主要建筑材料、建筑构配件和设备的进场试验报告；(4) 有勘察、设计、施工、工程监理等单位分别签署的质量合格文件；(5) 有施工单位签署的工程保修书。建设工程经验收合格的，方可交付使用。

12.建设单位应当严格按照国家有关档案管理的规定，及时收集、整理建设项目各环节的文件资料，建立、健全建设项目档案，并在建设工程竣工验收后，及时向建设行政主管部门或者其他有关部门移交建设项目档案。

13 从事建设工程勘察、设计的单位应当依法取得相应等级的资质证书，并在其资质等级许可的范围内承揽工程。禁止勘察、设计单位超越其资质等级许可的范围或者以其他勘察、设计单位的名义承揽工程。禁止勘察、设计单位允许其他单位或者个人以本单位的名义承揽工程。勘察、设计单位不得转包或者违法分包所承揽的工程。勘察、设计单位必须按照工程建设强制性标准进行勘察、设计，并对其勘察、设计的质量负责。注册建筑师、注册结构工程师等注册执业人员应当在设计文件上签字，对设计文件负责。

14.勘察单位提供的地质、测量、水文等勘察成果必须真实、准确。

15.设计单位应当根据勘察成果文件进行建设工程设计。

16.设计文件应当符合国家规定的设计深度要求，注明工程合理使用年限。设计单位在设计文件中选用的建筑材料、建筑构配件和设备，应当注明规格、型号、性能等技术指标，其质量要求必须符合国家规定的标准。除有特殊要求的建筑材料、专用设备、工艺生产线等外，设计单位不得指定生产厂、供应商。

17.设计单位应当就审查合格的施工图设计文件向施工单位作出详细说明。设计单位应当参与建设工程质量事故分析，并对因设计造成的质量事故，提出相应的技术处理方案。

18.施工单位应当依法取得相应等级的资质证书，并在其资质等级许可的范围内承揽工程。禁止施工单位超越本单位资质等级许可的业务范围或者以其他施工单位的名义承揽工程。禁止施工单位允许其他单位或者个人以本单位的名义承揽工程。施工单位不得转包或者违法分包工程。

19.施工单位对建设工程的施工质量负责。施工单位应当建立质量责任制，确定工程项目的项目经理、技术负责人和施工管理负责人。建设工程实行总承包的，总承包单位应当对全部建设工程质量负责；建设工程勘察、设计、施工、设备采购的一项或者多项实行总承包的，总承包单位应当对其承包的建设工程或者采购的设备的质量负责。总承包单位依法将建设工程分包给其他单位的，分包单位应当按照分包合同的约定对其分包工程的质量向总承包单位负责，总承包单位与分包单位对分包工程的质量承担连带责任。

20.施工单位必须按照工程设计图纸和施工技术标准施工，不得擅自修改工程设计，不得偷工减料。施工单位在施工过程中发现设计文件和图纸有差错的，应当及时提出意见和建议。施工单位必须按照工程设计要求、施工技术标准和合同约定，对建筑材料、建筑构配件、设备和商品混凝土进行检验，检验应当有书面记录和专人签字；未经检验或者检验不合格的，不得使用。

21.施工单位必须建立、健全施工质量的检验制度，严格工序管理，作好隐蔽工程的质量检查和记录。隐蔽工程在隐蔽前，施工单位应当通知建设单位和建设工程质量监督机构。施工人员对涉及结构安全的试块、试件以及有关材料，应当在建设单位或者工程监理单位监督下现场取样，并送具有相应资质等级的质量检测单位进行检测。施工单位对施工中出现质量问题的建设工程或者竣工验收不合格的建设工程，应当负责返修。

22.施工单位应当建立、健全教育培训制度，加强对职工的教育培训；未经教育培训或者考核不合格的人员，不得上岗作业。

23 工程监理单位应当依法取得相应等级的资质证书，并在其资质等级许可的范围内承担工程监理业务。禁止工程监理单位超越本单位资质等级许可的范围或者以其他工程监理单位的名义承担工程监理业务。禁止工程监理单位允许其他单位或者个人以本单位的名义承担工程监理业务。工程监理单位不得转让工程监理业务。

24.工程监理单位与被监理工程的施工承包单位以及建筑材料、建筑构配件和设备供应单位有隶属关系或者其他利害关系的，不得承担该项建设工程的监理业务。工程监理单位应当依照法律、法规以及有关技术标准、设计文件和建设工程承包合同，代表建设单位对施工质量实施监理，并对施工质量承担监理责任。工程监理单位应当选派具备相应资格的总监理工程师和监理工程师进驻施工现场。

25.未经监理工程师签字，建筑材料、建筑构配件和设备不得在工程上使用或者安装，施工单位不得进行下一道工序的施工。未经总监理工程师签字，建设单位不拨付工程款，不进行竣工验收。监理工程师应当按照工程监理规范的要求，采取旁站、巡视和平行检验等形式，对建设工程实施监理。

26.建设工程实行质量保修制度。建设工程承包单位在向建设单位提交工程竣工验收报告时，应当向建设单位出具质量保修书。质量保修书中应当明确建设工程的保修范围、保修期限和保修责任等。在正常使用条件下，建设工程的最低保修期限为：（1）基础设施工程、房屋建筑的地基基础工程和主体结构工程，为设计文件规定的该工程的合理使用年限；（2）屋面防水工程、有防水要求的卫生间、房间和外墙面的防渗漏，为5年；（3）供热与供冷系统，为2个采暖期、供冷期；（4）电气管线、给排水管道、设备安装和装修工程，为 2 年。其他项目的保修期限由发包方与承包方约定。建设工程的保修期，自竣工验收合格之日起计算。

27. 建设工程在保修范围和保修期限内发生质量问题的，施工单位应当履行保修义务，并对造成的损失承担赔偿责任。建设工程在超过合理使用年限后需要继续使用的，产权所有人应当委托具有相应资质等级的勘察、设计单位鉴定，并根据鉴定结果采取加固、维修等措施，重新界定使用期。

28. 国家实行建设工程质量监督管理制度。国务院建设行政主管部门对全国的建设工程质量实施统一监督管理。国务院铁路、交通、水利等有关部门按照国务院规定的职责分工，负责对全国的有关专业建设工程质量的监督管理。县级以上地方人民政府建设行政主管部门对本行政区域内的建设工程质量实施监督管理。县级以上地方人民政府交通、水利等有关部门在各自的职责范围内，负责对本行政区域内的专业建设工程质量的监督管理。

29. 国务院建设行政主管部门和国务院铁路、交通、水利等有关部门应当加强对有关建设工程质量的法律、法规和强制性标准执行情况的监督检查。国务院发展计划部门按照国务院规定的职责，组织稽察特派员，对国家出资的重大建设项目实施监督检查。国务院经济贸易主管部门按照国务院规定的职责，对国家重大技术改造项目实施监督检查。

30. 建设工程质量监督管理，可以由建设行政主管部门或者其他有关部门委托的建设工程质量监督机构具体实施。从事房屋建筑工程和市政基础设施工程质量监督的机构，必须按照国家有关规定经国务院建设行政主管部门或者省、自治区、直辖市人民政府建设行政主管部门考核；从事专业建设工程质量监督的机构，必须按照国家有关规定经国务院有关部门或者省、自治区、直辖市人民政府有关部门考核。经考核合格后，方可实施质量监督。

31. 县级以上地方人民政府建设行政主管部门和其他有关部门应当加强对有关建设工程质量的法律、法规和强制性标准执行情况的监督检查。县级以上人民政府建设行政主管部门和其他有关部门履行监督检查职责时，有权采取下列措施：(1) 要求被检查的单位提供有关工程质量的文件和资料；(2) 进入被检查单位的施工现场进行检查；(3) 发现有影响工程质量的问题时，责令改正。

32. 建设单位应当自建设工程竣工验收合格之日起 15 日内，将建设工程竣工验收报告和规划、公安消防、环保等部门出具的认可文件或者准许使用文件报建设行政主管部门或者其他有关部门备案。建设行政主管部门或者其他有关部门发现建设单位在竣工验收过程中有违反国家有关建设工程质量管理规定行为的，责令停止使用，重新组织竣工验收。有关单位和个人对县级以上人民政府建设行政主管部门和其他有关部门进行的监督检查应当支持与配合，不得拒绝或者阻碍建设工程质量监督检查人员依法执行职务。

33. 供水、供电、供气、公安消防等部门或者单位不得明示或者暗示建设单位、施工单位购买其指定的生产供应单位的建筑材料、建筑构配件和设备。

34. 建设工程发生质量事故，有关单位应当在 24 小时内向当地建设行政主管部门和其他有关部门报告。对重大质量事故，事故发生地的建设行政主管部门和其他有关部门应当按照事故类别和等级向当地人民政府和上级建设行政主管部门和其他有关部门报告。特别重大质量事故的调查程序按照国务院有关规定办理。

35. 任何单位和个人对建设工程的质量事故、质量缺陷都有权检举、控告、投诉。

36.违反本条例规定，建设单位将建设工程发包给不具有相应资质等级的勘察、设计、施工单位或者委托给不具有相应资质等级的工程监理单位的，责令改正，处50万元以上100万元以下的罚款。

37.违反本条例规定，建设单位将建设工程肢解发包的，责令改正，处工程合同价款百分之零点五以上百分之一以下的罚款；对全部或者部分使用国有资金的项目，并可以暂停项目执行或者暂停资金拨付。

38.违反本条例规定，建设单位有下列行为之一的，责令改正，处20万元以上50万元以下的罚款：（1）迫使承包方以低于成本的价格竞标的；（2）任意压缩合理工期的；（3）明示或者暗示设计单位或者施工单位违反工程建设强制性标准，降低工程质量的；（4）施工图设计文件未经审查或者审查不合格，擅自施工的；（5）建设项目必须实行工程监理而未实行工程监理的；（6）未按照国家规定办理工程质量监督手续的；（7）明示或者暗示施工单位使用不合格的建筑材料、建筑构配件和设备的；（8）未按照国家规定将竣工验收报告、有关认可文件或者准许使用文件报送备案的。

39.违反本条例规定，建设单位未取得施工许可证或者开工报告未经批准，擅自施工的，责令停止施工，限期改正，处工程合同价款百分之一以上百分之二以下的罚款。

40.违反本条例规定，建设单位有下列行为之一的，责令改正，处工程合同价款百分之二以上百分之四以下的罚款；造成损失的，依法承担赔偿责任；（1）未组织竣工验收，擅自交付使用的；（2）验收不合格，擅自交付使用的；（3）对不合格的建设工程按照合格工程验收的。

41.违反本条例规定，建设工程竣工验收后，建设单位未向建设行政主管部门或者其他有关部门移交建设项目档案的，责令改正，处1万元以上10万元以下的罚款。

42.违反本条例规定，勘察、设计、施工、工程监理单位超越本单位资质等级承揽工程的，责令停止违法行为，对勘察、设计单位或者工程监理单位处合同约定的勘察费、设计费或者监理酬金1倍以上2倍以下的罚款；对施工单位处工程合同价款百分之二以上百分之四以下的罚款，可以责令停业整顿，降低资质等级；情节严重的，吊销资质证书；有违法所得的，予以没收。未取得资质证书承揽工程的，予以取缔，依照前款规定处以罚款；有违法所得的，予以没收。以欺骗手段取得资质证书承揽工程的，吊销资质证书，依照本条第一款规定处以罚款；有违法所得的，予以没收。

43.违反本条例规定，勘察、设计、施工、工程监理单位允许其他单位或者个人以本单位名义承揽工程的，责令改正，没收违法所得，对勘察、设计单位和工程监理单位处合同约定的勘察费、设计费和监理酬金1倍以上2倍以下的罚款；对施工单位处工程合同价款百分之二以上百分之四以下的罚款；可以责令停业整顿，降低资质等级；情节严重的，吊销资质证书。

44.违反本条例规定，承包单位将承包的工程转包或者违法分包的，责令改正，没收违法所得，对勘察、设计单位处合同约定的勘察费、设计费百分之二十五以上百分之五十以下的罚款；对施工单位处工程合同价款百分之零点五以上百分之一以下的罚款；可以责令停业整顿，降低资质等级；情节严重的，吊销资质证书。工程监理单位转让工程监理业务的，责令改正，没收违法所得，处合同约定的监理酬金百分之二十五以上百分之五十以下的罚款；可以责令停业整顿，降低资质等级；情节严重的，吊销资质证书。

45. 违反本条例规定，有下列行为之一的，责令改正，处 10 万元以上 30 万元以下的罚款：（1）勘察单位未按照工程建设强制性标准进行勘察的；（2）设计单位未根据勘察成果文件进行工程设计的；（3）设计单位指定建筑材料、建筑构配件的生产厂、供应商的；（4）设计单位未按照工程建设强制性标准进行设计的。有前款所列行为，造成工程质量事故的，责令停业整顿，降低资质等级；情节严重的，吊销资质证书；造成损失的，依法承担赔偿责任。

46. 违反本条例规定，施工单位在施工中偷工减料的，使用不合格的建筑材料、建筑构配件和设备的，或者有不按照工程设计图纸或者施工技术标准施工的其他行为的，责令改正，处工程合同价款百分之二以上百分之四以下的罚款；造成建设工程质量不符合规定的质量标准的，负责返工、修理，并赔偿因此造成的损失；情节严重的，责令停业整顿，降低资质等级或者吊销资质证书。

47. 违反本条例规定，施工单位未对建筑材料、建筑构配件、设备和商品混凝土进行检验，或者未对涉及结构安全的试块、试件以及有关材料取样检测的，责令改正，处 10 万元以上 20 万元以下的罚款；情节严重的，责令停业整顿，降低资质等级或者吊销资质证书；造成损失的，依法承担赔偿责任。

48. 违反本条例规定，施工单位不履行保修义务或者拖延履行保修义务的，责令改正，处 10 万元以上 20 万元以下的罚款，并对在保修期内因质量缺陷造成的损失承担赔偿责任。

49. 工程监理单位有下列行为之一的，责令改正，处 50 万元以上 100 万元以下的罚款，降低资质等级或者吊销资质证书；有违法所得的，予以没收；造成损失的，承担连带赔偿责任：（1）与建设单位或者施工单位串通，弄虚作假、降低工程质量的；（2）将不合格的建设工程、建筑材料、建筑构配件和设备按照合格签字的。

50. 违反本条例规定，工程监理单位与被监理工程的施工承包单位以及建筑材料、建筑构配件和设备供应单位有隶属关系或者其他利害关系承担该项建设工程的监理业务的，责令改正，处 5 万元以上 10 万元以下的罚款，降低资质等级或者吊销资质证书；有违法所得的，予以没收。

51. 违反本条例规定，涉及建筑主体或者承重结构变动的装修工程，没有设计方案擅自施工的，责令改正，处 50 万元以上 100 万元以下的罚款；房屋建筑使用者在装修过程中擅自变动房屋建筑主体和承重结构的，责令改正，处 5 万元以上 10 万元以下的罚款。有前款所列行为，造成损失的，依法承担赔偿责任。

52. 发生重大工程质量事故隐瞒不报、谎报或者拖延报告期限的，对直接负责的主管人员和其他责任人员依法给予行政处分。

53. 违反本条例规定，供水、供电、供气、公安消防等部门或者单位明示或者暗示建设单位或者施工单位购买其指定的生产供应单位的建筑材料、建筑构配件和设备的，责令改正。

54. 违反本条例规定，注册建筑师、注册结构工程师、监理工程师等注册执业人员因过错造成质量事故的，责令停止执业 1 年；造成重大质量事故的，吊销执业资格证书，5 年以内不予注册；情节特别恶劣的，终身不予注册。

55. 依照本条例规定，给予单位罚款处罚的，对单位直接负责的主管人员和其他直接责任人员处单位罚款数额百分之五以上百分之十以下的罚款。

56. 建设单位、设计单位、施工单位、工程监理单位违反国家规定，降低工程质量标准，造成重大安全事故，构成犯罪的，对直接责任人员依法追究刑事责任。

57. 本条例规定的责令停业整顿，降低资质等级和吊销资质证书的行政处罚，由颁发资质证书的机关决定；其他行政处罚，由建设行政主管部门或者其他有关部门依照法定职权决定。依照本条例规定被吊销资质证书的，由工商行政管理部门吊销其营业执照。

58. 国家机关工作人员在建设工程质量监督管理工作中玩忽职守、滥用职权、徇私舞弊，构成犯罪的，依法追究刑事责任；尚不构成犯罪的，依法给予行政处分。

59. 建设、勘察、设计、施工、工程监理单位的工作人员因调动工作、退休等原因离开该单位后，被发现在该单位工作期间违反国家有关建设工程质量管理规定，造成重大工程质量事故的，仍应当依法追究法律责任。

60. 本条例所称肢解发包，是指建设单位将应当由一个承包单位完成的建设工程分解成若干部分发包给不同的承包单位的行为。本条例所称违法分包，是指下列行为：(1) 总承包单位将建设工程分包给不具备相应资质条件的单位的；(2) 建设工程总承包合同中未有约定，又未经建设单位认可，承包单位将其承包的部分建设工程交由其他单位完成的；(3) 施工总承包单位将建设工程主体结构的施工分包给其他单位的；(4) 分包单位将其承包的建设工程再分包的。本条例所称转包，是指承包单位承包建设工程后，不履行合同约定的责任和义务，将其承包的全部建设工程转给他人或者将其承包的全部建设工程肢解以后以分包的名义分别转给其他单位承包的行为。

第 9 节 《危险性较大的分部分项工程安全管理规定》(住房城乡建设部 37 号令和 31 号文)

为加强对房屋建筑和市政基础设施工程中危险性较大的分部分项工程安全管理，有效防范生产安全事故，有效促进安全管理和技术水平的提升，遏制危大工程安全事故的发生，2018 年 2 月 12 日住房和城乡建设部第 37 次部常务会议审议通过《危险性较大的分部分项工程安全管理规定》，该管理规定自 2018 年 6 月 1 日起施行。为进一步贯彻实施该《危险性较大的分部分项工程安全管理规定》，2018 年 5 月 17 日住房城乡建设部办公厅下发了关于实施《危险性较大的分部分项工程安全管理规定》有关问题的通知（建办质〔2018〕31 号)。

2.9.1 《危险性较大的分部分项工程安全管理规定》(住房城乡建设部 37 号令)

《危险性较大的分部分项工程安全管理规定》由总则，前期保障，专项施工方案，现场安全管理，监督管理，法律责任和附则等 7 章共 48 条组成。管理规定主要内容摘要如下：

1. 管理规定制定的法律依据，包括《中华人民共和国建筑法》《中华人民共和国安全生和产法》《建设工程安全生产管理条例》等法律法规。该规定主要适用于房屋建筑和市政基础设施工程中危险性较大的分部分项工程安全管理。

2. 本规定所称危险性较大的分部分项工程（以下简称“危大工程”），是指房屋建筑和市政基础设施工程在施工过程中，容易导致人员群死群伤或者造成重大经济损失的分部分项工程。危大工程及超过一定规模的危大工程范围由国务院住房城乡建设主管部门制定。省级住房城乡建设主管部门可以结合本地区实际情况，补充本地区危大工程范围。

3.国务院住房城乡建设主管部门负责全国危大工程安全管理的指导监督。县级以上地方人民政府住房城乡建设主管部门负责本行政区域内危大工程的安全监督管理。

4.建设单位应当依法提供真实、准确、完整的工程地质、水文地质和工程周边环境等资料。勘察单位应当根据工程实际及工程周边环境资料，在勘察文件中说明地质条件可能造成的工程风险。设计单位应当在设计文件中注明涉及危大工程的重点部位和环节，提出保障工程周边环境安全和工程施工安全的意见，必要时进行专项设计。建设单位应当组织勘察、设计等单位在施工招标文件中列出危大工程清单，要求施工单位在投标时补充完善危大工程清单并明确相应的安全管理措施。

5.建设单位应当按照施工合同约定及时支付危大工程施工技术措施费以及相应的安全防护文明施工措施费，保障危大工程施工安全。

6.建设单位在申请办理安全监督手续时，应当提交危大工程清单及其安全管理措施等资料。

7.施工单位应当在危大工程施工前组织工程技术人员编制专项施工方案。实行施工总承包的，专项施工方案应当由施工总承包单位组织编制。危大工程实行分包的，专项施工方案可以由相关专业分包单位组织编制。

8.专项施工方案应当由施工单位技术负责人审核签字、加盖单位公章，并由总监理工程师审查签字、加盖执业印章后方可实施。危大工程实行分包并由分包单位编制专项施工方案的，专项施工方案应当由总承包单位技术负责人及分包单位技术负责人共同审核签字并加盖单位公章。

9.对于超过一定规模的危大工程，施工单位应当组织召开专家论证会对专项施工方案进行论证。实行施工总承包的，由施工总承包单位组织召开专家论证会。专家论证前专项施工方案应当通过施工单位审核和总监理工程师审查。专家应当从地方人民政府住房城乡建设主管部门建立的专家库中选取，符合专业要求且人数不得少于 5 名。与本工程有利害关系的人员不得以专家身份参加专家论证会。专家论证会后，应当形成论证报告，对专项施工方案提出通过、修改后通过或者不通过的一致意见，专家对论证报告负责并签字确认。项施工方案经论证需修改后通过的，施工单位应当根据论证报告修改完善后，重新履行本规定的程序。专项施工方案经论证不通过的，施工单位修改后应按本规定的要求重新组织专家论证。

10.施工单位应当在施工现场显著位置公告危大工程名称、施工时间和具体责任人员，并在危险区域设置安全警示标志。

11.专项施工方案实施前，编制人员或者项目技术负责人应当向施工现场管理人员进行方案交底。施工现场管理人员应当向作业人员进行安全技术交底，并由双方和项目专职安全生产管理人员共同签字确认。

12.施工单位应当严格按照专项施工方案组织施工，不得擅自修改专项施工方案。因规划调整、设计变更等原因确需调整的，修改后的专项施工方案应当按照本规定重新审核和论证。涉及资金或者工期调整的，建设单位应当按照约定予以调整。

13.施工单位应当对危大工程施工作业人员进行登记，项目负责人应当在施工现场履职。项目专职安全生产管理人员应当对专项施工方案实施情况进行现场监督，对未按照专项施工方案施工的，应当要求立即整改，并及时报告项目负责人，项目负责人应当及时组织限期整改。施工单位应当按照规定对危大工程进行施工监测和安全巡视，发现危及人身安全的紧急情况，应当立即组织作业人员撤离危险区域。

14. 监理单位应当结合危大工程专项施工方案编制监理实施细则，并对危大工程施工实施专项巡视检查。监理单位发现施工单位未按照专项施工方案施工的，应当要求其进行整改；情节严重的，应当要求其暂停施工，并及时报告建设单位。施工单位拒不整改或者不停止施工的，监理单位应当及时报告建设单位和工程所在地住房城乡建设主管部门。

15. 对于按照规定需要进行第三方监测的危大工程，建设单位应当委托具有相应勘察资质的单位进行监测。监测单位应当编制监测方案。监测方案由监测单位技术负责人审核签字并加盖单位公章，报送监理单位后方可实施。监测单位应当按照监测方案开展监测，及时向建设单位报送监测成果，并对监测成果负责；发现异常时，及时向建设、设计、施工、监理单位报告，建设单位应当立即组织相关单位采取处置措施。

16. 对于按照规定需要验收的危大工程，施工单位、监理单位应当组织相关人员进行验收。验收合格的，经施工单位项目技术负责人及总监理工程师签字确认后，方可进入下一道工序。危大工程验收合格后，施工单位应当在施工现场明显位置设置验收标识牌，公示验收时间及责任人员。

17. 危大工程发生险情或者事故时，施工单位应当立即采取应急处置措施，并报告工程所在地住房城乡建设主管部门。建设、勘察、设计、监理等单位应当配合施工单位开展应急抢险工作。危大工程应急抢险结束后，建设单位应当组织勘察、设计、施工、监理等单位制定工程恢复方案，并对应急抢险工作进行后评估。

18. 施工、监理单位应当建立危大工程安全管理档案。施工单位应当将专项施工方案及审核、专家论证、交底、现场检查、验收及整改等相关资料纳入档案管理。监理单位应当将监理实施细则、专项施工方案审查、专项巡视检查、验收及整改等相关资料纳入档案管理。

19. 设区的市级以上地方人民政府住房城乡建设主管部门应当建立专家库，制定专家库管理制度，建立专家诚信档案，并向社会公布，接受社会监督。县级以上地方人民政府住房城乡建设主管部门或者所属施工安全监督机构，应当根据监督工作计划对危大工程进行抽查。县级以上地方人民政府住房城乡建设主管部门或者所属施工安全监督机构，可以通过政府购买技术服务方式，聘请具有专业技术能力的单位和人员对危大工程进行检查，所需费用向本级财政申请予以保障。

20. 县级以上地方人民政府住房城乡建设主管部门或者所属施工安全监督机构，在监督抽查中发现危大工程存在安全隐患的，应当责令施工单位整改；重大安全事故隐患排除前或者排除过程中无法保证安全的，责令从危险区域内撤出作业人员或者暂时停止施工；对依法应当给予行政处罚的行为，应当依法作出行政处罚决定。县级以上地方人民政府住房城乡建设主管部门应当将单位和个人的处罚信息纳入建筑施工安全生产不良信用记录。

21. 建设单位有下列行为之一的，责令限期改正，并处 1 万元以上 3 万元以下的罚款；对直接负责的主管人员和其他直接责任人员处 1000 元以上 5000 元以下的罚款：（1）未按照本规定提供工程周边环境等资料的；（2）未按照本规定在招标文件中列出危大工程清单的；（3）未按照施工合同约定及时支付危大工程施工技术措施费或者相应的安全防护文明施工措施费的；（4）未按照本规定委托具有相应勘察资质的单位进行第三方监测的；（5）未对第三方监测单位报告的异常情况组织采取处置措施的。

22.勘察单位未在勘察文件中说明地质条件可能造成的工程风险的，责令限期改正，依照《建设工程安全生产管理条例》对单位进行处罚；对直接负责的主管人员和其他直接责任人员处 1000 元以上 5000 元以下的罚款。设计单位未在设计文件中注明涉及危大工程的重点部位和环节，未提出保障工程周边环境安全和工程施工安全的意见的，责令限期改正，并处 1 万元以上 3 万元以下的罚款；对直接负责的主管人员和其他直接责任人员处 1000 元以上 5000 元以下的罚款。施工单位未按照本规定编制并审核危大工程专项施工方案的，依照《建设工程安全生产管理条例》对单位进行处罚，并暂扣安全生产许可证 30 日；对直接负责的主管人员和其他直接责任人员处 1000 元以上 5000 元以下的罚款。

23.施工单位有下列行为之一的，依照《中华人民共和国安全生产法》《建设工程安全生产管理条例》对单位和相关责任人员进行处罚：（1）未向施工现场管理人员和作业人员进行方案交底和安全技术交底的；（2）未在施工现场显著位置公告危大工程，并在危险区域设置安全警示标志的；（3）项目专职安全生产管理人员未对专项施工方案实施情况进行现场监督的。

24.施工单位有下列行为之一的，责令限期改正，处 1 万元以上 3 万元以下的罚款，并暂扣安全生产许可证 30 日；对直接负责的主管人员和其他直接责任人员处 1000 元以上 5000 元以下的罚款：（1）未对超过一定规模危大工程专项施工方案进行专家论证的；（2）未根据专家论证报告对超过一定规模的危大工程专项施工方案进行修改，或者未按照本规定重新组织专家论证的；（3）未严格按照专项施工方案组织施工，或者擅自修改专项施工方案的。

25.施工单位有下列行为之一的，责令限期改正，并处 1 万元以上 3 万元以下的罚款；对直接负责的主管人员和其他直接责任人员处 1000 元以上 5000 元以下的罚款：（1）项目负责人未按照本规定现场履职或者组织限期整改的；（2）施工单位未按照本规定进行施工监测和安全巡视的；（3）未按照本规定组织危大工程验收的；（4）发生险情或者事故时，未采取应急处置措施的；（5）未按照本规定建立危大工程安全管理档案的。

26.监理单位有下列行为之一的，依照《中华人民共和国安全生产法》《建设工程安全生产管理条例》对单位进行处罚；对直接负责的主管人员和其他直接责任人员处 1000 元以上 5000 元以下的罚款：（1）总监理工程师未按照本规定审查危大工程专项施工方案的；（2）发现施工单位未按照专项施工方案实施，未要求其整改或者停工的；（3）施工单位拒不整改或者不停止施工时，未向建设单位和工程所在地住房城乡建设主管部门报告的。

27.监理单位有下列行为之一的，责令限期改正，并处 1 万元以上 3 万元以下的罚款；对直接负责的主管人员和其他直接责任人员处 1000 元以上 5000 元以下的罚款：（1）未按照本规定编制监理实施细则的；（2）未对危大工程施工实施专项巡视检查的；（3）未按照本规定参与组织危大工程验收的；（4）未按照本规定建立危大工程安全管理档案的。

28.监测单位有下列行为之一的，责令限期改正，并处 1 万元以上 3 万元以下的罚款；对直接负责的主管人员和其他直接责任人员处 1000 元以上 5000 元以下的罚款：（1）未取得相应勘察资质从事第三方监测的；（2）未按照本规定编制监测方案的；（3）未按照监测方案开展监测的；（4）发现异常未及时报告的。

29. 县级以上地方人民政府住房城乡建设主管部门或者所属施工安全监督机构的工作人员，未依法履行危大工程安全监督管理职责的，依照有关规定给予处分。

2.9.2 住建部办公厅关于实施《危险性较大的分部分项工程安全管理规定》通知（建办质〔2018〕31号）

为贯彻实施《危险性较大的分部分项工程安全管理规定》（住房城乡建设部令第37号），进一步加强和规范房屋建筑和市政基础设施工程中危险性较大的分部分项工程安全管理，住房和城乡建设部办公厅于2018年5月17日印发了《关于实施〈危险性较大的分部分项工程安全管理规定〉有关问题的通知》（建办质〔2018〕31号），《关于印发〈危险性较大的分部分项工程安全管理办法〉的通知》（建质〔2009〕87号）自2018年6月1日起废止。通知的主要内容摘要如下：

1. 危大工程的范围

（1）危险性较大的分部分项工程范围

1）基坑工程

①开挖深度超过3m（含3m）的基坑（槽）的土方开挖、支护、降水工程；②开挖深度虽未超过3m，但地质条件、周围环境和地下管线复杂，或影响毗邻建、构筑物安全的基坑（槽）的土方开挖、支护、降水工程。

2）模板工程及支撑体系

①各类工具式模板工程：包括滑模、爬模、飞模、隧道模等工程；②混凝土模板支撑工程：搭设高度5m及以上，或搭设跨度10m及以上，或施工总荷载（荷载效应基本组合的设计值，以下简称设计值）$10kN/m^2$及以上，或集中线荷载（设计值）15kN/m及以上，或高度大于支撑水平投影宽度且相对独立无联系构件的混凝土模板支撑工程；③承重支撑体系：用于钢结构安装等满堂支撑体系。

3）起重吊装及起重机械安装拆卸工程

①采用非常规起重设备、方法，且单件起吊重量在10kN及以上的起重吊装工程；②采用起重机械进行安装的工程；③起重机械安装和拆卸工程。

4）脚手架工程

①搭设高度24m及以上的落地式钢管脚手架工程（包括采光井、电梯井脚手架）；②附着式升降脚手架工程；③悬挑式脚手架工程；④高处作业吊篮；⑤卸料平台、操作平台工程；⑥异型脚手架工程。

5）拆除工程。

可能影响行人、交通、电力设施、通信设施或其他建、构筑物安全的拆除工程。

6）暗挖工程

采用矿山法、盾构法、顶管法施工的隧道、洞室工程。

7）其他

①建筑幕墙安装工程；②钢结构、网架和索膜结构安装工程；③人工挖孔桩工程；④水下作业工程；⑤装配式建筑混凝土预制构件安装工程；⑥采用新技术、新工艺、新材料、新设备可能影响工程施工安全，尚无国家、行业及地方技术标准的分部分项工程。

（2）超过一定规模的危险性较大的分部分项工程范围

1）深基坑工程

开挖深度超过 5m（含 5m）的基坑（槽）的土方开挖、支护、降水工程。

2）模板工程及支撑体系

①各类工具式模板工程：包括滑模、爬模、飞模、隧道模等工程；②混凝土模板支撑工程：搭设高度 8m 及以上，或搭设跨度 18m 及以上，或施工总荷载（设计值）$15kN/m^2$ 及以上，或集中线荷载（设计值）20kN/m 及以上；③承重支撑体系：用于钢结构安装等满堂支撑体系，承受单点集中荷载 7kN 及以上。

3）起重吊装及起重机械安装拆卸工程

①采用非常规起重设备、方法，且单件起吊重量在 100kN 及以上的起重吊装工程；②起重量 300kN 及以上，或搭设总高度 200m 及以上，或搭设基础标高在 200m 及以上的起重机械安装和拆卸工程。

4）脚手架工程

①搭设高度 50m 及以上的落地式钢管脚手架工程；②提升高度在 150m 及以上的附着式升降脚手架工程或附着式升降操作平台工程；③分段架体搭设高度 20m 及以上的悬挑式脚手架工程。

5）拆除工程

①码头、桥梁、高架、烟囱、水塔或拆除中容易引起有毒有害气（液）体或粉尘扩散、易燃易爆事故发生的特殊建、构筑物的拆除工程；②文物保护建筑、优秀历史建筑或历史文化风貌区影响范围内的拆除工程。

6）暗挖工程

采用矿山法、盾构法、顶管法施工的隧道、洞室工程。

7）其他

①施工高度 50m 及以上的建筑幕墙安装工程；②跨度 36m 及以上的钢结构安装工程，或跨度 60m 及以上的网架和索膜结构安装工程；③开挖深度 16m 及以上的人工挖孔桩工程；④水下作业工程；⑤重量 1000kN 及以上的大型结构整体顶升、平移、转体等施工工艺；⑥采用新技术、新工艺、新材料、新设备可能影响工程施工安全，尚无国家、行业及地方技术标准的分部分项工程。

2. 专项施工方案内容

危大工程专项施工方案的主要内容应当包括：

（1）工程概况：危大工程概况和特点、施工平面布置、施工要求和技术保证条件。

（2）编制依据：相关法律、法规、规范性文件、标准、规范及施工图设计文件、施工组织设计等。

（3）施工计划：包括施工进度计划、材料与设备计划。

（4）施工工艺技术：技术参数、工艺流程、施工方法、操作要求、检查要求等。

（5）施工安全保证措施：组织保障措施、技术措施、监测监控措施等。

（6）施工管理及作业人员配备和分工：施工管理人员、专职安全生产管理人员、特种作业人员、其他作业人员等。

（7）验收要求：验收标准、验收程序、验收内容、验收人员等。

（8）应急处置措施。

（9）计算书及相关施工图纸。

3. 专家论证会参会人员

超过一定规模的危大工程专项施工方案专家论证会的参会人员应当包括：

（1）专家。

（2）建设单位项目负责人。

（3）有关勘察、设计单位项目技术负责人及相关人员。

（4）总承包单位和分包单位技术负责人或授权委派的专业技术人员、项目负责人、项目技术负责人、专项施工方案编制人员、项目专职安全生产管理人员及相关人员。

（5）监理单位项目总监理工程师及专业监理工程师。

4. 专家论证内容

对于超过一定规模的危大工程专项施工方案，专家论证的主要内容应当包括：

（1）专项施工方案内容是否完整、可行。

（2）专项施工方案计算书和验算依据、施工图是否符合有关标准规范。

（3）专项施工方案是否满足现场实际情况，并能够确保施工安全。

5. 专项施工方案修改

超过一定规模的危大工程专项施工方案经专家论证后结论为“通过”的，施工单位可参考专家意见自行修改完善；结论为“修改后通过”的，专家意见要明确具体修改内容，施工单位应当按照专家意见进行修改，并履行有关审核和审查手续后方可实施，修改情况应及时告知专家。

6. 监测方案内容

进行第三方监测的危大工程监测方案的主要内容应当包括工程概况、监测依据、监测内容、监测方法、人员及设备、测点布置与保护、监测频次、预警标准及监测成果报送等。

7. 验收人员

危大工程验收人员应当包括：

（1）总承包单位和分包单位技术负责人或授权委派的专业技术人员、项目负责人、项目技术负责人、专项施工方案编制人员、项目专职安全生产管理人员及相关人员。

（2）监理单位项目总监理工程师及专业监理工程师。

（3）有关勘察、设计和监测单位项目技术负责人。

8. 专家条件

设区的市级以上地方人民政府住房城乡建设主管部门建立的专家库专家应当具备以下基本条件：

（1）诚实守信、作风正派、学术严谨。

（2）从事相关专业工作 15 年以上或具有丰富的专业经验。

（3）具有高级专业技术职称。

9. 专家库管理

设区的市级以上地方人民政府住房城乡建设主管部门应当加强对专家库专家的管理，定期向社会公布专家业绩，对于专家不认真履行论证职责、工作失职等行为，记入不良信用记录，情节严重的，取消专家资格。

第 10 节　《建筑工人实名制管理办法（试行）》（建市〔2019〕18 号）

为规范建筑市场秩序，加强建筑工人管理，维护建筑工人和建筑企业合法权益，保障工程质量和安全生产，培育专业型、技能型建筑产业工人队伍，促进建筑业持续健康发展，依据建筑法、劳动合同法、《国务院办公厅关于全面治理拖欠农民工工资问题的意见》（国办发〔2016〕1 号）和《国务院办公厅关于促进建筑业持续健康发展的意见》（国办发〔2017〕19 号）等法律法规及规范性文件，住房和城乡建设部、人力资源社会保障部于 2019 年 2 月 17 日联合发布了《建筑工人实名制管理办法（试行）》，适用于房屋建筑和市政基础设施工程，该办法自 2019 年 3 月 1 日起施行。主要内容摘要如下：

1. 建筑工人实名制是指对建筑企业所招用建筑工人的从业、培训、技能和权益保障等以真实身份信息认证方式进行综合管理的制度。

2. 住房和城乡建设部、人力资源社会保障部负责制定全国建筑工人实名制管理规定，对各地实施建筑工人实名制管理工作进行指导和监督；负责组织实施全国建筑工人管理服务信息平台的规划、建设和管理，制定全国建筑工人管理服务信息平台数据标准。

3. 省（自治区、直辖市）级以下住房和城乡建设部门、人力资源社会保障部门负责本行政区域建筑工人实名制管理工作，制定建筑工人实名制管理制度，督促建筑企业在施工现场全面落实建筑工人实名制管理工作的各项要求；负责建立完善本行政区域建筑工人实名制管理平台，确保各项数据的完整、及时、准确，实现与全国建筑工人管理服务信息平台联通、共享。

4. 建设单位应与建筑企业约定实施建筑工人实名制管理的相关内容，督促建筑企业落实建筑工人实名制管理的各项措施，为建筑企业实行建筑工人实名制管理创造条件，按照工程进度将建筑工人工资按时足额付至建筑企业在银行开设的工资专用账户。

5. 建筑企业应承担施工现场建筑工人实名制管理职责，制定本企业建筑工人实名制管理制度，配备专（兼）职建筑工人实名制管理人员，通过信息化手段将相关数据实时、准确、完整上传至相关部门的建筑工人实名制管理平台。总承包企业（包括施工总承包、工程总承包以及依法与建设单位直接签订合同的专业承包企业，下同）对所承接工程项目的建筑工人实名制管理负总责，分包企业对其招用的建筑工人实名制管理负直接责任，配合总承包企业做好相关工作。

6. 全面实行建筑业农民工实名制管理制度，坚持建筑企业与农民工先签订劳动合同后进场施工。建筑企业应与招用的建筑工人依法签订劳动合同，对其进行基本安全培训，并在相关建筑工人实名制管理平台上登记，方可允许其进入施工现场从事与建筑作业相关的活动。

7. 项目负责人、技术负责人、质量负责人、安全负责人、劳务负责人等项目管理人员应承担所承接项目的建筑工人实名制管理相应责任。进入施工现场的建设单位、承包单位、监理单位的项目管理人员及建筑工人均纳入建筑工人实名制管理范畴。

8. 建筑工人应配合有关部门和所在建筑企业的实名制管理工作，进场作业前须依法签订劳动合同并接受基本安全培训。

9. 建筑工人实名制信息由基本信息、从业信息、诚信信息等内容组成。基本信息应包括建筑工人和项目管理人员的身份证信息、文化程度、工种（专业）、技能（职称或岗位证书）等级和基本安全培训等信息。从业信息应包括工作岗位、劳动合同签订、考勤、工资支付和从业记录等信息。诚信信息应包括诚信评价、举报投诉、良好及不良行为记录等信息。

10.总承包企业应以真实身份信息为基础，采集进入施工现场的建筑工人和项目管理人员的基本信息，并及时核实、实时更新；真实完整记录建筑工人工作岗位、劳动合同签订情况、考勤、工资支付等从业信息，建立建筑工人实名制管理台账；按项目所在地建筑工人实名制管理要求，将采集的建筑工人信息及时上传相关部门。已录入全国建筑工人管理服务信息平台的建筑工人，1年以上（含1年）无数据更新的，再次从事建筑作业时，建筑企业应对其重新进行基本安全培训，记录相关信息，否则不得进入施工现场上岗作业。

11.建筑企业应配备实现建筑工人实名制管理所必需的硬件设施设备，施工现场原则上实施封闭式管理，设立进出场门禁系统，采用人脸、指纹、虹膜等生物识别技术进行电子打卡；不具备封闭式管理条件的工程项目，应采用移动定位、电子围栏等技术实施考勤管理。相关电子考勤和图像、影像等电子档案保存期限不少于2年。实施建筑工人实名制管理所需费用可列入安全文明施工费和管理费。

12.建筑企业应依法按劳动合同约定，通过农民工工资专用账户按月足额将工资直接发放给建筑工人，并按规定在施工现场显著位置设置“建筑工人维权告示牌”，公开相关信息。

13.各级住房和城乡建设部门、人力资源社会保障部门、建筑企业、系统平台开发应用等单位应制定制度，采取措施，确保建筑工人实名制管理相关数据信息安全，以及建筑工人实名制信息的真实性、完整性，不得漏报、瞒报。

14.各级住房和城乡建设部门、人力资源社会保障部门应加强与相关部门的数据共享，通过数据运用分析，利用新媒体和信息化技术渠道，建立建筑工人权益保障预警机制，切实保障建筑工人合法权益，提高服务建筑工人的能力。

15.各级住房和城乡建设部门、人力资源社会保障部门应对下级部门落实建筑工人实名制管理情况进行监督检查，对于发现的问题要责令限期整改；拒不整改或整改不到位的，要约谈相关责任人；约谈后仍拒不整改或整改不到位的，列入重点监管范围并提请有关部门进行问责。

16.各级住房和城乡建设部门应按照“双随机、一公开”的要求，加强对本行政区域施工现场建筑工人实名制管理制度落实情况的日常检查，对涉及建筑工人实名制管理相关投诉举报事项进行调查处理。对涉及不依法签订劳动合同、欠薪等侵害建筑工人劳动保障权益的，由人力资源社会保障部门会同住房和城乡建设部门依法处理；对涉及其他部门职能的违法问题或案件线索，应按职责分工及时移送处理。

17.各级住房和城乡建设部门可将建筑工人实名制管理列入标准化工地考核内容。建筑工人实名制信息可作为有关部门处理建筑工人劳动纠纷的依据。各有关部门应制定激励办法，对切实落实建筑工人实名制管理的建筑企业给予支持，一定时期内未发生工资拖欠的，可减免农民工工资保证金。

18.各级住房和城乡建设部门对在监督检查中发现的企业及个人弄虚作假、漏报瞒报等违规行为，应予以纠正、限期整改，录入建筑工人实名制管理平台并及时上传相关部门。拒不整改或整改不到位的，可通过曝光、核查企业资质等方式进行处理，存在工资拖欠的，可提高农民工工资保证金缴纳比例，并将相关不良行为记入企业或个人信用档案，通过全国建筑市场监管公共服务平台向社会公布。

19.严禁各级住房和城乡建设部门、人力资源社会保障部门借推行建筑工人实名制管理的名义，指定建筑企业采购相关产品；不得巧立名目乱收费，增加企业额外负担。对违规要求建筑企业强制使用某款产品或乱收费用的，要立即予以纠正；情节严重的依法提请有关部门进行问责，构成犯罪的，依法追究刑事责任。

20.各级住房和城乡建设部门、人力资源社会保障部门应结合本地实际情况，制定本办法实施细则。

第 11 节　《大型工程技术风险控制要点》（建质函〔2018〕28 号）

为加强城市建设风险管理，提高对大型工程技术风险的管理水平，推动建立大型工程技术风险控制机制，有效减少风险事故的发生，降低工程经济损失、人员伤亡和环境影响，保障工程建设和城市运行安全，住房和城乡建设部工程质量安全监管司组织国内建筑行业专家编制了《大型工程技术风险控制要点》（建质函〔2018〕28 号）。该控制要点适用于城市建设过程中的大型工程建设项目，主要指超高层建筑、大型公共建筑和城市轨道交通工程。主要为大型工程技术风险的建设单位、勘察单位、设计单位、施工单位及监理单位等控制各方提供风险控制的指导。现就控制各方的风险控制职责，以及施工阶段风险控制要点摘述如下：

2.11.1　控制各方风险控制职责

建设单位可在企业层面设立风险控制小组，风险控制小组由建设单位、勘察单位、设计单位、施工单位（包括分包）、监理单位的项目负责人担任，指导和监督项目工程技术风险的管理工作。风险控制小组在建设单位的牵头下，应承担以下工作职责：（1）在工程开工前识别工程关键风险，编制风险管理计划；（2）在工程施工前对关键的技术风险管理节点进行施工条件的审查，包括审核施工方案、确认设计文件及变更文件、确认现场技术准备工作等；（3）在工程实施过程中组织实施风险管理并进行过程协调，包括现场风险巡查、召开风险管理专题会、对风险进行跟踪处理等。

1.建设单位职责

建设单位为工程技术风险控制的首要责任方，其应当在工程建设全过程负责和组织相关参建单位对工程技术风险的控制。其工作职责如下：

（1）建设单位应在项目可行性研究阶段组织相关单位对项目在立项阶段可能存在的风险以及可能对后续工程建设乃至运营阶段造成的风险进行研究和评估，将可能存在的风险体现在可行性研究报告中，并对该阶段的风险情况进行收集和保存，并将该情况告知后续工程建设相关参建单位或相关风险承担及管理方，以供其评估风险并制定相应的风险控制对策。

（2）建设单位应在初步设计阶段了解项目的整体建设风险，该风险的研究由初步设计单位在设计方案中提出。建设单位应对设计提出的风险已经给出的相关设计处理建议给予重视，合理采纳设计方案中建议或意见，并对选择的设计方案予以确认。

（3）建设单位应根据项目建设的需要，选择合适的参建单位，包括勘察单位、设计单位、施工单位、监理单位、检测单位、监测单位等。所选单位的资质要求和人员要求应当满足工程规模、难度等的需要，以保证工程建设风险的控制效果。

（4）建设单位应在工程开工或复工前组织识别工程建设过程中的重要工程节点，并在相应节点开工前组织开工或复工条件的审查，条件审查内容包括工程开工前的专项施工方案编制、审批和专家论证情况，人员技术交底情况，现场材料、设备器材、机械的准备情况，项目管理、技术人员和劳动力组织情况，应急预案编制审批和救援物资储备情况等，以保证工程开工准备工作的有效充分。

（5）建设单位应在现场建立起相应的技术风险应急处置机制，明确参建各方的风险应急主要责任人，组织编制相应的技术风险管理预案，并监督应急物资的准备情况。

（6）当现场发生风险事故时，建设单位应组织参建单位进行事故的抢险或事后的处理工作，做好施工企业先期处置，明确并落实现场带班人员、班组长和调度人员直接处置权和指挥权，使事故的损失降低到最小的程度。

2. 勘察单位职责

勘察单位应在项目勘察阶段做好项目前期的风险识别工作，包括所属项目的地质构造风险、地下水控制风险、地下管线风险、周边环境风险等，为项目建设设计提供依据或进行相关提示，也为施工阶段的风险控制提供相关的信息。同时在工程设计、施工条件发生变化时，配合建设单位完成必要的补勘工作。做好勘察交底，及时解决施工中出现的勘察问题。

3. 设计单位职责

设计单位应当在建设工程设计中综合考虑建设前期风险评估结果，确保建筑设计方案和结构设计方案的合理性，提出相应设计的技术处理方案，根据合同约定配合建设单位制定和实施相应的应急预案，并就相关风险处置技术方案在设计交底时向施工单位作出详细说明。及时解决施工中出现的设计问题。

4. 施工单位职责

施工单位应在开工前制定针对性的专项施工组织设计（包括风险预控措施与应急预案），并按照预控措施和应急预案负责落实施工全过程的质量安全风险的实施与跟踪，同时做好相关资料的记录和存档工作。

5. 监理单位职责

监理单位应在开工前审核施工单位的风险预控措施与应急预案，并负责跟踪和督促施工单位落实。

2.11.2 施工阶段风险控制要点

1. 地基基础施工风险控制要点

（1）桩基断裂风险

1）风险因素分析。桩原材料不合格；桩成孔质量不合格；桩施工工艺不合理；桩身质量不合格。

2）风险控制要点。钢筋、混凝土等原材料应选择正规的供应商；加强对原材料的质量检查，必要时可取样试验；钻机安装前，应将场地整平夯实；机械操作员应受培训，持证上岗；成桩前，宜进行成孔试验；对桩孔径、垂直度、孔深及孔底虚土等进行质量验收；根据土层特性，确定合理的桩基施工顺序；应结合桩身特性、土层性质，选择合适的成桩机械；混凝土配合比应通过试验确定，商品混凝土在现场不得随意加水；混凝土浇筑前，应测孔内沉渣厚度，混凝土应连续浇筑，并浇筑密实；钢筋笼位置应准确，并固定牢固；开挖过程中严禁机械碰撞，野蛮截桩等行为。

（2）深基坑边坡坍塌风险

1）风险因素分析。地下水处理方法不当；对基坑开挖存在的空间效应和时间效应考虑不周；对基坑监测数据的分析和预判不准确；基坑围护结构变形过大；围护结构开裂、支撑断裂破坏；基坑开挖土体扰动过大，变形控制不力；基坑开挖土方堆置不合理，坑边超载过大；降排水措施不当；止水帷幕施工缺陷不封闭；基坑监测点布设不符合要求或损毁；基坑监测数据出现连续报警或突变值未被重视；坑底暴露时间太长；强降雨冲刷，长时间浸泡；基坑周边荷载超限。

2）风险控制要点。应保证围护结构施工质量；制定安全可行的基坑开挖施工方案，并严格执行；遵循时空效应原理，控制好局部与整体的变形；遵循信息化施工原则，加强过程动态调整；应保障支护结构具备足够的强度和刚度；避免局部超载、控制附加应力；应严禁基坑超挖，随挖随支撑；执行先撑后挖、分层分块对称平衡开挖原则；遵循信息化施工原则，加强过程动态调整；加强施工组织管理，控制好坑边堆载；应制定有针对性的浅层与深层地下水综合治理措施；执行按需降水原则；做好坑内外排水系统的衔接；按规范要求布设监测点；施工过程应做好对各类监测点的保护，确保监测数据连续性与精确性；应落实专人负责定期做好监测数据的收集、整理、分析与总结；应及时启动监测数据出现连续报警与突变值的应急预案；合理安排施工进度，及时组织施工；开挖至设计坑底标高以后，及时验收，及时浇筑混凝土垫层。控制基坑周边荷载大小与作用范围；施工期间应做好防汛抢险及防台抗洪措施。

（3）坑底突涌风险

1）风险因素分析。止水帷幕存在不封闭施工缺陷，未隔断承压水层；基底未作封底加固处理或加固质量差；减压降水井设置数量、深度不足；承压水位观测不力；减压降水井损坏失效；减压降水井未及时开启或过程断电；在地下水作用下、在施工扰动作用下底层软化或液化。

2）风险控制要点。具备条件时应尽可能切断坑内外承压水层的水力联系，隔断承压含水层；基坑内局部深坑部位应采用水泥土搅拌桩或旋喷桩加固，并保证其施工质量；通过计算确定减压降水井布置数量与滤头埋置深度，并通过抽水试验加以验证；坑内承压水位观测井应单独设置，并连续观测、记录水头标高；在开挖过程中应采取保护措施，确保减压降水井的完好性；按预定开挖深度及时开启减压降水井，并确保双电源供电系统的有效性。

（4）地下结构上浮风险

1）风险因素分析。抗拔桩原材料不合格；地下工程施工阶段未采取抗浮措施；抗浮泄水孔数量不足或提前封井；施工降水不当；顶板覆土不及时；抗拔桩施工质量不合格。

2）风险控制要点。正确选择沉桩工艺，严格工艺质量；应考虑施工阶段的结构抗浮，制定专项措施；与设计沟通确定泄水孔留设数量与构造方法，并按规定时间封井；项目应编制施工降水方案，根据土质情况选择合适的降水方案；应向施工人员进行降水方案交底，根据方案规定停止降水；施工场地排水应畅通，防止地表水倒灌地下室；根据施工进度安排，及时组织覆土；覆土应分层夯实，土密实度应符合设计要求；项目应施工人员进行技术交底，应按图施工；加强对桩身质量的检查，抗拉强度应符合设计规定，必要时可取样试验。

2. 大跨度结构施工风险控制要点

（1）结构整体倾覆风险

1）风险因素分析。基础承载力不足、断桩；基础差异沉降过大；主体结构材料或构件强度不符合设计要求；相邻建筑基坑施工影响；周侧开挖基坑过深、变形过大。

2）风险控制要点。应保证地质勘查质量，确保工程设计的基础性资料的正确性；正确选择沉桩工艺，严格工艺质量；应注意土方开挖对已完桩基的保护；加强施工过程中的沉降观测，控制好基础部位的不均匀沉降；加强对原材料的检查，按规定取样试验；做好对作业层的技术交底，确保按图施工；主体结构施工要加强隐蔽验收，确保施工质量；基坑施工方案应考虑对周边建筑的影响，要通过技术负责人的审批及专家论证；基坑施工时，应加强对周边建筑变形及应力的监测，并准备应急方案；注意相邻基坑开挖施工协调，避免开挖卸荷对已完基础结构的影响。

（2）超长、超大截面混凝土结构裂缝风险

1）风险因素分析。后浇带、诱导缝或施工缝设置不当；配合比设计不合理；浇筑、养护措施不当；不均匀沉陷。温度应力超过混凝土开裂应力。

2）风险控制要点。按设计与有关规范要求正确留设后浇带、诱导缝以及施工缝；应制定针对性的混凝土配合比设计方案；按照设计与有关规范要求进行浇筑与养护；确保地基基础的施工质量，符合设计要求；模板支撑系统应有足够的承载力和刚度，且拆模时间不能过早，应按规定执行；监测混凝土温度应力，不应大于混凝土开裂应力。

（3）超长预应力张拉断裂风险

1）风险因素分析。预应力筋断裂；锚具（或夹具）组件破坏；张拉设备故障。

2）风险控制要点。预应力筋材料选择正规的供应商，进场时除提供合格证检验报告外，还应按要求取样送检；应对外观等进行质量检查，合格后方可使用；张拉速度应均匀且不宜过快，要符合规范要求；选择原材料质量有保证的厂家产品，并应提供产品合格证和检验报告等资料；进场时应按批量取样检验，合格后方可使用；张拉设备的性能参数应满足张拉要求；张拉设备的安装应符合规范及设计要求；张拉前，应检查张拉设备是否可以正常运行。

（4）大跨钢结构屋盖坍塌风险

1）风险因素分析。地基塌陷；钢结构屋盖细部施工质量差；非预期荷载的影响；现场环境的敏感影响。

2）风险控制要点。加强地基基础工程施工质量监控，按时进行沉降观测；钢结构拼装时应采取措施消除焊接应力，控制焊接变形；项目应加强对屋盖细部连接节点部位的施工质量监控；应做好钢结构的防腐、防锈处理；设计应考虑足够的安全储备；设计应考虑温度变化对钢结构屋盖的影响。

（5）大跨钢结构屋面板被大风破坏风险

1）风险因素分析。设计忽视局部破坏后引起整个屋面的破坏；金属屋面的抗风试验工况考虑不够全面；屋面系统所用的各种材料不满足要求；咬边施工不到位，导致咬合力不够。特殊部位的机械咬口金属屋面板未采用抗风增强措施。

2）风险控制要点。设计应考虑局部表面饰物脱落或屋面局部被掀开以致整个屋面遭受风荷载破坏的情况；应进行金属屋面的抗风压试验，并考虑诸多影响因素，如当地气候、50 年或 100 年一遇的最大风力、地面地形的粗糙度、屋面高度及坡度、阵风系数、建筑物的封闭程度、建筑的体形系数、周围建筑影响、屋面边角及中心部位、设计安全系数等；屋面系统所用的各种材料（包括表面材料、基层材料、保温材料、固定件）均应满足要求；保证咬合部位施工质量较好，提高极限承载力有明显，金属屋面要采用优质机械咬口。特殊部位的机械咬口金属屋面板可采用抗风增强夹提高抗风能力。

（6）钢结构支撑架垮塌风险

1）风险因素分析。支撑架设计有缺陷；平台支撑架搭设质量不合格；钢结构安装差，控制不到位，累计差超出规范值；拆除支架方案不当。

2）风险控制要点。应选择合理的安装工序，并验算支撑架在该工况下的安全性；应对施工人员进行交底，支撑架应按照规定的工序进行安装；支撑架搭设后，项目应组织进行检查，合格后方可使用；应编制拆除方案，明确拆除顺序，并验算支撑架在该工况下的安全性；应向施工人员进行拆除方案及安全措施交底；应督查施工人员按照拆除方案拆除支架。

3. 超高层结构施工风险控制要点

（1）核心筒模架系统垮塌与坠落风险

1）风险因素分析。超高层建筑多采用核心筒先行的阶梯状流水施工方式，核心筒是其他工程施工的先导，其竖向混凝土构件施工主要采用液压自动爬升模板工程技术、整体提升钢平台模板工程技术，这两种模板工程系统装备多是将模板、支撑、脚手架以及作业平台按一体化、标准化、模块化与工具式设计、制作、安装，并利用主体结构爬升进行高空施工作业。由于施工高度高、作业空间狭小、工序多、工艺复杂且受风荷载影响大等施工环境的约束显著，因此，这些模架系统的实际应用最主要的风险是整体或是局部的垮塌与坠落，分析归纳这一风险的因素主要有以下几点：系统装备与工艺方案设计不合理；支承、架体结构选材、制作及安装不符合设计与工艺要求；操作架或作业平台施工荷载超限；同步控制装置失效；整体提（爬）升前混凝土未达到设计强度；提升或下降过程阻碍物未清除；附着支座设置不符合要求；防倾、防坠装置设置不当失效。

2）风险控制要点

① 采用液压爬升模板系统进行施工的设计制作、安装拆除、施工作业应编制专项方案，专项方案应通过专家论证；爬模装置设计应满足施工工艺要求，必须对承载螺栓、支承杆和导轨主要受力部件分别按施工、爬升和停工三种工况进行强度、刚度及稳定性计算；爬模装置应由专业生产厂家设计、制作，应进行产品制作质量检验。出厂前应进行至少两个机位的爬模装置安装试验、爬升性能试验和承载试验，并提供试验报告。

② 核心筒水平结构滞后施工时，施工单位应与设计单位共同确定施工程序及施工过程中保持结构稳定的安全技术措施；固定在墙体预留孔内的承载螺栓在垫板、螺母以外长度不应少于 3 个螺距。垫板尺寸不应小于 100mm×100mm×10mm；锥形承载接头应有可靠锚固措施，锥体螺母长度不应小于承载螺栓外径的 3 倍，预埋件和承载螺栓拧入锥体螺母的深度均不得小于承载螺栓外径的 1.5 倍。

③ 采用千斤顶的爬模装置，应均匀设置不少于10%的支承杆埋入混凝土，其余支承杆的底端埋入混凝土中的长度应大于200mm；单块大模板的重量必须满足现场起重机械要求。单块大模板可由若干标准板组拼，内外模板之间的对拉螺栓位置必须相对应；液压爬升系统的油缸、千斤顶选用的额定荷载不应小于工作荷载的2倍。支承杆的承载力应能满足千斤顶工作荷载要求。

④ 架体、提升架、支承杆、吊架、纵向连系梁等构件所用钢材应符合现行国家标准的有关规定。锥形承载接头、承载螺栓、挂钩连接座、导轨、防坠爬升器等主要受力部件，所采用钢材的规格和材质应符合设计文件要求。

⑤ 架体或提升架宜先在地面预拼装，后用起重机械吊入预定位置。架体或提升架平面必须垂直于结构平面，架体、提升架必须安装牢固；防坠爬升器内承重棘爪的摆动位置必须与油缸活塞杆的伸出与收缩协调一致，换向可靠，确保棘爪支承在导轨的梯挡上，防止架体坠落；爬升施工必须建立专门的指挥管理组织，制定管理制度，液压控制台操作人员应进行专业培训，合格后方可上岗操作，严禁其他人员操作；爬模装置爬升时，承载体受力处的混凝土强度必须大于10MPa，并应满足爬模设计要求。

⑥ 架体爬升前，必须拆除模板上的全部对拉螺栓及妨碍爬升的障碍物；清除架体上剩余材料，翻起所有安全盖板，解除相邻分段架体之间、架体与构筑物之间的连接，确认防坠爬升器处于爬升工作状态；确认下层挂钩连接座、锥体螺母或承载螺栓已拆除；检查液压设备均处于正常工作状态，承载体受力处的混凝土强度满足架体爬升要求，确认架体防倾调节支腿已退出，挂钩锁定销已拔出；架体爬升前要组织安全检查。

⑦ 架体可分段和整体同步爬升，同步爬升控制参数的设定：每段相邻机位间的升差值宜在1/200以内，整体升差值宜在50mm以内；对于千斤顶和提升架的爬模装置，提升架应整体同步爬升，提升架爬升前检查对拉螺栓、角模、钢筋、脚手板等是否有妨碍爬升的情况，清除所有障碍物；千斤顶每次爬升的行程为50～100mm，爬升过程中吊平台上应有专人观察爬升的情况，如有障碍物应及时排除并通知总指挥。

⑧ 爬模装置拆除前，必须编制拆除技术方案，明确拆除先后顺序，制定拆除安全措施，进行安全技术交底。采用油缸和架体的爬模装置，竖直方向分模板、上架体、下架体与导轨四部分拆除。采用千斤顶和提升架的爬模装置竖直方向不分段，进行整体拆除。

核心筒模架系统整体爬升钢平台模板系统风险控制要点：

① 整体钢平台装备的设计制作、安装拆除、施工作业应编制专项方案，专项方案应通过专家论证。

② 整体钢平台系统装备的设计应根据施工作业过程中的各种工况进行设计，并应具有足够的承载力、刚度、整体稳固性；整体钢平台装备结构的受弯构件、受压构件及受拉构件均应验算相应承载力与变形；整体钢平台装备筒架支撑系统、钢梁爬升系统、钢平台系统竖向支撑限位装置的搁置长度应满足设计要求，支撑牛腿应有足够的承载力；整体钢平台装备结构与混凝土结构的连接节点应验算连接强度；混凝土结构上支撑整体钢平台装备结构的部位应验算混凝土局部承压强度。

③ 整体钢平台装备钢平台系统以及吊脚手架系统周边应采用全封闭方式进行安全防护；吊脚手架底部以及支撑系统或钢梁爬升系统底部与结构墙体间应设置防坠闸板；整体钢平台装备在安装和拆除前，应根据系统构件受力特点以及分块或分段位置情况制定安装

和拆除的顺序以及方法，并应根据受力需要设置临时支撑，并应确保分块、分段部件安装和拆除过程的稳固性。

④ 钢构件制作前，应由设计人员向制作单位进行专项技术交底。制作单位应根据交底内容和加工图纸进行材料分析，并应对照构件布置图与构件详图，核定构件数量、规格及参数；制作所用材料和部件应由材料和部件供应商提供合格的质量证明文件，其品种、规格、质量指标应符合国家产品标准和订货合同条款，并应满足设计文件的要求；整体钢平台装备中，螺栓连接节点与焊接节点的承载力应根据其连接方式按现行国家标准《钢结构设计规范》GB 50017 的有关规定进行验算。

⑤ 整体钢平台装备在安装完成后，应由第三方的建设机械检测单位进行使用前的性能指标和安装质量检测，检测完成后应出具检验报告；整体钢平台装备钢平台系统、吊脚手架系统、筒架支撑系统上的设备、工具和材料放置应有具体实施方案，钢平台上应均匀堆放荷载，荷载不得超过设计要求，不得集中堆载，核心筒墙体外侧钢平台梁上不得堆载。整体钢平台装备筒架支撑系统、钢梁爬升系统竖向支撑限位装置搁置于混凝土支撑牛腿、钢结构支撑牛腿时，支撑部位混凝土结构实体抗压强度应满足设计要求，且不应小于 20MPa；整体钢平台装备钢柱爬升系统支撑于混凝土结构时，混凝土结构实体抗压强度应满足设计要求，且不应小于 15MPa。

⑥ 整体钢平台装备爬升后的施工作业阶段应全面检查吊脚手架系统、筒架支撑系统或钢梁爬升系统底部防坠闸板的封闭性，并应防止高空坠物；整体钢平台爬升作业时，隔离底部闸板应离墙 50mm，钢平台系统、吊脚手架系统、模板系统应无异物钩挂，模板手拉葫芦链条应无钩挂。

⑦ 整体钢平台装备宜设置位移传感系统、重力传感系统。施工作业应安装不少于 2 个自动风速记录仪，并应根据风速监测数据对照设计要求控制施工过程；在台风来临前，应对整体钢平台装备进行加固，遇到八级（包含八级）以上大风、大雪、大雾或雷雨等恶劣天气时，严禁进行整体钢平台装备的爬升。遇大雨、大雪、浓雾、雷电等恶劣天气时必须停止使用。

⑧ 钢筋绑扎及预埋件的埋设不得影响模板的就位及固定；起重机械吊运物件时严禁碰撞整体爬升钢平台。

⑨ 施工现场应对整体钢平台装备的安装、运行、使用、维护、拆除各个环节建立完善的安全管理体系，制定安全管理制度，明确各单位、各岗位人员职责。

(2) 核心筒外挂内爬塔吊机体失稳倾翻、坠落风险

1) 风险因素分析

超高层建筑钢结构安装多采用高空散拼安装工艺，即逐层（流水段）将钢结构框架的全部构件直接在高空设计位置拼成整体，一般在施工到一定高度后即采用塔吊高空散拼安装工艺。目前，针对超高层建筑的结构形式广泛采用钢筋混凝土循环周转的外挂支撑体系将塔吊悬挂于核心筒外壁的附着形式，在施工核心筒-钢结构外框架结构时既能随核心筒施工进度持续爬升，又避免了塔身穿过楼板等不利因素；另一方面，这种外挂内爬式塔吊施工方式，既解决了核心筒内部缺少塔吊布置空间的难题，又缩短了钢结构外框筒构件吊装半径，便于重型构件吊装。内爬外挂支撑体系的结构形式有“斜拉式”与“斜撑式”两种。由于塔吊设备自重以及吊装构件重量大，且需要利用已完核心结构外挂，悬挂系统与

爬升工艺复杂，高空作业受风荷载影响大，因此，内爬外挂塔吊系统设计、制作、安装以及塔机爬升作业过程控制不当，极易会发生塔吊的机体失稳倾翻、坠落事故。其主要风险因素包括：①悬挂系统（外挂架）结构整体与构件连接节点设计不合理；②附着预埋件设计不规范、施工偏差大；③外挂架架体构件选材、制作及安装不符合设计与工艺要求；④爬升支承系统附着区域的核心筒混凝土强度等级未达到设计要求；⑤塔吊作业时未做到两套悬挂系统协同工作。

2）风险控制要点

① 采用外挂内爬式塔吊的设计、制作、安装拆除、爬升作业等应编制专项方案，专项方案应通过有关专家论证；外挂系统应根据混凝土结构的状况、塔吊可用空间与回转半径、塔吊自重与吊装重量情况等多种因素进行设计，并合理选择下撑杆形式、上拉杆形式、上拉杆与下撑杆结合形式及局部加强技术；应配置三套悬挂系统，塔吊作业时两套悬挂系统协同作业，爬升时三套悬挂系统交替工作；悬挂系统外挂架的设计应按照选用塔吊在工作与非工作状态下的实际荷载以及不同荷载组合，着重考虑风荷载的作用，选择最不利荷载工况进行塔吊支承系统分析计算，应考虑斜撑杆单独支承爬升梁工况、斜拉索单独支承爬升梁工况以及斜撑杆和斜拉索共同作用的三种工况，以提高安全度；针对外挂架结构与主要节点的连接验算应采用大型有限元分析软件建模分析计算。

② 在塔吊最不利荷载组合下的核心筒墙体结构变形和强度应满足规范及施工要求，当不满足时应采取适当的加固措施；外挂架的各构件之间均应采用易于拆卸的高强度销轴进行单轴固定，以适应施工过程中不断的拆卸与安装；同时要对节点作受力性能分析，以验证受力计算的可靠性；预埋件应根据《混凝土结构设计规范》GB 50010 进行设计，设计时应取核心筒混凝土较低一级强度等级验算，锚筋直径大于 20 的应采用穿孔塞焊。

③ 在核心筒剪力墙钢筋绑扎过程中按照埋件定位图将塔吊附墙埋件埋入指定位置，复核埋件的平面位置及标高后将埋件与剪力墙钢筋点焊固定牢靠，埋件埋设的过程务必按图施工，避免用错埋件及埋件方向装反的情况发生；外挂架承重横梁、斜拉杆、水平支承杆等各部位零部件进场后，应按照设计图纸对其材质、数量、尺寸、外观质量等进行复检，合格后方可进行下一步架体的拼装；应按照设计图纸明确的程序安装附墙外挂架结构；先整片式安装第一、第二个支撑架，待塔吊安装后，再分片安装第三个支撑架；每道支撑框架按照横梁→次梁→斜拉杆→水平支撑的顺序依次安装。

④ 耳板竖板与埋件间焊缝为全熔透焊缝等级为一级，要求 100%探伤检查；在悬挂机构安装完成后，应由第三方的建设机械检测单位进行使用前的性能指标和安装质量检测，检测完成后应出具检验报告；塔机安装完成后，经空载调试，确认无误后即可按照塔机试吊步骤逐步完成空载、额定载荷、动载和超载试验，经检测合格后报当地技术监督和安监部门，经验收合格后投入使用。

⑤ 塔机爬升作业应执行工艺要求与规定的作业程序；确保三套悬挂系统交替工作；爬升前应将塔吊上及与塔吊相连的构件、杂物清理干净，非塔吊用电缆梳理并迁移离开塔吊，确保塔吊为独立体系，不与相邻其他结构或构件碰撞。

⑥ 爬升结束后应及时检测塔吊垂直度，如发现塔吊垂直度大于 3/1000，需要将塔吊顶起稍许，用垫块调整塔吊的垂直度，直至小于等于 3/1000 为止；其次检查塔吊底部所处的外挂支撑系统的各埋件处的混凝土是否有变形、开裂、埋件与外挂支撑系统的各连接

焊缝有无开焊、杆件有无变形等；当预知爬升当天当地风力大于6级（风速超过10.8～13.8m/s）时，应立即停止塔机爬升作业，并将塔机固定牢靠。

⑦ 塔式起重机作业时严禁超载、斜拉和起吊埋在地下等不明重量的物件；当天作业完毕，起重臂应转到顺风方向，并应松开回转制动器，起重小车及平衡重应置于非工作状态。

（3）超高层建筑钢结构桁架垮塌、坠落风险

1）风险因素分析

超高层建筑结构一方面要适应结构巨型化发展趋势，应用钢结构桁架提高结构抵抗侧向荷载的能力，如带状桁架和外伸桁架；另一方面要满足超高层建筑功能多样化的需要，应用钢结构桁架实现建筑功能转换，在其内部营造大空间，如转换桁架。钢结构桁架安装多采用支架散拼安装工艺、整体提升安装工艺以及悬臂散拼安装工艺，或是几种工艺的综合应用。其主要施工特点是构件重量大、整体性要求高、厚板焊接难度大，特别是往往位于数十米，甚至数百米高空作业，临空作业多，施工控制难度大，技术风险大。因此，钢结构桁架深化设计、制作、安装与过程控制不当，极易会发生整体或是局部垮塌、坠落事故。

其主要风险因素包括：

①深化设计、安装工艺技术路线选定不合理；②工艺流程及施工方法、措施不符合设计与施工方案；③临时支承结构设计不合理，搭设质量不合格；④提升支承结构设计不合理，安装质量不合格；⑤临时加固措施不到位，被提升结构不稳定；⑥长距离提升同步性差，提升过程晃动明显；⑦施工控制不到位。

2）风险控制要点

① 钢结构桁架深化设计应综合结构特点、受力要求、作业条件、设备性能、拟采用的安装工艺等实际情况与不利因素，满足构造、施工工艺、构件运输等有关技术要求；并应考虑与其他相关专业的衔接与施工协调。

② 当在正常使用或施工阶段因自重或其他荷载作用，发生超过设计文件或国家现行有关标准规定的变形限值，或者设计文件对主体结构提出预变形要求时，应在深化设计时对结构进行变形预调设计；节点深化设计应做到构造简单，传力明确，整体性好、安全可靠，施工方便，连接破坏不应先于被连接构件破坏；原设计应对深化设计的结构或构件分段、重要节点方案以及构件定位（平面和立面）、截面、材质及节点（断点位置、形式、连接板、螺栓等）等予以确认。

③ 安装工艺的选定应立足安全可控，综合桁架结构和构造特点、施工技术条件等综合确定，并宜采取多方案建模与工况模拟数值分析，选择具有一定安全储备，安全系数高的方案；当钢结构施工方法或施工顺序对结构的内力和变形产生影响，或设计文件有特殊要求时，应进行施工阶段结构分析，并应对施工阶段结构的强度、稳定性和刚度进行验算。施工阶段结构验算，应提交结构设计单位审核。

④ 有关临时支承（撑）结构的设计要点：当结构强度或稳定性达到极限时可能会造成主体结构整体破坏的，应设置可靠的承重支架或其他安全措施；施工阶段临时支承结构和措施应按施工状况的荷载作用，对结构进行强度、稳定性和刚度验算。对连接节点应进行强度和稳定验算；若临时支承结构作为设备承载结构时，如滑移轨道、提升牛腿等，应

作专项设计；当临时支承结构或措施对结构产生较大影响时应提交原设计单位确认。

⑤ 临时支承结构的拆除顺序和步骤应通过分析计算确定，并应编制转向施工方案，必要时应经专家论证。

⑥ 采用整体提升安装工艺的方案设计要点：被提升结构在施工阶段的受力宜与最终使用状态接近，宜选择原有结构支承点的相应位置作为提升点；提升高重心结构时，应计算被提升结构的重心位置；当抗倾覆力矩小于倾覆力矩的 1.2 倍时，应增加配重、降低重心或设置附加约束；被提升结构提升点的确定、结构的调整和支承连接构造，应有结构设单位确认；利用原有结构的竖向支承系统作为提升支承系统或其一部分的，应验算提升过程对原有结构的影响。钢结构桁架的施工应编制专项施工方案，包括施工阶段的结构分析和验算、结构预变形设计、临时支承结构或是施工措施的设计、施工工艺与工况详图等；专项方案应通过有关专家论证；钢结构制作和安装所用的材料应符合设计文件、专项施工方案以及国家现行有关标准的规定。

⑦ 有关临时支承（撑）结构施工的控制要点：临时支承（撑）结构严禁与起重设备、施工脚手架等连接；当承受重载或是跨空和悬挑支撑结构以及其他认为危险性大的重要临时支撑结构应进行预压或监测；支承（撑）结构在安装搭设过程中临时停工，应采取安全稳固措施；支承（撑）结构上的施工荷载不得超过设计允许荷载；使用过程中，严禁拆除构配件；当有六级及以上强风、浓雾、雨或雪天气时，应停止安装搭设及拆除作业。

⑧ 钢结构安装时，应分析日照、焊接等因素可能引起的构件伸缩或变形，并应采取相应措施；采用整体提升法施工时，结构上升或落位的瞬间应控制其加速度，建议控制在 $0.1g$ 以内；结构提升时应控制各提升点之间的高度偏差，使其提升过程偏差在允许范围之内。

⑨ 大跨度钢桁架施工应分析环境温度变化对结构的影响，并应根据分析结果选取适当的时间段和环境温度进行结构合拢施工；设计有要求时，应满足设计要求。

⑩ 为保证转换桁架受载后处于水平状态，应采用预变形法，即根据结构分析结果，在加工制作和安装时对转换桁架实施起拱；为保证坐落在转换层桁架上的楼层面在施工过程中始终处于水平状态则可采用预应力法和设置同步补偿装置的标高同步补偿法施工控制技术；对于外伸桁架的施工过程主要应控制附加内力，可采用与补偿法和二阶段安装法控制技术。

（4）超高层结构施工期间火灾风险

1）风险因素分析

超高层建筑由于工程体量大、施工工艺复杂、施工分包单位多、交叉作业多、施工作业层（面）临时用电设备多、易燃可燃材料多、堆放杂乱，焊接、切割等动火作业频繁，若疏于管理，则极易引发火灾，并且火灾面积蔓延迅速，人员疏散困难，消防救援设施难以达到失火点高度等一系列消防安全问题。因此，超高层建筑施工对消防安全提出了严峻的挑战，相应的消防安全技术和管理是一大难题。

其主要风险因素包括：①易燃可燃材料多，物品堆放杂乱；②施工现场临时用电设备较多，且电气线路较杂乱；③动火作业点多面光，特别是钢结构焊接点位密集；④作业面狭小，人员相对密集，疏散困难；⑤施工过程中，楼梯间、电梯井没有安装防火门；⑥施工现场缺少可靠的灭火器材，临时施工用水，供水水量、水压等都不能满足消防要求；

⑦施工现场道路不通畅，消防车无法靠近火场，外部消防无法进行有效支援。

2）风险控制要点

① 施工总平面布局应有合理的功能分区，各种建（构）筑物及临时设施之间应符合要求的防火间距。施工现场应有环形消防车道，尽端式道路应设回车场。消防车道的宽度、净高和路面承载力应能满足大型消防车的要求。

② 现场消防用水水压、水量必须能到达最高点施工作业面，施工消防必须遵守《建设工程施工现场消防安全技术规范》GB 50702 的要求，若超高层楼层较高，必须在相应楼层设置中转消防水箱，水箱容量应通过计算确定。

③ 施工需要施工用水池（箱）、水泵及输水立管，可以利用兼作消防设施。施工用水池（箱）可兼作消防水池；施工水泵可准备两台（一用一备）兼作消防水泵，应保证消防用水流量和一定的扬程；施工输水立管可兼作消防竖管，管径不应小于 100mm；建筑周围应设一定数量的室外临时消火栓，每个楼层应设室内临时消火栓、水带和水枪。在施工现场重点部位应配备一定数量的移动灭火器材。

④ 在适宜位置搭建疏散通道设施，在内外框交错施工的同时，可在外框电梯以外，搭设相互联系的施工通道，平时作为工作登高设施，特殊情况下作为人员紧急疏散通道。

⑤ 木料堆场应分组分垛堆放，组与组之间应设有消防通道；木材加工场所严禁吸烟和明火作业，刨花、锯末等易燃物品应及时清扫，并倒在指定的安全地点。

⑥ 现场焊割操作工应该持证上岗，焊割前应该向有关部门申请动火证后方可作业；焊割作业前应清除或隔离周围的可燃物；焊割作业现场必须配备灭火器材；对装过易燃、可燃液体和气体及化学危险品的容器，焊割前应彻底清除。

⑦ 油漆作业场所严禁烟火；漆料应设专门仓库存放，油漆车间与漆料仓库应分开；漆料仓库宜远离临时宿舍和有明火的场所。

⑧ 电器设备的使用不应超过线路的安全负荷，并应装有保险装置；应对电器设备进行经常性的检查，检查是否有短路、发热和绝缘损坏等情况并及时处理；当电线穿过墙壁、地板等物体时，应加瓷套管予以隔离；电器设备在使用完毕后应切断电源。

第 12 节　住房城乡建设部关于修改《建筑工程施工许可管理办法》的决定（2018 年修正）

为了加强对建筑活动的监督管理，维护建筑市场秩序，保证建筑工程的质量和安全，贯彻落实国务院深化“放管服”改革，优化营商环境的要求，住房和城乡建设部 2018 年 9 月 19 日第 4 次部常务会议审议通过决定对《建筑工程施工许可管理办法》（2014 年 6 月 25 日住房和城乡建设部令第 18 号发布，根据 2018 年 9 月 28 日住房和城乡建设部令第 42 号修正）进行修改，2018 年 9 月 28 日开始施行。主要修改内容包括：（1）删去原管理办法第四条第一款第七项；（2）将原管理办法第四条第一款第八项修改为：“建设资金已经落实。建设单位应当提供建设资金已经落实承诺书”；（3）将原管理办法第五条第一款第三项修改为：“发证机关在收到建设单位报送的《建筑工程施工许可证申请表》和所附证明文件后，对于符合条件的，应当自收到申请之日起七日内颁发施工许可证；对于证明文件不齐全或者失效的，应当当场或者五日内一次告知建设单位需要补正的全部内容，审批时间可以自证明文件补正齐全后作相应顺延；对于不符合条件的，应当自收到申请之日起七日内书面通知建设单位，并说明理由”。管理办法主要内容摘要如下：

1.在中华人民共和国境内从事各类房屋建筑及其附属设施的建造、装修装饰和与其配套的线路、管道、设备的安装，以及城镇市政基础设施工程的施工，建设单位在开工前应当依照本办法的规定，向工程所在地的县级以上地方人民政府住房城乡建设主管部门（以下简称发证机关）申请领取施工许可证。工程投资额在30万元以下或者建筑面积在300平方米以下的建筑工程，可以不申请办理施工许可证。省、自治区、直辖市人民政府住房城乡建设主管部门可以根据当地的实际情况，对限额进行调整，并报国务院住房城乡建设主管部门备案。按照国务院规定的权限和程序批准开工报告的建筑工程，不再领取施工许可证。

2.本办法规定应当申请领取施工许可证的建筑工程未取得施工许可证的，一律不得开工。任何单位和个人不得将应当申请领取施工许可证的工程项目分解为若干限额以下的工程项目，规避申请领取施工许可证。

3.建设单位申请领取施工许可证，应当具备下列条件，并提交相应的证明文件：

（1）依法应当办理用地批准手续的，已经办理该建筑工程用地批准手续。

（2）在城市、镇规划区的建筑工程，已经取得建设工程规划许可证。

（3）施工场地已经基本具备施工条件，需要征收房屋的，其进度符合施工要求。

（4）已经确定施工企业。按照规定应当招标的工程没有招标，应当公开招标的工程没有公开招标，或者肢解发包工程，以及将工程发包给不具备相应资质条件的企业的，所确定的施工企业无效。

（5）有满足施工需要的技术资料，施工图设计文件已按规定审查合格。

（6）有保证工程质量和安全的具体措施。施工企业编制的施工组织设计中有根据建筑工程特点制定的相应质量、安全技术措施。建立工程质量安全责任制并落实到人。专业性较强的工程项目编制了专项质量、安全施工组织设计，并按规定办理了工程质量、安全监督手续。

（7）建设资金已经落实。建设单位应当提供建设资金已经落实承诺书。

（8）法律、行政法规规定的其他条件。

县级以上地方人民政府住房城乡建设主管部门不得违反法律法规规定，增设办理施工许可证的其他条件。

4.申请办理施工许可证，应当按照下列程序进行：

（1）建设单位向发证机关领取《建筑工程施工许可证申请表》。

（2）建设单位持加盖单位及法定代表人印鉴的《建筑工程施工许可证申请表》，并附本办法第四条规定的证明文件，向发证机关提出申请。

（3）发证机关在收到建设单位报送的《建筑工程施工许可证申请表》和所附证明文件后，对于符合条件的，应当自收到申请之日起七日内颁发施工许可证；对于证明文件不齐全或者失效的，应当当场或者五日内一次告知建设单位需要补正的全部内容，审批时间可以自证明文件补正齐全后作相应顺延；对于不符合条件的，应当自收到申请之日起七日内书面通知建设单位，并说明理由。建筑工程在施工过程中，建设单位或者施工单位发生变更的，应当重新申请领取施工许可证。

5.建设单位申请领取施工许可证的工程名称、地点、规模，应当符合依法签订的施工承包合同。施工许可证应当放置在施工现场备查，并按规定在施工现场公开。施工许可证不得伪造和涂改。

6. 建设单位应当自领取施工许可证之日起三个月内开工。因故不能按期开工的，应当在期满前向发证机关申请延期，并说明理由；延期以两次为限，每次不超过三个月。既不开工又不申请延期或者超过延期次数、时限的，施工许可证自行废止。

7. 在建的建筑工程因故中止施工的，建设单位应当自中止施工之日起一个月内向发证机关报告，报告内容包括中止施工的时间、原因、在施部位、维修管理措施等，并按照规定做好建筑工程的维护管理工作。建筑工程恢复施工时，应当向发证机关报告；中止施工满一年的工程恢复施工前，建设单位应当报发证机关核验施工许可证。

8. 发证机关应当将办理施工许可证的依据、条件、程序、期限以及需要提交的全部材料和申请表示范文本等，在办公场所和有关网站予以公示。发证机关作出的施工许可决定，应当予以公开，公众有权查阅。发证机关应当建立颁发施工许可证后的监督检查制度，对取得施工许可证后条件发生变化、延期开工、中止施工等行为进行监督检查，发现违法违规行为及时处理。

9. 对于未取得施工许可证或者为规避办理施工许可证将工程项目分解后擅自施工的，由有管辖权的发证机关责令停止施工，限期改正，对建设单位处工程合同价款 1%以上 2%以下罚款；对施工单位处 3 万元以下罚款。

10. 建设单位采用欺骗、贿赂等不正当手段取得施工许可证的，由原发证机关撤销施工许可证，责令停止施工，并处 1 万元以上 3 万元以下罚款；构成犯罪的，依法追究刑事责任。建设单位隐瞒有关情况或者提供虚假材料申请施工许可证的，发证机关不予受理或者不予许可，并处 1 万元以上 3 万元以下罚款；构成犯罪的，依法追究刑事责任。建设单位伪造或者涂改施工许可证的，由发证机关责令停止施工，并处 1 万元以上 3 万元以下罚款；构成犯罪的，依法追究刑事责任。

11. 依照本办法规定，给予单位罚款处罚的，对单位直接负责的主管人员和其他直接责任人员处单位罚款数额 5%以上 10%以下罚款。单位及相关责任人受到处罚的，作为不良行为记录予以通报。

12. 发证机关及其工作人员，违反本办法，有下列情形之一的，由其上级行政机关或者监察机关责令改正；情节严重的，对直接负责的主管人员和其他直接责任人员，依法给予行政处分：(1) 对不符合条件的申请人准予施工许可的；(2) 对符合条件的申请人不予施工许可或者未在法定期限内作出准予许可决定的；(3) 对符合条件的申请不予受理的；(4) 利用职务上的便利，收受他人财物或者谋取其他利益的；(5) 不依法履行监督职责或者监督不力，造成严重后果的。

13. 建筑工程施工许可证由国务院住房城乡建设主管部门制定格式，由各省、自治区、直辖市人民政府住房城乡建设主管部门统一印制。施工许可证分为正本和副本，正本和副本具有同等法律效力。复印的施工许可证无效。

14. 本办法关于施工许可管理的规定适用于其他专业建筑工程。有关法律、行政法规有明确规定的，从其规定。军事房屋建筑工程施工许可的管理，按国务院、中央军事委员会制定的办法执行。

15. 省、自治区、直辖市人民政府住房城乡建设主管部门可根据本办法制定实施细则。

第13节 《建设工程质量保证金管理办法》（建质〔2017〕138号）

为规范建设工程质量保证金管理，落实工程在缺陷责任期内的维修责任，根据《中华人民共和国建筑法》《建设工程质量管理条例》《国务院办公厅关于清理规范工程建设领域保证金的通知》和《基本建设财务管理规则》等相关规定，住房和城乡建设部、财政部2017年6月20日修订发布了《建设工程质量保证金管理办法》（建质〔2017〕138号）。本修订后的条例自2017年7月1日起施行，原《建设工程质量保证金管理办法》（建质〔2016〕295号）同时废止。管理办法主要内容摘要如下：

1. 建设工程质量保证金（以下简称保证金）是指发包人与承包人在建设工程承包合同中约定，从应付的工程款中预留，用以保证承包人在缺陷责任期内对建设工程出现的缺陷进行维修的资金。缺陷是指建设工程质量不符合工程建设强制性标准、设计文件，以及承包合同的约定。缺陷责任期一般为1年，最长不超过2年，由发、承包双方在合同中约定。

2. 发包人应当在招标文件中明确保证金预留、返还等内容，并与承包人在合同条款中对涉及保证金的下列事项进行约定：（1）保证金预留、返还方式；（2）保证金预留比例、期限；（3）保证金是否计付利息，如计付利息，利息的计算方式；（4）缺陷责任期的期限及计算方式；（5）保证金预留、返还及工程维修质量、费用等争议的处理程序；（6）缺陷责任期内出现缺陷的索赔方式；（7）逾期返还保证金的违约金支付办法及违约责任。

3. 缺陷责任期内，实行国库集中支付的政府投资项目，保证金的管理应按国库集中支付的有关规定执行。其他政府投资项目，保证金可以预留在财政部门或发包方。缺陷责任期内，如发包方被撤销，保证金随交付使用资产一并移交使用单位管理，由使用单位代行发包人职责。社会投资项目采用预留保证金方式的，发、承包双方可以约定将保证金交由第三方金融机构托管。

4. 推行银行保函制度，承包人可以银行保函替代预留保证金。在工程项目竣工前，已经缴纳履约保证金的，发包人不得同时预留工程质量保证金。采用工程质量保证担保、工程质量保险等其他保证方式的，发包人不得再预留保证金。

5. 发包人应按照合同约定方式预留保证金，保证金总预留比例不得高于工程价款结算总额的3%。合同约定由承包人以银行保函替代预留保证金的，保函金额不得高于工程价款结算总额的3%。

6. 缺陷责任期从工程通过竣工验收之日起计。由于承包人原因导致工程无法按规定期限进行竣工验收的，缺陷责任期从实际通过竣工验收之日起计。由于发包人原因导致工程无法按规定期限进行竣工验收的，在承包人提交竣工验收报告90天后，工程自动进入缺陷责任期。缺陷责任期内，由承包人原因造成的缺陷，承包人应负责维修，并承担鉴定及维修费用。如承包人不维修也不承担费用，发包人可按合同约定从保证金或银行保函中扣除，费用超出保证金额的，发包人可按合同约定向承包人进行索赔。承包人维修并承担相应费用后，不免除对工程的损失赔偿责任。由他人原因造成的缺陷，发包人负责组织维修，承包人不承担费用，且发包人不得从保证金中扣除费用。缺陷责任期内，承包人认真履行合同约定的责任，到期后，承包人向发包人申请返还保证金。

7. 发包人在接到承包人返还保证金申请后，应于 14 天内会同承包人按照合同约定的内容进行核实。如无异议，发包人应当按照约定将保证金返还给承包人。对返还期限没有约定或者约定不明确的，发包人应当在核实后 14 天内将保证金返还承包人，逾期未返还的，依法承担违约责任。发包人在接到承包人返还保证金申请后 14 天内不予答复，经催告后 14 天内仍不予答复，视同认可承包人的返还保证金申请。发包人和承包人对保证金预留、返还以及工程维修质量、费用有争议的，按承包合同约定的争议和纠纷解决程序处理。

8. 建设工程实行工程总承包的，总承包单位与分包单位有关保证金的权利与义务的约定，参照本办法关于发包人与承包人相应权利与义务的约定执行。

第 14 节　《起重机械、基坑工程等五项危险性较大的分部分项工程施工安全要点》(建安办函〔2017〕12 号)

为加强房屋建筑和市政基础设施工程中起重机械、基坑工程等危险性较大的分部分项工程安全管理，有效遏制建筑施工群死群伤事故的发生，根据有关规章制度和标准规范，住房和城乡建设部安全生产管理委员会办公室组织制定了起重机械安装拆卸作业、起重机械使用、基坑工程、脚手架、模板支架等五项危险性较大的分部分项工程施工安全要点，2017 年 5 月 31 日发布（建安办函〔2017〕12 号）。

2.14.1　起重机械安装拆卸作业安全要点

1. 起重机械安装拆卸作业必须按照规定编制、审核专项施工方案，超过一定规模的要组织专家论证。

2. 起重机械安装拆卸单位必须具有相应的资质和安全生产许可证，严禁无资质、超范围从事起重机械安装拆卸作业。

3. 起重机械安装拆卸人员、起重机械司机、信号司索工必须取得建筑施工特种作业人员操作资格证书。

4. 起重机械安装拆卸作业前，安装拆卸单位应当按照要求办理安装拆卸告知手续。

5. 起重机械安装拆卸作业前，应当向现场管理人员和作业人员进行安全技术交底。

6. 起重机械安装拆卸作业要严格按照专项施工方案组织实施，相关管理人员必须在现场监督，发现不按照专项施工方案施工的，应当要求立即整改。

7. 起重机械的顶升、附着作业必须由具有相应资质的安装单位严格按照专项施工方案实施。

8. 遇大风、大雾、大雨、大雪等恶劣天气，严禁起重机械安装、拆卸和顶升作业。

9. 塔式起重机顶升前，应将回转下支座与顶升套架可靠连接，并应进行配平。顶升过程中，应确保平衡，不得进行起升、回转、变幅等操作。顶升结束后，应将标准节与回转下支座可靠连接。

10. 起重机械加节后需进行附着的，应按照先装附着装置、后顶升加节的顺序进行。附着装置必须符合标准规范要求。拆卸作业时应先降节，后拆除附着装置。

11. 辅助起重机械的起重性能必须满足吊装要求，安全装置必须齐全有效，吊索具必须安全可靠，场地必须符合作业要求。

12. 起重机械安装完毕及附着作业后，应当按规定进行自检、检验和验收，验收合格后方可投入使用。

2.14.2 起重机械使用安全要点

1.起重机械使用单位必须建立机械设备管理制度，并配备专职设备管理人员。

2.起重机械安装验收合格后应当办理使用登记，在机械设备活动范围内设置明显的安全警示标志。

3.起重机械司机、信号司索工必须取得建筑施工特种作业人员操作资格证书。

4.起重机械使用前，应当向作业人员进行安全技术交底。

5.起重机械操作人员必须严格遵守起重机械安全操作规程和标准规范要求，严禁违章指挥、违规作业。

6.遇大风、大雾、大雨、大雪等恶劣天气，不得使用起重机械。

7.起重机械应当按规定进行维修、维护和保养，设备管理人员应当按规定对机械设备进行检查，发现隐患及时整改。

8.起重机械的安全装置、连接螺栓必须齐全有效，结构件不得开焊和开裂，连接件不得严重磨损和塑性变形，零部件不得达到报废标准。

9.两台以上塔式起重机在同一现场交叉作业时，应当制定塔式起重机防碰撞措施。任意两台塔式起重机之间的最小架设距离应符合规范要求。

10.塔式起重机使用时，起重臂和吊物下方严禁有人员停留。物件吊运时，严禁从人员上方通过。

2.14.3 基坑工程施工安全要点

1.基坑工程必须按照规定编制、审核专项施工方案，超过一定规模的深基坑工程要组织专家论证。基坑支护必须进行专项设计。

2.基坑工程施工企业必须具有相应的资质和安全生产许可证，严禁无资质、超范围从事基坑工程施工。

3.基坑施工前，应当向现场管理人员和作业人员进行安全技术交底。

4.基坑施工要严格按照专项施工方案组织实施，相关管理人员必须在现场进行监督，发现不按照专项施工方案施工的，应当要求立即整改。

5.基坑施工必须采取有效措施，保护基坑主要影响区范围内的建（构）筑物和地下管线安全。

6.基坑周边施工材料、设施或车辆荷载严禁超过设计要求的地面荷载限值。

7.基坑周边应按要求采取临边防护措施，设置作业人员上下专用通道。

8.基坑施工必须采取基坑内外地表水和地下水控制措施，防止出现积水和漏水漏沙。汛期施工，应当对施工现场排水系统进行检查和维护，保证排水畅通。

9.基坑施工必须做到先支护后开挖，严禁超挖，及时回填。采取支撑的支护结构未达到拆除条件时严禁拆除支撑。

10.基坑工程必须按照规定实施施工监测和第三方监测，指定专人对基坑周边进行巡视，出现危险征兆时应当立即报警。

2.14.4 脚手架施工安全要点

1.脚手架工程必须按照规定编制、审核专项施工方案，超过一定规模的要组织专家论证。

2. 脚手架搭设、拆除单位必须具有相应的资质和安全生产许可证，严禁无资质从事脚手架搭设、拆除作业。

3. 脚手架搭设、拆除人员必须取得建筑施工特种作业人员操作资格证书。

4. 脚手架搭设、拆除前，应当向现场管理人员和作业人员进行安全技术交底。

5. 脚手架材料进场使用前，必须按规定进行验收，未经验收或验收不合格的严禁使用。

6. 脚手架搭设、拆除要严格按照专项施工方案组织实施，相关管理人员必须在现场进行监督，发现不按照专项施工方案施工的，应当要求立即整改。

7. 脚手架外侧以及悬挑式脚手架、附着升降脚手架底层应当封闭严密。

8. 脚手架必须按专项施工方案设置剪刀撑和连墙件。落地式脚手架搭设场地必须平整坚实。严禁在脚手架上超载堆放材料，严禁将模板支架、缆风绳、泵送混凝土和砂浆的输送管等固定在架体上。

9. 脚手架搭设必须分阶段组织验收，验收合格的，方可投入使用。

10. 脚手架拆除必须由上而下逐层进行，严禁上下同时作业。连墙件应当随脚手架逐层拆除，严禁先将连墙件整层或数层拆除后再拆脚手架。

2.14.5　模板支架施工安全要点

1. 模板支架工程必须按照规定编制、审核专项施工方案，超过一定规模的要组织专家论证。

2. 模板支架搭设、拆除单位必须具有相应的资质和安全生产许可证，严禁无资质从事模板支架搭设、拆除作业。

3. 模板支架搭设、拆除人员必须取得建筑施工特种作业人员操作资格证书。

4. 模板支架搭设、拆除前，应当向现场管理人员和作业人员进行安全技术交底。

5. 模板支架材料进场验收前，必须按规定进行验收，未经验收或验收不合格的严禁使用。

6. 模板支架搭设、拆除要严格按照专项施工方案组织实施，相关管理人员必须在现场进行监督，发现不按照专项施工方案施工的，应当要求立即整改。

7. 模板支架搭设场地必须平整坚实。必须按专项施工方案设置纵横向水平杆、扫地杆和剪刀撑；立杆顶部自由端高度、顶托螺杆伸出长度严禁超出专项施工方案要求。

8. 模板支架搭设完毕应当组织验收，验收合格的，方可铺设模板。

9. 混凝土浇筑时，必须按照专项施工方案规定的顺序进行，应当指定专人对模板支架进行监测，发现架体存在坍塌风险时应当立即组织作业人员撤离现场。

10. 混凝土强度必须达到规范要求，并经监理单位确认后方可拆除模板支架。模板支架拆除应从上而下逐层进行。

第 15 节　《生产安全事故应急条例》（国务院令第 708 号）

为了规范生产安全事故应急工作，保障人民群众生命和财产安全，根据《中华人民共和国安全生产法》和《中华人民共和国突发事件应对法》，2018 年 12 月 5 日国务院第 33 次常务会议通过《生产安全事故应急条例》（国务院令第 708 号），自 2019 年 4 月 1 日起施行。本条例适用于生产安全事故应急工作；法律、行政法规另有规定的，适用其规定。

1. 国务院统一领导全国的生产安全事故应急工作，县级以上地方人民政府统一领导本行政区域内的生产安全事故应急工作。生产安全事故应急工作涉及两个以上行政区域的，由有关行政区域共同的上一级人民政府负责，或者由各有关行政区域的上一级人民政府共同负责。县级以上人民政府应急管理部门和其他对有关行业、领域的安全生产工作实施监督管理的部门（以下统称负有安全生产监督管理职责的部门）在各自职责范围内，做好有关行业、领域的生产安全事故应急工作。县级以上人民政府应急管理部门指导、协调本级人民政府其他负有安全生产监督管理职责的部门和下级人民政府的生产安全事故应急工作。乡、镇人民政府以及街道办事处等地方人民政府派出机关应当协助上级人民政府有关部门依法履行生产安全事故应急工作职责。

2. 生产经营单位应当加强生产安全事故应急工作，建立、健全生产安全事故应急工作责任制，其主要负责人对本单位的生产安全事故应急工作全面负责。

3. 县级以上人民政府及其负有安全生产监督管理职责的部门和乡、镇人民政府以及街道办事处等地方人民政府派出机关，应当针对可能发生的生产安全事故的特点和危害，进行风险辨识和评估，制定相应的生产安全事故应急救援预案，并依法向社会公布。生产经营单位应当针对本单位可能发生的生产安全事故的特点和危害，进行风险辨识和评估，制定相应的生产安全事故应急救援预案，并向本单位从业人员公布。

4. 生产安全事故应急救援预案应当符合有关法律、法规、规章和标准的规定，具有科学性、针对性和可操作性，明确规定应急组织体系、职责分工以及应急救援程序和措施。有下列情形之一的，生产安全事故应急救援预案制定单位应当及时修订相关预案：（1）制定预案所依据的法律、法规、规章、标准发生重大变化；（2）应急指挥机构及其职责发生调整；（3）安全生产面临的风险发生重大变化；（4）重要应急资源发生重大变化；（5）在预案演练或者应急救援中发现需要修订预案的重大问题；（6）其他应当修订的情形。

5. 县级以上人民政府负有安全生产监督管理职责的部门应当将其制定的生产安全事故应急救援预案报送本级人民政府备案；易燃易爆物品、危险化学品等危险物品的生产、经营、储存、运输单位，矿山、金属冶炼、城市轨道交通运营、建筑施工单位，以及宾馆、商场、娱乐场所、旅游景区等人员密集场所经营单位，应当将其制定的生产安全事故应急救援预案按照国家有关规定报送县级以上人民政府负有安全生产监督管理职责的部门备案，并依法向社会公布。

6. 县级以上地方人民政府以及县级以上人民政府负有安全生产监督管理职责的部门，乡、镇人民政府以及街道办事处等地方人民政府派出机关，应当至少每 2 年组织 1 次生产安全事故应急救援预案演练。易燃易爆物品、危险化学品等危险物品的生产、经营、储存、运输单位，矿山、金属冶炼、城市轨道交通运营、建筑施工单位，以及宾馆、商场、娱乐场所、旅游景区等人员密集场所经营单位，应当至少每半年组织 1 次生产安全事故应急救援预案演练，并将演练情况报送所在地县级以上地方人民政府负有安全生产监督管理职责的部门。县级以上地方人民政府负有安全生产监督管理职责的部门应当对本行政区域内前款规定的重点生产经营单位的生产安全事故应急救援预案演练进行抽查；发现演练不符合要求的，应当责令限期改正。

7. 县级以上人民政府应当加强对生产安全事故应急救援队伍建设的统一规划、组织和指导。县级以上人民政府负有安全生产监督管理职责的部门根据生产安全事故应急工作的实际需要，在重点行业、领域单独建立或者依托有条件的生产经营单位、社会组织共同建立应急救援队伍。国家鼓励和支持生产经营单位和其他社会力量建立提供社会化应急救援服务的应急救援队伍。

8. 易燃易爆物品、危险化学品等危险物品的生产、经营、储存、运输单位，矿山、金属冶炼、城市轨道交通运营、建筑施工单位，以及宾馆、商场、娱乐场所、旅游景区等人员密集场所经营单位，应当建立应急救援队伍；其中，小型企业或者微型企业等规模较小的生产经营单位，可以不建立应急救援队伍，但应当指定兼职的应急救援人员，并且可以与邻近的应急救援队伍签订应急救援协议。工业园区、开发区等产业聚集区域内的生产经营单位，可以联合建立应急救援队伍。

9. 应急救援队伍的应急救援人员应当具备必要的专业知识、技能、身体素质和心理素质。应急救援队伍建立单位或者兼职应急救援人员所在单位应当按照国家有关规定对应急救援人员进行培训；应急救援人员经培训合格后，方可参加应急救援工作。应急救援队伍应当配备必要的应急救援装备和物资，并定期组织训练。

10. 生产经营单位应当及时将本单位应急救援队伍建立情况按照国家有关规定报送县级以上人民政府负有安全生产监督管理职责的部门，并依法向社会公布。县级以上人民政府负有安全生产监督管理职责的部门应当定期将本行业、本领域的应急救援队伍建立情况报送本级人民政府，并依法向社会公布。

11. 县级以上地方人民政府应当根据本行政区域内可能发生的生产安全事故的特点和危害，储备必要的应急救援装备和物资，并及时更新和补充。易燃易爆物品、危险化学品等危险物品的生产、经营、储存、运输单位，矿山、金属冶炼、城市轨道交通运营、建筑施工单位，以及宾馆、商场、娱乐场所、旅游景区等人员密集场所经营单位，应当根据本单位可能发生的生产安全事故的特点和危害，配备必要的灭火、排水、通风以及危险物品稀释、掩埋、收集等应急救援器材、设备和物资，并进行经常性维护、保养，保证正常运转。

12. 下列单位应当建立应急值班制度，配备应急值班人员：（1）县级以上人民政府及其负有安全生产监督管理职责的部门；（2）危险物品的生产、经营、储存、运输单位以及矿山、金属冶炼、城市轨道交通运营、建筑施工单位；（3）应急救援队伍。规模较大、危险性较高的易燃易爆物品、危险化学品等危险物品的生产、经营、储存、运输单位应当成立应急处置技术组，实行 24 小时应急值班。

13. 生产经营单位应当对从业人员进行应急教育和培训，保证从业人员具备必要的应急知识，掌握风险防范技能和事故应急措施。

14. 国务院负有安全生产监督管理职责的部门应当按照国家有关规定建立生产安全事故应急救援信息系统，并采取有效措施，实现数据互联互通、信息共享。生产经营单位可以通过生产安全事故应急救援信息系统办理生产安全事故应急救援预案备案手续，报送应急救援预案演练情况和应急救援队伍建设情况；但依法需要保密的除外。

15. 发生生产安全事故后，生产经营单位应当立即启动生产安全事故应急救援预案，采取下列一项或者多项应急救援措施，并按照国家有关规定报告事故情况：（1）迅速控制危险源，组织抢救遇险人员；（2）根据事故危害程度，组织现场人员撤离或者采取可能的应急措施后撤离；（3）及时通知可能受到事故影响的单位和人员；（4）采取必要措施，防止事故危害扩大和次生、衍生灾害发生；（5）根据需要请求邻近的应急救援队伍参加救援，并向参加救援的应急救援队伍提供相关技术资料、信息和处置方法；（6）维护事故现场秩序，保护事故现场和相关证据；（7）法律、法规规定的其他应急救援措施。

16.有关地方人民政府及其部门接到生产安全事故报告后，应当按照国家有关规定上报事故情况，启动相应的生产安全事故应急救援预案，并按照应急救援预案的规定采取下列一项或者多项应急救援措施：（1）组织抢救遇险人员，救治受伤人员，研判事故发展趋势以及可能造成的危害；（2）通知可能受到事故影响的单位和人员，隔离事故现场，划定警戒区域，疏散受到威胁的人员，实施交通管制；（3）采取必要措施，防止事故危害扩大和次生、衍生灾害发生，避免或者减少事故对环境造成的危害；（4）依法发布调用和征用应急资源的决定；（5）依法向应急救援队伍下达救援命令；（6）维护事故现场秩序，组织安抚遇险人员和遇险遇难人员亲属；（7）依法发布有关事故情况和应急救援工作的信息；（8）法律、法规规定的其他应急救援措施。有关地方人民政府不能有效控制生产安全事故的，应当及时向上级人民政府报告。上级人民政府应当及时采取措施，统一指挥应急救援。

17.应急救援队伍接到有关人民政府及其部门的救援命令或者签有应急救援协议的生产经营单位的救援请求后，应当立即参加生产安全事故应急救援。应急救援队伍根据救援命令参加生产安全事故应急救援所耗费用，由事故责任单位承担；事故责任单位无力承担的，由有关人民政府协调解决。

18.发生生产安全事故后，有关人民政府认为有必要的，可以设立由本级人民政府及其有关部门负责人、应急救援专家、应急救援队伍负责人、事故发生单位负责人等人员组成的应急救援现场指挥部，并指定现场指挥部总指挥。现场指挥部实行总指挥负责制，按照本级人民政府的授权组织制定并实施生产安全事故现场应急救援方案，协调、指挥有关单位和个人参加现场应急救援。参加生产安全事故现场应急救援的单位和个人应当服从现场指挥部的统一指挥。

19.在生产安全事故应急救援过程中，发现可能直接危及应急救援人员生命安全的紧急情况时，现场指挥部或者统一指挥应急救援的人民政府应当立即采取相应措施消除隐患，降低或者化解风险，必要时可以暂时撤离应急救援人员。生产安全事故发生地人民政府应当为应急救援人员提供必需的后勤保障，并组织通信、交通运输、医疗卫生、气象、水文、地质、电力、供水等单位协助应急救援。

20.现场指挥部或者统一指挥生产安全事故应急救援的人民政府及其有关部门应当完整、准确地记录应急救援的重要事项，妥善保存相关原始资料和证据。生产安全事故的威胁和危害得到控制或者消除后，有关人民政府应当决定停止执行依照本条例和有关法律、法规采取的全部或者部分应急救援措施。

21.有关人民政府及其部门根据生产安全事故应急救援需要依法调用和征用的财产，在使用完毕或者应急救援结束后，应当及时归还。财产被调用、征用或者调用、征用后毁损、灭失的，有关人民政府及其部门应当按照国家有关规定给予补偿。

22.按照国家有关规定成立的生产安全事故调查组应当对应急救援工作进行评估，并在事故调查报告中作出评估结论。县级以上地方人民政府应当按照国家有关规定，对在生产安全事故应急救援中伤亡的人员及时给予救治和抚恤；符合烈士评定条件的，按照国家有关规定评定为烈士。

23.地方各级人民政府和街道办事处等地方人民政府派出机关以及县级以上人民政府有关部门违反本条例规定的，由其上级行政机关责令改正；情节严重的，对直接负责的主管人员和其他直接责任人员依法给予处分。生产经营单位未制定生产安全事故应急救援预案、未定期组织应急救援预案演练、未对从业人员进行应急教育和培训，生产经营单位的主要负责人在本单位发生生产安全事故时不立即组织抢救的，由县级以上人民政府负有安全生产监督管理职责的部门依照《中华人民共和国安全生产法》有关规定追究法律责任。

24.生产经营单位未对应急救援器材、设备和物资进行经常性维护、保养，导致发生严重生产安全事故或者生产安全事故危害扩大，或者在本单位发生生产安全事故后未立即采取相应的应急救援措施，造成严重后果的，由县级以上人民政府负有安全生产监督管理职责的部门依照《中华人民共和国突发事件应对法》有关规定追究法律责任。

25.生产经营单位未将生产安全事故应急救援预案报送备案、未建立应急值班制度或者配备应急值班人员的，由县级以上人民政府负有安全生产监督管理职责的部门责令限期改正；逾期未改正的，处 3 万元以上 5 万元以下的罚款，对直接负责的主管人员和其他直接责任人员处 1 万元以上 2 万元以下的罚款。

26.违反本条例规定，构成违反治安管理行为的，由公安机关依法给予处罚；构成犯罪的，依法追究刑事责任。

第 16 节　《中华人民共和国大气污染防治法》(2018 修正) 中关于扬尘污染防治的相关规定

为保护和改善环境，防治大气污染，保障公众健康，推进生态文明建设，促进经济社会可持续发展，1987 年 9 月 5 日第六届全国人民代表大会常务委员会第二十二次会议通过《中华人民共和国大气污染防治法》，根据 1995 年 8 月 29 日第八届全国人民代表大会常务委员会第十五次会议第一次修正，根据 2018 年 10 月 26 日第十三届全国人民代表大会常务委员会第六次会议第二次修正。现就该法中关于扬尘污染防治的相关规定摘要如下：

1.地方各级人民政府应当加强对建设施工和运输的管理，保持道路清洁，控制料堆和渣土堆放，扩大绿地、水面、湿地和地面铺装面积，防治扬尘污染。住房和城乡建设部、市容环境卫生、交通运输、国土资源等有关部门，应当根据本级人民政府确定的职责，做好扬尘污染防治工作。

2.建设单位应当将防治扬尘污染的费用列入工程造价，并在施工承包合同中明确施工单位扬尘污染防治责任。施工单位应当制定具体的施工扬尘污染防治实施方案。从事房屋建筑、市政基础设施建设、河道整治以及建筑物拆除等施工单位，应当向负责监督管理扬尘污染防治的主管部门备案。施工单位应当在施工工地设置硬质围挡，并采取覆盖、分段作业、择时施工、洒水抑尘、冲洗地面和车辆等有效防尘降尘措施。建筑土方、工程渣土、建筑垃圾应当及时清运；在场地内堆存的，应当采用密闭式防尘网遮盖。工程渣土、建筑垃圾应当进行资源化处理。施工单位应当在施工工地公示扬尘污染防治措施、负责人、扬尘监督管理主管部门等信息。暂时不能开工的建设用地，建设单位应当对裸露地面进行覆盖；超过三个月的，应当进行绿化、铺装或者遮盖。

3.运输煤炭、垃圾、渣土、砂石、土方、灰浆等散装、流体物料的车辆应当采取密闭或者其他措施防止物料遗撒造成扬尘污染，并按照规定路线行驶。装卸物料应当采取密闭或者喷淋等方式防治扬尘污染。城市人民政府应当加强道路、广场、停车场和其他公共场所的清扫保洁管理，推行清洁动力机械化清扫等低尘作业方式，防治扬尘污染。

4.市政河道以及河道沿线、公共用地的裸露地面以及其他城镇裸露地面，有关部门应当按照规划组织实施绿化或者透水铺装。

5.贮存煤炭、煤矸石、煤渣、煤灰、水泥、石灰、石膏、砂土等易产生扬尘的物料应当密闭；不能密闭的，应当设置不低于堆放物高度的严密围挡，并采取有效覆盖措施防治扬尘污染。码头、矿山、填埋场和消纳场应当实施分区作业，并采取有效措施防治扬尘污染。

6.违反本法规定，施工单位有下列行为之一的，由县级以上人民政府住房城乡建设等主管部门按照职责责令改正，处一万元以上十万元以下的罚款；拒不改正的，责令停工整治：（1）施工工地未设置硬质围挡，或者未采取覆盖、分段作业、择时施工、洒水抑尘、冲洗地面和车辆等有效防尘降尘措施的；（2）建筑土方、工程渣土、建筑垃圾未及时清运，或者未采用密闭式防尘网遮盖的。

7.违反本法规定，建设单位未对暂时不能开工的建设用地的裸露地面进行覆盖，或者未对超过三个月不能开工的建设用地的裸露地面进行绿化、铺装或者遮盖的，由县级以上人民政府住房城乡建设等主管部门依照前款规定予以处罚。

第17节 《中华人民共和国环境噪声污染防治法》（2018修正）中关于建筑施工噪声污染防治的相关规定

为防治环境噪声污染，保护和改善生活环境，保障人体健康，促进经济和社会发展，1996年10月29日第八届全国人民代表大会常务委员会第二十二次会议通过《中华人民共和国环境噪声污染防治法》，根据2018年12月29日第十三届全国人民代表大会常务委员会第七次会议修正。现就该法中关于建筑施工噪声污染防治的相关规定摘要如下：

1.建筑施工噪声，是指在建筑施工过程中产生的干扰周围生活环境的声音。

2.在城市市区范围内向周围生活环境排放建筑施工噪声的，应当符合国家规定的建筑施工场界环境噪声排放标准。

3.在城市市区范围内，建筑施工过程中使用机械设备，可能产生环境噪声污染的，施工单位必须在工程开工十五日以前向工程所在地县级以上地方人民政府生态环境主管部门申报该工程的项目名称、施工场所和期限、可能产生的环境噪声值以及所采取的环境噪声污染防治措施的情况。

4.在城市市区噪声敏感建筑物集中区域内，禁止夜间进行产生环境噪声污染的建筑施工作业，但抢修、抢险作业和因生产工艺上要求或者特殊需要必须连续作业的除外。因特殊需要必须连续作业的，必须有县级以上人民政府或者其有关主管部门的证明。前款规定的夜间作业，必须公告附近居民。建筑施工单位违反本法规定的，在城市市区噪声敏感建筑物集中区域内，夜间进行禁止进行的产生环境噪声污染的建筑施工作业的，由工程所在地县级以上地方人民政府生态环境主管部门责令改正，可以并处罚款。

第 18 节　《工程质量安全手册（试行）》（建质〔2018〕95 号）

为深入开展工程质量安全提升行动，完善企业质量安全管理体系，规范企业质量安全行为，落实企业主体责任，提高质量安全管理水平，保证工程质量安全，提高人民群众满意度，推动建筑业高质量发展，2018 年 9 月 21 日住房和城乡部建设制定并发布了《工程质量安全手册（试行）》（建质〔2018〕95 号），适用于房屋建筑和市政基础设施工程。住房和城乡建设部要求各地住房城乡建设主管部门可在工程质量安全手册的基础上，结合本地实际，细化有关要求，制定简洁明了、要求明确的实施细则。要督促工程建设各方主体认真执行工程质量安全手册，将工程质量安全要求落实到每个项目、每个员工，落实到工程建设全过程。要以执行工程质量安全手册为切入点，开展质量安全“双随机、一公开”检查，对执行情况良好的企业和项目给予评优评先等政策支持，对不执行或执行不力的企业和个人依法依规严肃查处并曝光。

2.18.1　行为准则

1. 基本要求

（1）建设、勘察、设计、施工、监理、检测等单位依法对工程质量安全负责。

（2）勘察、设计、施工、监理、检测等单位应当依法取得资质证书，并在其资质等级许可的范围内从事建设工程活动。施工单位应当取得安全生产许可证。

（3）建设、勘察、设计、施工、监理等单位的法定代表人应当签署授权委托书，明确各自工程项目负责人。项目负责人应当签署工程质量终身责任承诺书。法定代表人和项目负责人在工程设计使用年限内对工程质量承担相应责任。

（4）从事工程建设活动的专业技术人员应当在注册许可范围和聘用单位业务范围内从业，对签署技术文件的真实性和准确性负责，依法承担质量安全责任。

（5）施工企业主要负责人、项目负责人及专职安全生产管理人员（以下简称“安管人员”）应当取得安全生产考核合格证书。

（6）工程一线作业人员应当按照相关行业职业标准和规定经培训考核合格，特种作业人员应当取得特种作业操作资格证书。工程建设有关单位应当建立健全一线作业人员的职业教育、培训制度，定期开展职业技能培训。

（7）建设、勘察、设计、施工、监理、监测等单位应当建立完善危险性较大的分部分项工程管理责任制，落实安全管理责任，严格按照相关规定实施危险性较大的分部分项工程清单管理、专项施工方案编制及论证、现场安全管理等制度。

（8）建设、勘察、设计、施工、监理等单位法定代表人和项目负责人应当加强工程项目安全生产管理，依法对安全生产事故和隐患承担相应责任。

（9）工程完工后，建设单位应当组织勘察、设计、施工、监理等有关单位进行竣工验收。工程竣工验收合格，方可交付使用。

2. 参建单位质量行为要求

（1）建设单位

1）按规定办理工程质量监督手续；2）不得肢解发包工程；3）不得任意压缩合理工期；4）按规定委托具有相应资质的检测单位进行检测工作；5）对施工图设计文件报审图机构审查，审查合格方可使用；6）对有重大修改、变动的施工图设计文件应当重新进行报审，审查合格方可使用；7）提供给监理单位、施工单位经审查合格的施工图纸；8）组织图纸会审、设计交底工作；9）按合同约定由建设单位采购的建筑材料、建筑构配件和设备的质量应符合要求；10）不得指定应由承包单位采购的建筑材料、建筑构配件和设备，或者指定生产厂、供应商；11）按合同约定及时支付工程款。

（2）勘察、设计单位

1）在工程施工前，就审查合格的施工图设计文件向施工单位和监理单位作出详细说明；2）及时解决施工中发现的勘察、设计问题，参与工程质量事故调查分析，并对因勘察、设计原因造成的质量事故提出相应的技术处理方案；3）按规定参与施工验槽。

（3）施工单位

1）不得违法分包、转包工程；2）项目经理资格符合要求，并到岗履职；3）设置项目质量管理机构，配备质量管理人员；4）编制并实施施工组织设计；5）编制并实施施工方案；6）按规定进行技术交底；7）配备齐全该项目涉及的设计图集、施工规范及相关标准；8）由建设单位委托见证取样检测的建筑材料、建筑构配件和设备等，未经监理单位见证取样并经检验合格的，不得擅自使用；9）按规定由施工单位负责进行进场检验的建筑材料、建筑构配件和设备，应报监理单位审查，未经监理单位审查合格的不得擅自使用；10）严格按审查合格的施工图设计文件进行施工，不得擅自修改设计文件；11）严格按施工技术标准进行施工；12）做好各类施工记录，实时记录施工过程质量管理的内容；13）按规定做好隐蔽工程质量检查和记录；14）按规定做好检验批、分项工程、分部工程的质量报验工作；15）按规定及时处理质量问题和质量事故，做好记录；16）实施样板引路制度，设置实体样板和工序样板；17）按规定处置不合格试验报告。

（4）监理单位

1）总监理工程师资格应符合要求，并到岗履职；2）配备足够的具备资格的监理人员，并到岗履职；3）编制并实施监理规划；4）编制并实施监理实施细则；5）对施工组织设计、施工方案进行审查；6）对建筑材料、建筑构配件和设备投入使用或安装前进行审查；7）对分包单位的资质进行审核；8）对重点部位、关键工序实施旁站监理，做好旁站记录；9）对施工质量进行巡查，做好巡查记录；10）对施工质量进行平行检验，做好平行检验记录；11）对隐蔽工程进行验收；12）对检验批工程进行验收；13）对分项、分部（子分部）工程按规定进行质量验收；14）签发质量问题通知单，复查质量问题整改结果。

（5）检测单位

1）不得转包检测业务；2）不得涂改、倒卖、出租、出借或者以其他形式非法转让资质证书；3）不得推荐或者监制建筑材料、构配件和设备；4）不得与行政机关，法律、法规授权的具有管理公共事务职能的组织以及所检测工程项目相关的设计单位、施工单位、监理单位有隶属关系或者其他利害关系；5）应当按照国家有关工程建设强制性标准进行检测；6）应当对检测数据和检测报告的真实性和准确性负责；7）应当将检测过程中发现的建设单位、监理单位、施工单位违反有关法律、法规和工程建设强制性标准的情况，以及涉及结构安全检测结果的不合格情况，及时报告工程所在地住房城乡建设主管部门；8）应当单独建立检测结果不合格项目台账；9）应当建立档案管理制度。检测合同、委托单、原始记录、检测报告应当按年度统一编号，编号应当连续，不得随意抽撤、涂改。

3. 参建单位安全行为要求

（1）建设单位

1）按规定办理施工安全监督手续；2）与参建各方签订的合同中应当明确安全责任，并加强履约管理；3）按规定将委托的监理单位、监理的内容及监理权限书面通知被监理的建筑施工企业；4）在组织编制工程概算时，按规定单独列支安全生产措施费用，并按规定及时向施工单位支付；5）在开工前按规定向施工单位提供施工现场及毗邻区域内相关资料，并保证资料的真实、准确、完整。

（2）勘察、设计单位

1）勘察单位按规定进行勘察，提供的勘察文件应当真实、准确；2）勘察单位按规定在勘察文件中说明地质条件可能造成的工程风险；3）设计单位应当按照法律法规和工程建设强制性标准进行设计，防止因设计不合理导致生产安全事故的发生；4）设计单位应当按规定在设计文件中注明施工安全的重点部位和环节，并对防范生产安全事故提出指导意见；5）设计单位应当按规定在设计文件中提出特殊情况下保障施工作业人员安全和预防生产安全事故的措施建议。

（3）施工单位

1）设立安全生产管理机构，按规定配备专职安全生产管理人员；2）项目负责人、专职安全生产管理人员与办理施工安全监督手续资料一致；3）建立健全安全生产责任制度，并按要求进行考核；4）按规定对从业人员进行安全生产教育和培训；5）实施施工总承包的，总承包单位应当与分包单位签订安全生产协议书，明确各自的安全生产职责并加强履约管理；6）按规定为作业人员提供劳动防护用品；7）在有较大危险因素的场所和有关设施、设备上，设置明显的安全警示标志；8）按规定提取和使用安全生产费用；9）按规定建立健全生产安全事故隐患排查治理制度；10）按规定执行建筑施工企业负责人及项目负责人施工现场带班制度；11）按规定制定生产安全事故应急救援预案，并定期组织演练；12）按规定及时、如实报告生产安全事故。

（4）监理单位

1）按规定编制监理规划和监理实施细则；2）按规定审查施工组织设计中的安全技术措施或者专项施工方案；3）按规定审核各相关单位资质、安全生产许可证、“安管人员”安全生产考核合格证书和特种作业人员操作资格证书并做好记录；4）按规定对现场实施安全监理，发现安全事故隐患严重且施工单位拒不整改或者不停止施工的，应及时向政府主管部门报告。

（5）监测单位。

1）按规定编制监测方案并进行审核；2）按照监测方案开展监测。

2.18.2　工程实体质量控制

1. 地基基础工程

（1）按照设计和规范要求进行基槽验收。

（2）按照设计和规范要求进行轻型动力触探。

（3）地基强度或承载力检验结果符合设计要求。

（4）复合地基的承载力检验结果符合设计要求。

（5）桩基础承载力检验结果符合设计要求。

(6) 对于不满足设计要求的地基，应有经设计单位确认的地基处理方案，并有处理记录。

(7) 填方工程的施工应满足设计和规范要求。

2. 钢筋工程

(1) 确定细部做法并在技术交底中明确。

(2) 清除钢筋上的污染物和施工缝处的浮浆。

(3) 对预留钢筋进行纠偏。

(4) 钢筋加工符合设计和规范要求。

(5) 钢筋的牌号、规格和数量符合设计和规范要求。

(6) 钢筋的安装位置符合设计和规范要求。

(7) 保证钢筋位置的措施到位。

(8) 钢筋连接符合设计和规范要求。

(9) 钢筋锚固符合设计和规范要求。

(10) 箍筋、拉筋弯钩符合设计和规范要求。

(11) 悬挑梁、板的钢筋绑扎符合设计和规范要求。

(12) 后浇带预留钢筋的绑扎符合设计和规范要求。

(13) 钢筋保护层厚度符合设计和规范要求。

3. 混凝土工程

(1) 模板板面应清理干净并涂刷脱模剂。

(2) 模板板面的平整度符合要求。

(3) 模板的各连接部位应连接紧密。

(4) 竹木模板面不得翘曲、变形、破损。

(5) 框架梁的支模顺序不得影响梁筋绑扎。

(6) 楼板支撑体系的设计应考虑各种工况的受力情况。

(7) 楼板后浇带的模板支撑体系按规定单独设置。

(8) 严禁在混凝土中加水。

(9) 严禁将洒落的混凝土浇筑到混凝土结构中。

(10) 各部位混凝土强度符合设计和规范要求。

(11) 墙和板、梁和柱连接部位的混凝土强度符合设计和规范要求。

(12) 混凝土构件的外观质量符合设计和规范要求。

(13) 混凝土构件的尺寸符合设计和规范要求。

(14) 后浇带、施工缝的接茬处应处理到位。

(15) 后浇带的混凝土按设计和规范要求的时间进行浇筑。

(16) 按规定设置施工现场试验室。

(17) 混凝土试块应及时进行标识。

(18) 同条件试块应按规定在施工现场养护。

(19) 楼板上的堆载不得超过楼板结构设计承载能力。

4. 钢结构工程

(1) 焊工应当持证上岗，在其合格证规定的范围内施焊。

（2）一、二级焊缝应进行焊缝内部缺陷检验。

（3）高强度螺栓连接副的安装符合设计和规范要求。

（4）钢管混凝土柱与钢筋混凝土梁连接节点核心区的构造应符合设计要求。

（5）钢管内混凝土的强度等级应符合设计要求。

（6）钢结构防火涂料的粘结强度、抗压强度应符合设计和规范要求。

（7）薄涂型、厚涂型防火涂料的涂层厚度符合设计要求。

（8）钢结构防腐涂料涂装的涂料、涂装遍数、涂层厚度均符合设计要求。

（9）多层和高层钢结构主体结构整体垂直度和整体平面弯曲偏差符合设计和规范要求。

（10）钢网架结构总拼完成后及屋面工程完成后，所测挠度值符合设计和规范要求。

5. 装配式混凝土工程

（1）预制构件的质量、标识符合设计和规范要求。

（2）预制构件的外观质量、尺寸偏差和预留孔、预留洞、预埋件、预留插筋、键槽的位置符合设计和规范要求。

（3）夹芯外墙板内外叶墙板之间的拉结件类别、数量、使用位置及性能符合设计要求。

（4）预制构件表面预贴饰面砖、石材等饰面与混凝土的粘结性能符合设计和规范要求。

（5）后浇混凝土中钢筋安装、钢筋连接、预埋件安装符合设计和规范要求。

（6）预制构件的粗糙面或键槽符合设计要求。

（7）预制构件与预制构件、预制构件与主体结构之间的连接符合设计要求。

（8）后浇筑混凝土强度符合设计要求。

（9）钢筋灌浆套筒、灌浆套筒接头符合设计和规范要求。

（10）钢筋连接套筒、浆锚搭接的灌浆应饱满。

（11）预制构件连接接缝处防水做法符合设计要求。

（12）预制构件的安装尺寸偏差符合设计和规范要求。

（13）后浇混凝土的外观质量和尺寸偏差符合设计和规范要求。

6. 砌体工程

（1）砌块质量符合设计和规范要求。

（2）砌筑砂浆的强度符合设计和规范要求。

（3）严格按规定留置砂浆试块，做好标识。

（4）墙体转角处、交接处必须同时砌筑，临时间断处留槎符合规范要求。

（5）灰缝厚度及砂浆饱满度符合规范要求。

（6）构造柱、圈梁符合设计和规范要求。

7. 防水工程

（1）严禁在防水混凝土拌合物中加水。

（2）防水混凝土的节点构造符合设计和规范要求。

（3）中埋式止水带埋设位置符合设计和规范要求。

（4）水泥砂浆防水层各层之间应结合牢固。

(5) 地下室卷材防水层的细部做法符合设计要求。
(6) 地下室涂料防水层的厚度和细部做法符合设计要求。
(7) 地面防水隔离层的厚度符合设计要求。
(8) 地面防水隔离层的排水坡度、坡向符合设计要求。
(9) 地面防水隔离层的细部做法符合设计和规范要求。
(10) 有淋浴设施的墙面的防水高度符合设计要求。
(11) 屋面防水层的厚度符合设计要求。
(12) 屋面防水层的排水坡度、坡向符合设计要求。
(13) 屋面细部的防水构造符合设计和规范要求。
(14) 外墙节点构造防水符合设计和规范要求。
(15) 外窗与外墙的连接处做法符合设计和规范要求。

8. 装饰装修工程

(1) 外墙外保温与墙体基层的粘结强度符合设计和规范要求。
(2) 抹灰层与基层之间及各抹灰层之间应粘结牢固。
(3) 外门窗安装牢固。
(4) 推拉门窗扇安装牢固，并安装防脱落装置。
(5) 幕墙的框架与主体结构连接、立柱与横梁的连接符合设计和规范要求。
(6) 幕墙所采用的结构粘结材料符合设计和规范要求。
(7) 应按设计和规范要求使用安全玻璃。
(8) 重型灯具等重型设备严禁安装在吊顶工程的龙骨上。
(9) 饰面砖粘贴牢固。
(10) 饰面板安装符合设计和规范要求。
(11) 护栏安装符合设计和规范要求。

9. 给排水及采暖工程

(1) 管道安装符合设计和规范要求。
(2) 地漏水封深度符合设计和规范要求。
(3) PVC 管道的阻火圈、伸缩节等附件安装符合设计和规范要求。
(4) 管道穿越楼板、墙体时的处理符合设计和规范要求。
(5) 室内外消火栓安装符合设计和规范要求。
(6) 水泵安装牢固，平整度、垂直度等符合设计和规范要求。
(7) 仪表安装符合设计和规范要求。阀门安装应方便操作。
(8) 生活水箱安装符合设计和规范要求。
(9) 气压给水或稳压系统应设置安全阀。

10. 通风与空调工程

(1) 风管加工的强度和严密性符合设计和规范要求。
(2) 防火风管和排烟风管使用的材料应为不燃材料。
(3) 风机盘管和管道的绝热材料进场时，应取样复试合格。
(4) 风管系统的支架、吊架、抗震支架的安装符合设计和规范要求。
(5) 风管穿过墙体或楼板时，应按要求设置套管并封堵密实。

（6）水泵、冷却塔的技术参数和产品性能符合设计和规范要求。

（7）空调水管道系统应进行强度和严密性试验。

（8）空调制冷系统、空调水系统与空调风系统的联合试运转及调试符合设计和规范要求。

（9）防排烟系统联合试运行与调试后的结果符合设计和规范要求。

11. 建筑电气工程

（1）除临时接地装置外，接地装置应采用热镀锌钢材。

（2）接地（PE）或接零（PEN）支线应单独与接地（PE）或接零（PEN）干线相连接。

（3）接闪器与防雷引下线、防雷引下线与接地装置应可靠连接。

（4）电动机等外露可导电部分应与保护导体可靠连接。

（5）母线槽与分支母线槽应与保护导体可靠连接。

（6）金属梯架、托盘或槽盒本体之间的连接符合设计要求。

（7）交流单芯电缆或分相后的每相电缆不得单根独穿于钢导管内，固定用的夹具和支架不应形成闭合磁路。

（8）灯具的安装符合设计要求。

12. 智能建筑工程

（1）紧急广播系统应按规定检查防火保护措施。

（2）火灾自动报警系统的主要设备应是通过国家认证（认可）的产品。

（3）火灾探测器不得被其他物体遮挡或掩盖。

（4）消防系统的线槽、导管的防火涂料应涂刷均匀。

（5）当与电气工程共用线槽时，应与电气工程的导线、电缆有隔离措施。

13. 市政工程

（1）道路路基填料强度满足规范要求。

（2）道路各结构层压实度满足设计和规范要求。

（3）道路基层结构强度满足设计要求。

（4）道路不同种类面层结构满足设计和规范要求。

（5）预应力钢筋安装时，其品种、规格、级别和数量符合设计要求。

（6）垃圾填埋场站防渗材料类型、厚度、外观、铺设及焊接质量符合设计和规范要求。

（7）垃圾填埋场站导气石笼位置、尺寸符合设计和规范要求。

（8）垃圾填埋场站导排层厚度、导排渠位置、导排管规格符合设计和规范要求。

（9）按规定进行水池满水试验，并形成试验记录。

2.18.3　安全生产现场控制

1. 基坑工程

（1）基坑支护及开挖符合规范、设计及专项施工方案的要求。

（2）基坑施工时对主要影响区范围内的建（构）筑物和地下管线保护措施符合规范及专项施工方案的要求。

（3）基坑周围地面排水措施符合规范及专项施工方案的要求。

（4）基坑地下水控制措施符合规范及专项施工方案的要求。

（5）基坑周边荷载符合规范及专项施工方案的要求。

（6）基坑监测项目、监测方法、测点布置、监测频率、监测报警及日常检查符合规范、设计及专项施工方案的要求。

（7）基坑内作业人员上下专用梯道符合规范及专项施工方案的要求。

（8）基坑坡顶地面无明显裂缝，基坑周边建筑物无明显变形。

2. 脚手架工程

（1）一般规定

1）作业脚手架底部立杆上设置的纵向、横向扫地杆符合规范及专项施工方案要求；2）连墙件的设置符合规范及专项施工方案要求；3）步距、跨距搭设符合规范及专项施工方案要求；4）剪刀撑的设置符合规范及专项施工方案要求；5）架体基础符合规范及专项施工方案要求；6）架体材料和构配件符合规范及专项施工方案要求，扣件按规定进行抽样复试；7）脚手架上严禁集中荷载；8）架体的封闭符合规范及专项施工方案要求；9）脚手架上脚手板的设置符合规范及专项施工方案要求。

（2）附着式升降脚手架

1）附着支座设置符合规范及专项施工方案要求；2）防坠落、防倾覆安全装置符合规范及专项施工方案要求；3）同步升降控制装置符合规范及专项施工方案要求；4）构造尺寸符合规范及专项施工方案要求。

（3）悬挑式脚手架

1）型钢锚固段长度及锚固型钢的主体结构混凝土强度符合规范及专项施工方案要求；2）悬挑钢梁卸荷钢丝绳设置方式符合规范及专项施工方案要求；3）悬挑钢梁的固定方式符合规范及专项施工方案要求；4）底层封闭符合规范及专项施工方案要求；5）悬挑钢梁端立杆定位点符合规范及专项施工方案要求。

（4）高处作业吊篮

1）各限位装置齐全有效；2）安全锁必须在有效的标定期限内；3）吊篮内作业人员不应超过 2 人；4）安全绳的设置和使用符合规范及专项施工方案要求；5）吊篮悬挂机构前支架设置符合规范及专项施工方案要求；6）吊篮配重件重量和数量符合说明书及专项施工方案要求。

（5）操作平台

1）移动式操作平台的设置符合规范及专项施工方案要求；2）落地式操作平台的设置符合规范及专项施工方案要求；3）悬挑式操作平台的设置符合规范及专项施工方案要求。

3. 起重机械

（1）一般规定

1）起重机械的备案、租赁符合要求；2）起重机械安装、拆卸符合要求；3）起重机械验收符合要求；4）按规定办理使用登记；5）起重机械的基础、附着符合使用说明书及专项施工方案要求；6）起重机械的安全装置灵敏、可靠；主要承载结构件完好；结构件的连接螺栓、销轴有效；机构、零部件、电气设备线路和元件符合相关要求；7）起重机械与架空线路安全距离符合规范要求；8）按规定在起重机械安装、拆卸、顶升和使用前向相关作业人员进行安全技术交底；9）定期检查和维护保养符合相关要求。

（2）塔式起重机

1）作业环境符合规范要求。多塔交叉作业防碰撞安全措施符合规范及专项方案要求；2）塔式起重机的起重力矩限制器、起重量限制器、行程限位装置等安全装置符合规范要求；3）吊索具的使用及吊装方法符合规范要求；4）按规定在顶升（降节）作业前对相关机构、结构进行专项安全检查。

（3）施工升降机

1）防坠安全装置在标定期限内，安装符合规范要求；2）按规定制定各种载荷情况下齿条和驱动齿轮、安全齿轮的正确啮合保证措施；3）附墙架的使用和安装符合使用说明书及专项施工方案要求；4）层门的设置符合规范要求。

（4）物料提升机

1）安全停层装置齐全、有效；2）钢丝绳的规格、使用符合规范要求；3）附墙符合要求。缆风绳、地锚的设置符合规范及专项施工方案要求。

4. 模板支撑体系

（1）按规定对搭设模板支撑体系的材料、构配件进行现场检验，扣件抽样复试。

（2）模板支撑体系的搭设和使用符合规范及专项施工方案要求。

（3）混凝土浇筑时，必须按照专项施工方案规定的顺序进行，并指定专人对模板支撑体系进行监测。

（4）模板支撑体系的拆除符合规范及专项施工方案要求。

5. 临时用电

（1）按规定编制临时用电施工组织设计，并履行审核、验收手续。

（2）施工现场临时用电管理符合相关要求。

（3）施工现场配电系统符合规范要求。

（4）配电设备、线路防护设施设置符合规范要求。

（5）漏电保护器参数符合规范要求。

6. 安全防护

（1）洞口防护符合规范要求。

（2）临边防护符合规范要求。

（3）有限空间防护符合规范要求。

（4）大模板作业防护符合规范要求。

（5）人工挖孔桩作业防护符合规范要求。

7. 其他

（1）建筑幕墙安装作业符合规范及专项施工方案的要求。

（2）钢结构、网架和索膜结构安装作业符合规范及专项施工方案的要求。

（3）装配式建筑预制混凝土构件安装作业符合规范及专项施工方案的要求。

2.18.4 质量管理资料

1. 建筑材料进场检验资料

需要提供进场检验资料的建筑材料主要包括：水泥，钢筋，钢筋焊接、机械连接材料，砖、砌块，预拌混凝土、预拌砂浆，钢结构用钢材、焊接材料、连接紧固材料，预制构件、夹芯外墙板，灌浆套筒、灌浆料、座浆料，预应力混凝土钢绞线、锚具、夹具，防水材料，门窗，外墙外保温系统的组成材料，装饰装修工程材料，幕墙工程的组成材料，低压配电系统使用的电缆、电线，空调与采暖系统冷热源及管网节能工程采用的绝热管道、绝热材料，采暖通风空调系统节能工程采用的散热器、保温材料、风机盘管，防烟、排烟系统柔性短管。

2. 施工试验检测资料

施工过程中需要提供的试验检测资料主要包括：

（1）复合地基承载力检验报告及桩身完整性检验报告。

（2）工程桩承载力及桩身完整性检验报告。

（3）混凝土、砂浆抗压强度试验报告及统计评定。

（4）钢筋焊接、机械连接工艺试验报告。

（5）钢筋焊接连接、机械连接试验报告。

（6）钢结构焊接工艺评定报告、焊缝内部缺陷检测报告。

（7）高强度螺栓连接摩擦面的抗滑移系数试验报告。

（8）地基、房心或肥槽回填土回填检验报告。

（9）沉降观测报告。

（10）填充墙砌体植筋锚固力检测报告。

（11）结构实体检验报告。

（12）外墙外保温系统型式检验报告。

（13）外墙外保温粘贴强度、锚固力现场拉拔试验报告。

（14）外窗的性能检测报告。

（15）幕墙的性能检测报告。

（16）饰面板后置埋件的现场拉拔试验报告。

（17）室内环境污染物浓度检测报告。

（18）风管强度及严密性检测报告。

（19）管道系统强度及严密性试验报告。

（20）风管系统漏风量、总风量、风口风量测试报告。

（21）空调水流量、水温、室内环境温度、湿度、噪声检测报告。

3. 施工记录

施工过程中需要提供的施工记录主要包括：

（1）水泥进场验收记录及见证取样和送检记录。

（2）钢筋进场验收记录及见证取样和送检记录。

（3）混凝土及砂浆进场验收记录及见证取样和送检记录。

（4）砖、砌块进场验收记录及见证取样和送检记录。

（5）钢结构用钢材、焊接材料、紧固件、涂装材料等进场验收记录及见证取样和送检记录。

（6）防水材料进场验收记录及见证取样和送检记录。

（7）桩基试桩、成桩记录。

（8）混凝土施工记录。

（9）冬期混凝土施工测温记录。

（10）大体积混凝土施工测温记录。

（11）预应力钢筋的张拉、安装和灌浆记录。

（12）预制构件吊装施工记录。

（13）钢结构吊装施工记录。

（14）钢结构整体垂直度和整体平面弯曲度、钢网架挠度检验记录。

（15）工程设备、风管系统、管道系统安装及检验记录。

（16）管道系统压力试验记录。

（17）设备单机试运转记录。

（18）系统非设计满负荷联合试运转与调试记录。

4. 质量验收记录

施工过程中需要提供的质量验收记录主要包括：

（1）地基验槽记录。

（2）桩位偏差和桩顶标高验收记录。

（3）隐蔽工程验收记录。

（4）检验批、分项、子分部、分部工程验收记录。

（5）观感质量综合检查记录。

（6）工程竣工验收记录。

2.18.5　安全管理资料

1. 危险性较大的分部分项工程资料

危险性较大的分部分项工程资料主要包括：

（1）危险性较大的分部分项工程清单及相应的安全管理措施。

（2）危险性较大的分部分项工程专项施工方案及审批手续。

（3）危险性较大的分部分项工程专项施工方案变更手续。

（4）专家论证相关资料。

（5）危险性较大的分部分项工程方案交底及安全技术交底。

（6）危险性较大的分部分项工程施工作业人员登记记录，项目负责人现场履职记录。

（7）危险性较大的分部分项工程现场监督记录。

（8）危险性较大的分部分项工程施工监测和安全巡视记录。

（9）危险性较大的分部分项工程验收记录。

2. 基坑工程资料

基坑工程资料主要包括：（1）相关的安全保护措施；（2）监测方案及审核手续；（3）第三方监测数据及相关的对比分析报告；（4）日常检查及整改记录。

3. 脚手架工程资料

脚手架工程资料主要包括：（1）架体配件进场验收记录、合格证及扣件抽样复试报告；（2）日常检查及整改记录。

4. 起重机械资料

（1）起重机械特种设备制造许可证、产品合格证、备案证明、租赁合同及安装使用说明书。

（2）起重机械安装单位资质及安全生产许可证、安装与拆卸合同及安全管理协议书、生产安全事故应急救援预案、安装告知、安装与拆卸过程作业人员资格证书及安全技术交底。

（3）起重机械基础验收资料。安装（包括附着顶升）后安装单位自检合格证明、检测报告及验收记录。

（4）使用过程作业人员资格证书及安全技术交底、使用登记标志、生产安全事故应急救援预案、多塔作业防碰撞措施、日常检查（包括吊索具）与整改记录、维护和保养记录、交接班记录。

5. 模板支撑体系资料

模板支撑体系资料主要包括：

（1）架体配件进场验收记录、合格证及扣件抽样复试报告。

（2）拆除申请及批准手续。

（3）日常检查及整改记录。

6. 临时用电资料

临时用电资料主要包括：

（1）临时用电施工组织设计及审核、验收手续。

（2）电工特种作业操作资格证书。

（3）总包单位与分包单位的临时用电管理协议。

（4）临时用电安全技术交底资料。

（5）配电设备、设施合格证书。

（6）接地电阻、绝缘电阻测试记录。

（7）日常安全检查、整改记录。

7. 安全防护资料

安全防护资料主要包括：

（1）安全帽、安全带、安全网等安全防护用品的产品质量合格证。

（2）有限空间作业审批手续。

（3）日常安全检查、整改记录。

第 19 节 《中华人民共和国建筑法》（2019 年修正）

为了加强对建筑活动的监督管理，维护建筑市场秩序，保证建筑工程的质量和安全，促进建筑业健康发展，2019 年 4 月 23 日第十三届全国人民代表大会常务委员会第十次会议对《中华人民共和国建筑法》进行第二次修正，在中华人民共和国境内从事是指各类房屋建筑及其附属设施的建造和与其配套的线路、管道、设备的安装活动，或对上述对建筑活动实施监督管理的行为，都应当遵守本法。修改后的《中华人民共和国建筑法》分总则、建筑许可、建筑工程发包与承包、建筑工程监理、建筑安全生产管理、建筑工程质量管理、法律责任、附则共 8 章 85 条。

2. 19. 1 建筑许可

1. 建筑工程施工许可

（1）建筑工程开工前，建设单位应当按照国家有关规定向工程所在地县级以上人民政府建设行政主管部门申请领取施工许可证；但是，国务院建设行政主管部门确定的限额以下的小型工程除外。按照国务院规定的权限和程序批准开工报告的建筑工程，不再领取施工许可证。

(2) 申请领取施工许可证，应当具备下列条件：1）已经办理该建筑工程用地批准手续；2）依法应当办理建设工程规划许可证的，已经取得建设工程规划许可证；3）需要拆迁的，其拆迁进度符合施工要求；4）已经确定建筑施工企业；5）有满足施工需要的资金安排、施工图纸及技术资料；6）有保证工程质量和安全的具体措施。建设行政主管部门应当自收到申请之日起七日内，对符合条件的申请颁发施工许可证。

(3) 建设单位应当自领取施工许可证之日起三个月内开工。因故不能按期开工的，应当向发证机关申请延期；延期以两次为限，每次不超过三个月。既不开工又不申请延期或者超过延期时限的，施工许可证自行废止。在建的建筑工程因故中止施工的，建设单位应当自中止施工之日起一个月内，向发证机关报告，并按照规定做好建筑工程的维护管理工作。建筑工程恢复施工时，应当向发证机关报告；中止施工满一年的工程恢复施工前，建设单位应当报发证机关核验施工许可证。按照国务院有关规定批准开工报告的建筑工程，因故不能按期开工或者中止施工的，应当及时向批准机关报告情况。因故不能按期开工超过六个月的，应当重新办理开工报告的批准手续。

2. 从业资格

(1) 从事建筑活动的建筑施工企业、勘察单位、设计单位和工程监理单位，应当具备下列条件：1）有符合国家规定的注册资本；2）有与其从事的建筑活动相适应的具有法定执业资格的专业技术人员；3）有从事相关建筑活动所应有的技术装备；4）法律、行政法规规定的其他条件。

(2) 从事建筑活动的建筑施工企业、勘察单位、设计单位和工程监理单位，按照其拥有的注册资本、专业技术人员、技术装备和已完成的建筑工程业绩等资质条件，划分为不同的资质等级，经资质审查合格，取得相应等级的资质证书后，方可在其资质等级许可的范围内从事建筑活动。

(3) 从事建筑活动的专业技术人员，应当依法取得相应的执业资格证书，并在执业资格证书许可的范围内从事建筑活动。

2.19.2　建筑工程发包与承包

1. 一般规定

(1) 建筑工程的发包单位与承包单位应当依法订立书面合同，明确双方的权利和义务。发包单位和承包单位应当全面履行合同约定的义务。不按照合同约定履行义务的，依法承担违约责任。

(2) 建筑工程发包与承包的招标投标活动，应当遵循公开、公正、平等竞争的原则，择优选择承包单位。建筑工程的招标投标，本法没有规定的，适用有关招标投标法律的规定。

(3) 发包单位及其工作人员在建筑工程发包中不得收受贿赂、回扣或者索取其他好处。承包单位及其工作人员不得利用向发包单位及其工作人员行贿、提供回扣或者给予其他好处等不正当手段承揽工程。

(4) 建筑工程造价应当按照国家有关规定，由发包单位与承包单位在合同中约定。公开招标发包的，其造价的约定，须遵守招标投标法律的规定。发包单位应当按照合同的约定，及时拨付工程款项。

2. 发包

（1）建筑工程依法实行招标发包，对不适于招标发包的可以直接发包。建筑工程实行公开招标的，发包单位应当依照法定程序和方式，发布招标公告，提供载有招标工程的主要技术要求、主要的合同条款、评标的标准和方法以及开标、评标、定标的程序等内容的招标文件。开标应当在招标文件规定的时间、地点公开进行。开标后应当按照招标文件规定的评标标准和程序对标书进行评价、比较，在具备相应资质条件的投标者中，择优选定中标者。

（2）建筑工程招标的开标、评标、定标由建设单位依法组织实施，并接受有关行政主管部门的监督。建筑工程实行招标发包的，发包单位应当将建筑工程发包给依法中标的承包单位。建筑工程实行直接发包的，发包单位应当将建筑工程发包给具有相应资质条件的承包单位。政府及其所属部门不得滥用行政权力，限定发包单位将招标发包的建筑工程发包给指定的承包单位。

（3）提倡对建筑工程实行总承包，禁止将建筑工程肢解发包。建筑工程的发包单位可以将建筑工程的勘察、设计、施工、设备采购一并发包给一个工程总承包单位，也可以将建筑工程勘察、设计、施工、设备采购的一项或者多项发包给一个工程总承包单位；但是，不得将应当由一个承包单位完成的建筑工程肢解成若干部分发包给几个承包单位。

（4）按照合同约定，建筑材料、建筑构配件和设备由工程承包单位采购的，发包单位不得指定承包单位购入用于工程的建筑材料、建筑构配件和设备或者指定生产厂、供应商。

3. 承包

（1）承包建筑工程的单位应当持有依法取得的资质证书，并在其资质等级许可的业务范围内承揽工程。禁止建筑施工企业超越本企业资质等级许可的业务范围或者以任何形式用其他建筑施工企业的名义承揽工程。禁止建筑施工企业以任何形式允许其他单位或者个人使用本企业的资质证书、营业执照，以本企业的名义承揽工程。

（2）大型建筑工程或者结构复杂的建筑工程，可以由两个以上的承包单位联合共同承包。共同承包的各方对承包合同的履行承担连带责任。两个以上不同资质等级的单位实行联合共同承包的，应当按照资质等级低的单位的业务许可范围承揽工程。

（3）禁止承包单位将其承包的全部建筑工程转包给他人，禁止承包单位将其承包的全部建筑工程肢解以后以分包的名义分别转包给他人。

（4）建筑工程总承包单位可以将承包工程中的部分工程发包给具有相应资质条件的分包单位；但是，除总承包合同中约定的分包外，必须经建设单位认可。施工总承包的，建筑工程主体结构的施工必须由总承包单位自行完成。建筑工程总承包单位按照总承包合同的约定对建设单位负责；分包单位按照分包合同的约定对总承包单位负责。总承包单位和分包单位就分包工程对建设单位承担连带责任。禁止总承包单位将工程分包给不具备相应资质条件的单位。禁止分包单位将其承包的工程再分包。

2.19.3 建筑工程监理

1. 国家推行建筑工程监理制度，国务院可以规定实行强制监理的建筑工程的范围。实行监理的建筑工程，由建设单位委托具有相应资质条件的工程监理单位监理。建设单位与其委托的工程监理单位应当订立书面委托监理合同。

2.建筑工程监理应当依照法律、行政法规及有关的技术标准、设计文件和建筑工程承包合同，对承包单位在施工质量、建设工期和建设资金使用等方面，代表建设单位实施监督。工程监理人员认为工程施工不符合工程设计要求、施工技术标准和合同约定的，有权要求建筑施工企业改正。工程监理人员发现工程设计不符合建筑工程质量标准或者合同约定的质量要求的，应当报告建设单位要求设计单位改正。

3.实施建筑工程监理前，建设单位应当将委托的工程监理单位、监理的内容及监理权限，书面通知被监理的建筑施工企业。

4.工程监理单位应当在其资质等级许可的监理范围内，承担工程监理业务。工程监理单位应当根据建设单位的委托，客观、公正地执行监理任务。工程监理单位与被监理工程的承包单位以及建筑材料、建筑构配件和设备供应单位不得有隶属关系或者其他利害关系。工程监理单位不得转让工程监理业务。

5.工程监理单位不按照委托监理合同的约定履行监理义务，对应当监督检查的项目不检查或者不按照规定检查，给建设单位造成损失的，应当承担相应的赔偿责任。工程监理单位与承包单位串通，为承包单位谋取非法利益，给建设单位造成损失的，应当与承包单位承担连带赔偿责任。

2.19.4　建筑安全生产管理

1.建筑工程安全生产管理必须坚持安全第一、预防为主的方针，建立健全安全生产的责任制度和群防群治制度。建筑工程设计应当符合按照国家规定制定的建筑安全规程和技术规范，保证工程的安全性能。

2.建筑施工企业在编制施工组织设计时，应当根据建筑工程的特点制定相应的安全技术措施；对专业性较强的工程项目，应当编制专项安全施工组织设计，并采取安全技术措施。建筑施工企业应当在施工现场采取维护安全、防范危险、预防火灾等措施；有条件的，应当对施工现场实行封闭管理。施工现场对毗邻的建筑物、构筑物和特殊作业环境可能造成损害的，建筑施工企业应当采取安全防护措施。

3.建设单位应当向建筑施工企业提供与施工现场相关的地下管线资料，建筑施工企业应当采取措施加以保护。

4.建筑施工企业应当遵守有关环境保护和安全生产的法律、法规的规定，采取控制和处理施工现场的各种粉尘、废气、废水、固体废物以及噪声、振动对环境的污染和危害的措施。

5.有下列情形之一的，建设单位应当按照国家有关规定办理申请批准手续：(1) 需要临时占用规划批准范围以外场地的；(2) 可能损坏道路、管线、电力、邮电通信等公共设施的；(3) 需要临时停水、停电、中断道路交通的；(4) 需要进行爆破作业的；(5) 法律、法规规定需要办理报批手续的其他情形。

6.建设行政主管部门负责建筑安全生产的管理，并依法接受劳动行政主管部门对建筑安全生产的指导和监督。建筑施工企业必须依法加强对建筑安全生产的管理，执行安全生产责任制度，采取有效措施，防止伤亡和其他安全生产事故的发生。建筑施工企业的法定代表人对本企业的安全生产负责。

7.施工现场安全由建筑施工企业负责。实行施工总承包的，由总承包单位负责。分包单位向总承包单位负责，服从总承包单位对施工现场的安全生产管理。

8. 建筑施工企业应当建立健全劳动安全生产教育培训制度，加强对职工安全生产的教育培训；未经安全生产教育培训的人员，不得上岗作业。

9. 建筑施工企业和作业人员在施工过程中，应当遵守有关安全生产的法律、法规和建筑行业安全规章、规程，不得违章指挥或者违章作业。作业人员有权对影响人身健康的作业程序和作业条件提出改进意见，有权获得安全生产所需的防护用品。作业人员对危及生命安全和人身健康的行为有权提出批评、检举和控告。

10. 建筑施工企业应当依法为职工参加工伤保险缴纳工伤保险费。鼓励企业为从事危险作业的职工办理意外伤害保险，支付保险费。

11. 涉及建筑主体和承重结构变动的装修工程，建设单位应当在施工前委托原设计单位或者具有相应资质条件的设计单位提出设计方案；没有设计方案的，不得施工。

12. 房屋拆除应当由具备保证安全条件的建筑施工单位承担，由建筑施工单位负责人对安全负责。

13. 施工中发生事故时，建筑施工企业应当采取紧急措施减少人员伤亡和事故损失，并按照国家有关规定及时向有关部门报告。

2.19.5 建筑工程质量管理

1. 建筑工程勘察、设计、施工的质量必须符合国家有关建筑工程安全标准的要求，具体管理办法由国务院规定。有关建筑工程安全的国家标准不能适应确保建筑安全的要求时，应当及时修订。

2. 建设单位不得以任何理由，要求建筑设计单位或者建筑施工企业在工程设计或者施工作业中，违反法律、行政法规和建筑工程质量、安全标准，降低工程质量。建筑设计单位和建筑施工企业对建设单位违反前款规定提出的降低工程质量的要求，应当予以拒绝。

3. 建筑工程实行总承包的，工程质量由工程总承包单位负责，总承包单位将建筑工程分包给其他单位的，应当对分包工程的质量与分包单位承担连带责任。分包单位应当接受总承包单位的质量管理。

4. 建筑工程的勘察、设计单位必须对其勘察、设计的质量负责。勘察、设计文件应当符合有关法律、行政法规的规定和建筑工程质量、安全标准、建筑工程勘察、设计技术规范以及合同的约定。设计文件选用的建筑材料、建筑构配件和设备，应当注明其规格、型号、性能等技术指标，其质量要求必须符合国家规定的标准。

5. 建筑设计单位对设计文件选用的建筑材料、建筑构配件和设备，不得指定生产厂、供应商。

6. 建筑施工企业对工程的施工质量负责。建筑施工企业必须按照工程设计图纸和施工技术标准施工，不得偷工减料。工程设计的修改由原设计单位负责，建筑施工企业不得擅自修改工程设计。

7. 建筑施工企业必须按照工程设计要求、施工技术标准和合同的约定，对建筑材料、建筑构配件和设备进行检验，不合格的不得使用。

8. 建筑物在合理使用寿命内，必须确保地基基础工程和主体结构的质量。建筑工程竣工时，屋顶、墙面不得留有渗漏、开裂等质量缺陷；对已发现的质量缺陷，建筑施工企业应当修复。

9. 交付竣工验收的建筑工程，必须符合规定的建筑工程质量标准，有完整的工程技术经济资料和经签署的工程保修书，并具备国家规定的其他竣工条件。建筑工程竣工经验收合格后，方可交付使用；未经验收或者验收不合格的，不得交付使用。

10. 建筑工程实行质量保修制度。建筑工程的保修范围应当包括地基基础工程、主体结构工程、屋面防水工程和其他土建工程，以及电气管线、上下水管线的安装工程，供热、供冷系统工程等项目；保修的期限应当按照保证建筑物合理寿命年限内正常使用，维护使用者合法权益的原则确定。

11. 任何单位和个人对建筑工程的质量事故、质量缺陷都有权向建设行政主管部门或者其他有关部门进行检举、控告、投诉。

2.19.6　法律责任

1. 违反本法规定，未取得施工许可证或者开工报告未经批准擅自施工的，责令改正，对不符合开工条件的责令停止施工，可以处以罚款。

2. 发包单位将工程发包给不具有相应资质条件的承包单位的，或者违反本法规定将建筑工程肢解发包的，责令改正，处以罚款。超越本单位资质等级承揽工程的，责令停止违法行为，处以罚款，可以责令停业整顿，降低资质等级；情节严重的，吊销资质证书；有违法所得的，予以没收。未取得资质证书承揽工程的，予以取缔，并处罚款；有违法所得的，予以没收。以欺骗手段取得资质证书的，吊销资质证书，处以罚款；构成犯罪的，依法追究刑事责任。

3. 建筑施工企业转让、出借资质证书或者以其他方式允许他人以本企业的名义承揽工程的，责令改正，没收违法所得，并处罚款，可以责令停业整顿，降低资质等级；情节严重的，吊销资质证书。对因该项承揽工程不符合规定的质量标准造成的损失，建筑施工企业与使用本企业名义的单位或者个人承担连带赔偿责任。承包单位将承包的工程转包的，或者违反本法规定进行分包的，责令改正，没收违法所得，并处罚款，可以责令停业整顿，降低资质等级；情节严重的，吊销资质证书。承包单位有前款规定的违法行为的，对因转包工程或者违法分包的工程不符合规定的质量标准造成的损失，与接受转包或者分包的单位承担连带赔偿责任。

4. 在工程发包与承包中索贿、受贿、行贿，构成犯罪的，依法追究刑事责任；不构成犯罪的，分别处以罚款，没收贿赂的财物，对直接负责的主管人员和其他直接责任人员给予处分。对在工程承包中行贿的承包单位，除依照前款规定处罚外，可以责令停业整顿，降低资质等级或者吊销资质证书。

5. 工程监理单位与建设单位或者建筑施工企业串通，弄虚作假、降低工程质量的，责令改正，处以罚款，降低资质等级或者吊销资质证书；有违法所得的，予以没收；造成损失的，承担连带赔偿责任；构成犯罪的，依法追究刑事责任。工程监理单位转让监理业务的，责令改正，没收违法所得，可以责令停业整顿，降低资质等级；情节严重的，吊销资质证书。

6. 违反本法规定，涉及建筑主体或者承重结构变动的装修工程擅自施工的，责令改正，处以罚款；造成损失的，承担赔偿责任；构成犯罪的，依法追究刑事责任。

7. 建筑施工企业违反本法规定，对建筑安全事故隐患不采取措施予以消除的，责令改正，可以处以罚款；情节严重的，责令停业整顿，降低资质等级或者吊销资质证书；构成犯罪的，依法追究刑事责任。建筑施工企业的管理人员违章指挥、强令职工冒险作业，因而发生重大伤亡事故或者造成其他严重后果的，依法追究刑事责任。

8. 建设单位违反本法规定，要求建筑设计单位或者建筑施工企业违反建筑工程质量、安全标准，降低工程质量的，责令改正，可以处以罚款；构成犯罪的，依法追究刑事责任。

9. 建筑设计单位不按照建筑工程质量、安全标准进行设计的，责令改正，处以罚款；造成工程质量事故的，责令停业整顿，降低资质等级或者吊销资质证书，没收违法所得，并处罚款；造成损失的，承担赔偿责任；构成犯罪的，依法追究刑事责任。

10. 建筑施工企业在施工中偷工减料的，使用不合格的建筑材料、建筑构配件和设备的，或者有其他不按照工程设计图纸或者施工技术标准施工的行为的，责令改正，处以罚款；情节严重的，责令停业整顿，降低资质等级或者吊销资质证书；造成建筑工程质量不符合规定质量标准的，负责返工、修理，并赔偿因此造成的损失；构成犯罪的，依法追究刑事责任。

11. 建筑施工企业违反本法规定，不履行保修义务或者拖延履行保修义务的，责令改正，可以处以罚款，并对在保修期内因屋顶、墙面渗漏、开裂等质量缺陷造成的损失，承担赔偿责任。

12. 政府及其所属部门的工作人员违反本法规定，限定发包单位将招标发包的工程发包给指定的承包单位的，由上级机关责令改正；构成犯罪的，依法追究刑事责任。

13. 负责颁发建筑工程施工许可证的部门及其工作人员对不符合施工条件的建筑工程颁发施工许可证的，负责工程质量监督检查或者竣工验收的部门及其工作人员对不合格的建筑工程出具质量合格文件或者按合格工程验收的，由上级机关责令改正，对责任人员给予行政处分；构成犯罪的，依法追究刑事责任；造成损失的，由该部门承担相应的赔偿责任。

14. 在建筑物的合理使用寿命内，因建筑工程质量不合格受到损害的，有权向责任者要求赔偿。

第20节 《中华人民共和国消防法》（2019修正）中的建设工程消防安全相关内容

为了预防火灾和减少火灾危害，加强应急救援工作，保护人身、财产安全，维护公共安全，2019年4月23日第十三届全国人民代表大会常务委员会第十次会议对《中华人民共和国消防法》进行修正。修改后的《中华人民共和国消防法》分总则、火灾预防、消防组织、灭火救援、监督检查、法律责任、附则共7章74条。现就与建设工程消防安全相关的内容摘要说明。

1. 消防工作贯彻预防为主、防消结合的方针，按照政府统一领导、部门依法监管、单位全面负责、公民积极参与的原则，实行消防安全责任制，建立健全社会化的消防工作网络。任何单位和个人都有维护消防安全、保护消防设施、预防火灾、报告火警的义务。任何单位和成年人都有参加有组织的灭火工作的义务。

2. 建设工程的消防设计、施工必须符合国家工程建设消防技术标准。建设、设计、施工、工程监理等单位依法对建设工程的消防设计、施工质量负责。

3. 对按照国家工程建设消防技术标准需要进行消防设计的建设工程，实行建设工程消防设计审查验收制度。

4. 国务院住房和城乡建设主管部门规定的特殊建设工程，建设单位应当将消防设计文件报送住房和城乡建设主管部门审查，住房和城乡建设主管部门依法对审查的结果负责。前款规定以外的其他建设工程，建设单位申请领取施工许可证或者申请批准开工报告时应当提供满足施工需要的消防设计图纸及技术资料。特殊建设工程未经消防设计审查或者审查不合格的，建设单位、施工单位不得施工；其他建设工程，建设单位未提供满足施工需要的消防设计图纸及技术资料的，有关部门不得发放施工许可证或者批准开工报告。

5. 国务院住房和城乡建设主管部门规定应当申请消防验收的建设工程竣工，建设单位应当向住房和城乡建设主管部门申请消防验收。前款规定以外的其他建设工程，建设单位在验收后应当报住房和城乡建设主管部门备案，住房和城乡建设主管部门应当进行抽查。依法应当进行消防验收的建设工程，未经消防验收或者消防验收不合格的，禁止投入使用；其他建设工程经依法抽查不合格的，应当停止使用。

6. 建设工程消防设计审查、消防验收、备案和抽查的具体办法，由国务院住房和城乡建设主管部门规定。

7. 禁止在具有火灾、爆炸危险的场所吸烟、使用明火。因施工等特殊情况需要使用明火作业的，应当按照规定事先办理审批手续，采取相应的消防安全措施；作业人员应当遵守消防安全规定。进行电焊、气焊等具有火灾危险作业的人员和自动消防系统的操作人员，必须持证上岗，并遵守消防安全操作规程。

8. 建筑构件、建筑材料和室内装修、装饰材料的防火性能必须符合国家标准；没有国家标准的，必须符合行业标准。人员密集场所室内装修、装饰，应当按照消防技术标准的要求，使用不燃、难燃材料。

9. 任何单位、个人不得损坏、挪用或者擅自拆除、停用消防设施、器材，不得埋压、圈占、遮挡消火栓或者占用防火间距，不得占用、堵塞、封闭疏散通道、安全出口、消防车通道。人员密集场所的门窗不得设置影响逃生和灭火救援的障碍物。

10. 任何人发现火灾都应当立即报警。任何单位、个人都应当无偿为报警提供便利，不得阻拦报警。严禁谎报火警。人员密集场所发生火灾，该场所的现场工作人员应当立即组织、引导在场人员疏散。任何单位发生火灾，必须立即组织力量扑救。邻近单位应当给予支援。消防队接到火警，必须立即赶赴火灾现场，救助遇险人员，排除险情，扑灭火灾。

11. 住房和城乡建设主管部门、消防救援机构及其工作人员应当按照法定的职权和程序进行消防设计审查、消防验收、备案抽查和消防安全检查，做到公正、严格、文明、高效。住房和城乡建设主管部门、消防救援机构及其工作人员进行消防设计审查、消防验收、备案抽查和消防安全检查等，不得收取费用，不得利用职务谋取利益；不得利用职务为用户、建设单位指定或者变相指定消防产品的品牌、销售单位或者消防技术服务机构、消防设施施工单位。

12. 住房和城乡建设主管部门、消防救援机构及其工作人员执行职务，应当自觉接受社会和公民的监督。任何单位和个人都有权对公安机关消防机构及其工作人员在执法中的违法行为进行检举、控告。收到检举、控告的机关，应当按照职责及时查处。

13.违反本法规定，有下列行为之一的，由住房和城乡建设主管部门、消防救援机构按照各自职权责令停止施工、停止使用或者停产停业，并处三万元以上三十万元以下罚款：（1）依法应当进行消防设计审查的建设工程，未经依法审查或者审查不合格，擅自施工的；（2）依法应当进行消防验收的建设工程，未经消防验收或者消防验收不合格，擅自投入使用的；（3）本法第十三条规定的其他建设工程验收后经依法抽查不合格，不停止使用的；（4）公众聚集场所未经消防安全检查或者经检查不符合消防安全要求，擅自投入使用、营业的。

14.建设单位未依照本法规定在验收后报住房和城乡建设主管部门备案的，由住房和城乡建设主管部门责令改正，处五千元以下罚款。

15.违反本法规定，有下列行为之一的，由住房和城乡建设主管部门责令改正或者停止施工，并处一万元以上十万元以下罚款：（1）建设单位要求建筑设计单位或者建筑施工企业降低消防技术标准设计、施工的；（2）建筑设计单位不按照消防技术标准强制性要求进行消防设计的；（3）建筑施工企业不按照消防设计文件和消防技术标准施工，降低消防施工质量的；（4）工程监理单位与建设单位或者建筑施工企业串通，弄虚作假，降低消防施工质量的。

16.本法规定的行政处罚，除应当由公安机关依照《中华人民共和国治安管理处罚法》的有关规定决定的外，由住房和城乡建设主管部门、消防救援机构按照各自职权决定。（1）被责令停止施工、停止使用、停产停业的，应当在整改后向作出决定的部门或者机构报告，经检查合格，方可恢复施工、使用、生产、经营；（2）当事人逾期不执行停产停业、停止使用、停止施工决定的，由作出决定的部门或者机构强制执行；（3）责令停产停业，对经济和社会生活影响较大的，由住房和城乡建设主管部门或者应急管理部门报请本级人民政府依法决定。

17.住房和城乡建设主管部门、消防救援机构的工作人员滥用职权、玩忽职守、徇私舞弊，有下列行为之一，尚不构成犯罪的，依法给予处分：（1）对不符合消防安全要求的消防设计文件、建设工程、场所准予审查合格、消防验收合格、消防安全检查合格的；（2）无故拖延消防设计审查、消防验收、消防安全检查，不在法定期限内履行职责的；（3）发现火灾隐患不及时通知有关单位或者个人整改的；（4）利用职务为用户、建设单位指定或者变相指定消防产品的品牌、销售单位或者消防技术服务机构、消防设施施工单位的；（5）将消防车、消防艇以及消防器材、装备和设施用于与消防和应急救援无关的事项的；（6）其他滥用职权、玩忽职守、徇私舞弊的行为。

18.违反本法规定，构成犯罪的，依法追究刑事责任。

第3章　建设工程施工现场消防要求

建设工程施工期间，建设工程本身的消防设置尚不具备使用功能；而施工过程中，存在大量火灾隐患，如果不加以预防，火灾将不可避免。为预防火灾发生，减少火灾危害，保护人身和财产安全，建设工程施工现场必须按法律、法规、规范要求，设置消防设施。

第1节　施工总平面布置

为满足施工需要，施工现场需设置大量临时用房、临时设施等。项目开工前，项目部应合理进行施工总平面布置。

临时用房是指在施工现场建造的，为建设工程施工服务的各种非永久性建筑物，包括办公用房、宿舍、厨房操作间、食堂、锅炉房、发电机房、变配电房、库房等。

临时设施是指在施工现场建造的，为建设工程施工服务的各种非永久性设施，包括围墙、大门、临时道路、材料堆场及其加工场、固定动火作业场、作业棚、机具棚、贮水池及临时给排水、供电、供热管线等。

3.1.1　施工总平面布置内容

下列临时用房和临时设施应纳入施工现场总平面布置：

1. 施工现场的出入口、围墙、围挡。
2. 场内临时道路。
3. 给水管网或管路和配电线路的敷设或架设的走向、高度。
4. 施工现场办公用房、宿舍、发电机房、变配电房、可燃材料库房、易燃易爆危险品库房、可燃材料堆场及其加工场、固定动火作业场等。
5. 临时消防车道、灭火救援场地和消防水源。

3.1.2　施工总平面布置原则

1. 临时用房、临时设施的布置应满足现场防火、灭火及人员安全疏散的要求。
2. 施工现场出入口的设置应满足消防车通行的要求，并宜布置在不同方向，其数量不宜少于2个。当确有困难只能设置1个出入口时，应在施工现场内设置满足消防车通行的环形道路。
3. 施工现场临时办公、生活、生产、物料存贮等功能区宜相对独立布置，防火间距应符合有关要求。
4. 固定动火作业场应布置在可燃材料堆场及其加工场、易燃易爆危险品库房等风向上风侧，并宜布置在临时办公用房、宿舍、可燃材料库房、在建工程等的上风侧。
5. 易燃易爆危险品库房应远离明火作业区、人员密集区和建筑物相对集中区。
6. 可燃材料堆场及其加工场、易燃易爆危险品库房不应布置在架空电力线下。

3.1.3　防火间距

1. 易燃易爆危险品库房与在建工程的防火间距不应小于15m，可燃材料堆场及其加工场、固定动火作业场与在建工程的防火间距不应小于 10m，其他临时用房、临时设施与在建工程的防火间距不应小于 6m。

2. 施工现场主要临时用房、临时设施的防火间距不应小于表 3-1 的规定，当办公用房、宿舍成组布置时，其防火间距可适当减小，但应符合以下规定：

（1）每组临时用房的栋数不应超过 10 栋，组与组之间的防火间距不应小于 8m；

（2）组内临时用房之间的防火间距不应小于 3.5m；当建筑构件燃烧性能等级为 A 级时，其防火间距可减少到 3m。

施工现场主要临建设施相互间的最小防火间距（m） 表 3-1

名称 / 间距 / 名称	办公用房、宿舍	发电机房、变配电房	可燃材料库房	厨房操作间、锅炉房	可燃材料堆场及其加工场	固定动火作业场	易燃易爆危险品库房
办公用房、宿舍	4	4	5	5	7	7	10
发电机房、变配电房	4	4	5	5	7	7	10
可燃材料库房	5	5	5	5	7	7	10
厨房操作间、锅炉房	5	5	5	5	7	7	10
可燃材料堆场及其加工场	7	7	7	7	7	10	10
固定动火作业场	7	7	7	7	10	10	12
易燃易爆危险品库房	10	10	10	10	10	12	12

注：1. 临时用房、临时设施的防火间距应按临时用房外墙外边线或堆场、作业场、作业棚边线间的最小距离计算，如临时用房外墙有突出可燃构件时，应从其突出可燃构件的外缘算起。

2. 两座临时用房相邻较高一面的外墙为防火墙时，其防火间距不限。

3. 本表未规定的，可按同等或在危险性的临时用房、临时设施的防火间距确定。

3.1.4 消防车道

1. 施工现场内应设置临时消防车道，临时消防车道与在建工程、临时用房、可燃材料堆场及其加工场距离不宜小于 5m，且不宜大于 40m；施工现场周边道路满足消防车通行及灭火救援要求时，施工现场内可不设置临时消防车道。

2. 临时消防车道的设置应符合下列规定：

（1）临时消防车道宜为环形，如设置环形车道确有困难，应在施工现场设置尺寸不小于 12m×12m 的回车场；

（2）临时消防车道的净宽度和净空高度均不应小于 4m；

（3）临时消防车道的右侧应设置消防车行进路线指示标识；

（4）临时消防车道路基、路面及其下部设施应能承受消防车通行压力及工作荷载。

3. 下列建筑应设置环形临时消防车道。确实无法设置环形临时消防车道时，应设置尺寸不小于 12m×12m 的回车场，并按要求设置临时消防救援场地。

（1）建筑高度大于 24m 的在建工程；

（2）建筑工程单体占地面积大于 3000m^2 的在建工程；

（3）超过 10 栋，且成组布置的临时用房。

4. 临时消防救援场地的设置应符合下列要求：

（1）临时消防救援场地应在在建工程装饰装修阶段设置；

（2）临时消防救援场地应设置在在建工程或成组布置的临时用房的长边一侧；

（3）临时消防救援场地的宽度应满足消防车正常操作要求，且不小于6m，与在建工程外脚手架的净距不宜小于2m，且不宜超过6m。

第2节 建筑防火

3.2.1 一般规定

1.临时用房和在建工程应采取可靠的防火分隔和安全疏散等防火技术措施。

2.临时用房的防火设计应根据其使用性质及火灾危险性等情况进行确定。

3.在建工程防火设计应根据施工性质、建筑高度、建筑规模及结构特点等情况进行确定。

3.2.2 临时用房防火

1.办公用房、宿舍的防火设计应符合下列规定：

（1）建筑构件的燃烧性能等级应为A级，当采用金属夹芯板材时，其芯材的燃烧性能等级应为A级；

（2）建筑层数不应超过3层，每层建筑面积不应大于300m^2；

（3）层数为3层或每层建筑面积大于200m^{2}时，应至少设置2部疏散楼梯，房间疏散门至疏散楼梯的最大距离不应大于25m；

（4）单面布置用房时，疏散走道的净宽度不应小于1m；双面布置用房时，疏散走道的净宽度不应小于1.5m；

（5）疏散楼梯的净宽度不应小于疏散走道的净宽度；

（6）宿舍房间的建筑面积不应大于30m^2，其他房间的建筑面积不宜大于100m^2；

（7）房间内任一点至最近疏散门的距离不应大于15m，房门的净宽度不应大于0.8m；房间超过50m^{2}时，房门净宽度不应小于1.2m；

（8）隔墙应从楼地面基层隔断至顶板基层底面。

2.发电机房、变配电房、厨房操作间、锅炉房、可燃材料库房和易燃易爆危险品库房的防火设计应符合下列规定：

（1）建筑构件的燃烧性能等级应为A级；

（2）层数应为1层，建筑面积不应大于200m^2；

（3）可燃材料库房单个房间的建筑面积不应超过30m^2，易燃易爆危险品库房单个房间的建筑面积不应超过20m^2；

（4）房间内任一点至最近疏散门的距离不应大于10m，房门的净宽度不应大于0.8m。

3.其他防火设计应符合下列规定：

（1）宿舍、办公用房不应与厨房操作间、锅炉房、变配电房等组合建造；

（2）会议室、娱乐室等人员密集房间应设置在临时用房的一层，其疏散门应向疏散方向开启。

3.2.3 在建工程防火

1.在建工程作业场所的临时疏散通道应采用不燃或难燃材料建造，并应与在建工程结构施工同步设置，也可利用在建工程施工完毕的水平结构、楼梯。

2.在建工程内临时疏散通道的设置应符合下列规定：

（1）疏散通道的耐火极限不应低于0.5h；

（2）设置在地面上的临时疏散通道，其净宽度不应小于1.5m；利用在建工程施工完毕的水平结构、楼梯作临时疏散通道时，其净宽度不宜小于1.0m；用于疏散的爬梯及设置在脚手架上的临时疏散通道，其净宽度不应小于0.6m；

（3）临时疏散通道为坡道，且坡度大于25°时，应修建楼梯或台阶踏步或设置防滑条；

（4）临时疏散通道不宜采用爬梯，确需采用时，应采取可靠固定措施；

（5）疏散通道的侧面如为临空面，应沿临空面设置高度不小于1.2m的防护栏杆；

（6）临时疏散通道搭设在脚手架上时，脚手架应采用不燃材料搭设；

（7）临时疏散通道应设置明显的疏散指示标识；

（8）临时疏散通道应设置照明设施。

3.既有建筑进行扩建、改建施工时，必须明确划分施工区和非施工区。施工区内不得营业、使用和居住；非施工区继续营业、使用和居住时，应符合下列规定：

（1）施工区和非施工区之间应采用不开设门、窗、洞口的耐火极限不低于3.0h的不燃烧体隔墙进行防火分隔；

（2）非施工区内的消防设施应完好和有效，疏散通道应保持畅通，并应落实日常值班及消防安全管理制度；

（3）施工区的消防安全应配有专人值守，发生火情应能立即处置；

（4）施工单位应向居住和使用者进行消防宣传教育，告知建筑消防设施、疏散通道位置及使用方法，同时应组织疏散演练；

（5）外脚手架搭设长度不应超过该建筑物外立面周长的1/2。

4.外脚手架、支模架等的架体宜采用不燃或难燃材料搭设，高层建筑、既有建筑的改造工程的外脚手架、支模架的架体，应采用不燃材料搭设。

5.下列安全防护网应采用阻燃型安全防护网：

（1）高层建筑外脚手架的安全防护网；

（2）既有建筑外墙改造时，其外脚手架的安全防护网；

（3）临时疏散通道的安全防护网。

6.作业场所应设置明显的疏散指示标志，其指示方向应指向最近的疏散通道入口。

7.作业层的醒目位置应设置安全疏散示意图。

第3节 临时消防设施

3.3.1 一般规定

1.施工现场应设置灭火器、临时消防给水系统和临时消防应急照明等临时消防设施。

2.临时消防设施的设置应与在建工程的施工保持同步。对于房屋建筑工程，临时消防设施的设置与在建工程主体结构施工进度的差距不应超过3层。

3.在建工程可利用已具备使用条件的永久性消防设施作为临时消防设施。当永久性消防设施无法满足使用要求时，应增设临时消防设施，并应符合有关规定。

4.施工现场的消火栓泵应采用专用消防配电线路。专用配电线路应自施工现场总配电箱的总断路器上端接入，且应保持不间断供电。

5.地下工程的施工作业场所宜配备防毒面具。

6.临时消防给水系统的贮水池、消火栓泵、室内消防竖管及水泵接合器等应设置醒目标识。

3.3.2　灭火器

1.在建工程及临时用房的下列场所应配置灭火器：

(1) 易燃易爆危险品存放及使用场所；

(2) 动火作业场所；

(3) 可燃材料存放、加工及使用场所；

(4) 厨房操作间、锅炉房、发电机房、变配电房、设备用房、办公用房、宿舍等临时用房；

(5) 其他具有火灾危险的场所。

2.施工现场灭火器配置应符合下列规定：

(1) 灭火器的类型应与配备场所可能发生的火灾类型相匹配；

(2) 灭火器的最低配置标准应符合表3-2的规定；

灭火器最低配置标准　表3-2

项目	固体物质火灾		液体或可熔化固体物质火灾、气体火灾	
	单具灭火器最小灭火级别	单位灭火级别最大保护面积(m^2/A)	单具灭火器最小灭火级别	单位灭火级别最大保护面积(m^2/B)
易燃易爆危险品存放及使用场所	3A	50	89B	0.5
固定动火作业场	3A	50	89B	0.5
临时动火作业点	2A	50	55B	0.5
可燃材料存放、加工及使用场所	2A	75	55B	1.0
厨房操作间、锅炉房	2A	75	55B	1.0
自备发电机房	2A	75	55B	1.0
变配电房	2A	75	55B	1.0
办公用房、宿舍	1A	100	—	—

(3) 灭火器的配置数量应按现行国家标准《建筑灭火器配置设计规范》GB 50140的有关规定经计算确定，且每个场所的灭火器数量不应少于2具；

(4) 灭火器的最大保护距离应符合表3-3的规定。

灭火器的最大保护距离(m)　表3-3

灭火器配置场所	固体物质火灾	液体或可熔化固体物质火灾、气体火灾
易燃易爆危险品存放及使用场所	15	9
固定动火作业场	15	9
临时动火作业点	10	6

续表

灭火器配置场所	固体物质火灾	液体或可熔化固体物质火灾、气体火灾
可燃材料存放、加工及使用场所	20	12
厨房操作间、锅炉房	20	12
发电机房、变配电房	20	12
办公用房、宿舍等	25	—

3.3.3 临时消防给水系统

1. 施工现场或其附近应设有稳定、可靠的水源，并应能满足施工现场临时消防用水的需要。消防水源可采用市政给水管网或天然水源。采用天然水源时，应有可靠措施确保冰冻季节、枯水期最低水位时顺利取水，并满足消防用水量的要求。

2. 临时消防用水量应为临时室外消防用水量与临时室内消防用水量之和。

3. 临时室外消防用水量应按临时用房和在建工程临时室外消防用水量的较大者确定，施工现场火灾次数可按同时发生 1 次确定。

4. 临时用房建筑面积之和大于 $1000m^2$ 或在建工程（单体）体积大于 $10000m^3$ 时，应设置临时室外消防给水系统。当施工现场处于市政消火栓的 150m 保护范围内，且市政消火栓的数量满足室外消防用水量要求时，可不设置临时室外消防给水系统。

5. 临时用房的临时室外消防用水量不应小于表 3-4 的规定。

临时用房的临时室外消防用水量　　表 3-4

临时用房建筑面积之和	火灾延续时间(h)	消火栓用水量(L/s)	每只水枪最小流量(L/s)
$1000m^2$＜面积≤$5000m^2$	1	10	5
面积＞$5000m^2$		15	5

6. 在建工程的临时室外消防用水量不应小于表 3-5 的规定。

在建工程的临时室外消防用水量　　表 3-5

在建工程(单体)体积	火灾延续时间(h)	消火栓用水量(L/s)	每只水枪最小流量(L/s)
$10000m^3$＜体积≤$30000m^3$	1	15	5
体积＞$30000m^3$	2	20	5

7. 施工现场的临时室外消防给水系统的设置应符合下列要求：

（1）给水管网宜布置成环状；

（2）临时室外消防给水主干管的管径，应根据施工现场临时消防用水量和干管内水流计算速度计算确定，且不应小于 *DN*100；

（3）室外消火栓应沿在建工程、临时用房、可燃材料堆场及其加工场均匀布置，与在建工程、临时用房和可燃材料堆场及其加工场的外边线距离不应小于 5m；

（4）消火栓的间距不应大于 120m；

（5）消火栓的最大保护半径不应大于 150m。

8. 建筑高度大于 24m 或体积超过 30000m^3（单体）的在建工程，应设置临时室内消防给水系统。

9. 在建工程的临时室内消防用水量不应小于表 3-6 的规定。

在建工程的临时室内消防用水量　　表 3-6

建筑高度、在建工程体积（单体）	火灾延续时间（h）	消火栓用水量（L/s）	每只水枪最小流量（L/s）
24m＜建筑高度≤50m 或 30000m^3＜体积≤50000m^3	1	10	5
建筑高度＞50m 或体积＞50000m^3	1	15	5

10. 在建工程临时室内消防竖管的设置应符合下列规定：

（1）消防竖管的设置位置应便于消防人员操作，其数量不应少于 2 根，当结构封顶时，应将消防竖管设置成环状；

（2）消防竖管的管径应根据室内消防用水量、竖管给水压力或流速进行计算确定，且管径不应小于 *DN*100。

11. 设置室内消防给水系统的在建工程，应设置消防水泵接合器。消防水泵接合器应设置在室外便于消防车取水的部位，与室外消火栓或消防水池取水口的距离宜为 15m 至 40m。

12. 设置临时室内消防给水系统的在建工程，各结构层均应设置室内消火栓接口及消防软管接口，并应符合下列要求：

（1）消火栓接口及软管接口应设置在位置明显且易于操作的部位；

（2）在消火栓接口的前端应设置截止阀；

（3）消火栓接口或软管接口的间距，多层建筑不应大于 50m；高层建筑不应大于 30m。

13. 在建工程结构施工完毕的每层楼梯处应设置消防水枪、水带及软管，且每个设置点不应少于 2 套。

14. 建筑高度超过 100m 的在建工程，应在适当楼层增设临时中转水池及加压水泵。中转水池的有效容积不应少于 10m^3，上下两个中转水池的高差不应超过 100m。

15. 临时消防给水系统的给水压力应满足消防水枪充实水柱长度不小于 10m 的要求；给水压力不能满足现场消防给水系统的给水压力要求时，应设置消火栓泵，消火栓泵不应少于 2 台，且应互为备用；消火栓泵宜设置自动启动装置。

16. 当外部消防水源不能满足施工现场的临时消防用水量要求时，应在施工现场设置临时贮水池。临时贮水池宜设置在便于消防车取水的部位，其有效容积不应小于施工现场火灾延续时间内一次灭火的全部消防用水量。

17. 施工现场临时消防给水系统可与施工现场生产、生活给水系统合并设置，但应设置将生产、生活用水转为消防用水的应急阀门。应急阀门不应超过 2 个，且应设置在易于操作的场所，并应有明显标识。

18. 严寒和寒冷地区的现场临时消防给水系统应有防冻措施。

3.3.4 应急照明

1. 施工现场的下列场所应配备临时应急照明：

(1) 自备发电机房及变、配电房；

(2) 水泵房；

(3) 无天然采光的作业场所及疏散通道；

(4) 高度超过 100m 的在建工程的室内疏散通道；

(5) 发生火灾时仍需坚持工作的其他场所。

2. 作业场所应急照明的照度值不应低于正常工作所需照度值的 90%，疏散通道的照度值不应小于 0.5lx。

3. 临时消防应急照明灯具宜选用自备电源的应急照明灯具，自备电源的连续供电时间不应小于 60min。

第4节 防火管理

3.4.1 一般规定

1. 施工现场的消防安全由施工单位负责。实行施工总承包的，应由总承包单位负责。分包单位向总承包单位负责，并应服从总承包单位的管理，同时应承担国家法律、法规规定的消防责任和义务。

2. 监理单位应对施工现场的消防安全实施监理。

3. 施工单位应根据建设项目规模、现场防火管理的重点，在施工现场建立消防安全管理组织机构及义务消防组织，并应确定消防安全负责人及消防安全管理人员，同时应落实消防安全管理责任。

4. 施工单位应针对施工现场可能导致火灾发生的施工作业及其他活动，制订消防安全管理制度。消防安全管理制度主要包括以下内容：

(1) 消防安全教育与培训制度；

(2) 可燃及易燃易爆危险品管理制度；

(3) 用火用电用气管理制度；

(4) 消防安全检查制度；

(5) 应急预案演练制度。

5. 施工单位应编制施工现场防火技术方案，并根据现场情况变化及时对其修改、完善。防火技术方案应包括以下主要内容：

(1) 施工现场重大火灾危险源辨识；

(2) 施工现场防火技术措施；

(3) 临时消防设施、疏散设施的配备；

(4) 临时消防设施和消防警示标识布置图。

6. 施工单位应编制施工现场灭火及应急疏散预案。灭火及应急疏散预案应包括下列主要内容：

(1) 应急灭火处置机构及各级人员应急处置职责；

(2) 报警、接警处置的程序和通信联络的方式；

(3) 扑救初起火灾的程序和措施；

(4) 应急疏散及救援的程序和措施。

7. 施工人员进场时，施工现场的消防安全管理人员应向施工人员进行消防安全教育和培训。消防安全教育和培训应包括下列内容：

(1) 施工现场消防安全管理制度、防火技术方案、灭火及应急疏散预案；

(2) 施工现场临时消防设施的性能及使用、维护方法；

(3) 扑灭初起火灾及自救逃生的知识和技能。

(4) 报警、接警的程序和方法。

8. 施工作业前，施工现场的施工管理人员应向作业人员进行防火安全技术交底。防火安全技术交底应包括以下主要内容：

(1) 施工过程中可能发生火灾的部位或环节；

(2) 施工过程应采取的防火措施及应配备的临时消防设施；

(3) 初起火灾的扑灭方法及注意事项；

(4) 逃生方法及路线。

9. 施工过程中，施工现场消防安全负责人应定期组织消防安全管理人员对施工现场的消防安全进行检查。消防安全检查应包括下列主要内容：

(1) 可燃物、易燃易爆危险品的管理是否落实；

(2) 动火作业的防火措施是否落实；

(3) 用火、用电、用气是否存在违章操作，电气焊及保温防水施工是否执行操作规程；

(4) 临时消防设施是否完好有效；

(5) 临时消防车道及临时疏散是否畅通。

10. 施工单位应根据消防安全应急预案，定期开展灭火和应急疏散的演练。

11. 施工单位应做好并保存施工现场防火安全管理的相关文件和记录，建立现场防火安全管理档案。

3.4.2　可燃物及易燃易爆危险品管理

1. 用于在建工程的保温、防水、装饰及防腐等材料的燃烧性能等级应符合设计要求。

2. 可燃材料及易燃易爆危险品应按计划限量进场。进场后，可燃材料宜存放于库房内，露天存放时，应分类成垛堆放，垛高不应超过 2m，单垛体积不应超过 $50m^3$，垛与垛之间的最小间距不应小于 2m，且应采用不燃或难燃材料覆盖；易燃易爆危险品应分类专库储存，库房内应通风良好，并应设置严禁明火标志。

3. 室内使用油漆及其有机溶剂、乙二胺、冷底子油等易挥发产生易燃气体的物资作业时，应保持室内良好通风，作业场所严禁明火，并应避免产生静电。

4. 施工产生的可燃、易燃建筑垃圾或余料，应及时处理。

3.4.3　用火、用电、用气管理

1. 施工现场用火应符合下列规定：

(1) 动火作业应办理动火许可证；动火许可证的签发人收到动火申请后，应前往现场查验，并确认动火作业的防火措施落实后，再签发动火许可证；

(2) 动火操作人员应具有相应资格；

（3）焊接、切割、烘烤或加热等动火作业前，应对作业现场的可燃物进行清理；作业现场及其附近无法移走的可燃物应采用不燃材料覆盖或隔离；

（4）施工作业安排时，宜将动火作业安排在使用可燃建筑材料施工作业之前进行。确需在可燃建筑材料施工作业之后进行动火作业的，应采取可靠的防火保护措施；

（5）裸露的可燃材料上严禁直接进行动火作业；

（6）焊接、切割、烘烤或加热等动火作业应配备灭火器材，并应设置动火监护人进行现场监护，每个动火作业点均应设置 1 个监护人；

（7）五级（含五级）以上风力时，应停止焊接、切割等室外动火作业；确需动火作业时，应采取可靠的挡风措施；

（8）动火作业后，应对现场进行检查，并应在确认无火灾危险后，动火操作人员再离开；

（9）具有火灾、爆炸危险的场所严禁明火；

（10）施工现场不应采用明火取暖；

（11）厨房操作间炉灶使用完毕后，应将炉火熄灭，排油烟机及油烟管道应定期清理油垢。

2. 施工现场用电应符合下列规定：

（1）施工现场供用电设施的设计、施工、运行、维护应符合现行国家标准《建设工程施工现场用电安全规范》GB 50194 的有关规定；

（2）电气线路应具有相应的绝缘强度和机械强度，严禁使用绝缘老化或失去绝缘性能的电气线路，严禁在电气线路上悬挂物品。破损、烧焦的插座、插头应及时更换；

（3）电气设备与可燃、易燃易爆和腐蚀性物品应保持一定的安全距离；

（4）有爆炸和火灾危险的场所，应按危险场所等级选用相应的电气设备；

（5）配电屏上每个电气回路应设置漏电保护器、过载保护器；距配电屏 2m 范围内不得堆放可燃物，5m 范围内不应设置可能产生较多易燃、易爆气体、粉尘的作业区；

（6）可燃库房不应使用高热灯具，易燃易爆危险品库房内应使用防爆灯具；

（7）普通灯具与易燃物距离不宜小于 300mm；聚光灯、碘钨灯等高热灯具与易燃物距离不宜小于 500mm；

（8）电气设备不应超负荷运行或带故障使用；

（9）严禁私自改装现场供用电设施；

（10）应定期对电气设备的运行及维护情况进行检查。

3. 施工现场用气应符合下列规定：

（1）储装气体的罐瓶及其附件应合格、完好和有效；严禁使用减压器及其他附件缺损的氧气瓶，严禁使用乙炔专用减压器、回火防止器及其他附件缺损的乙炔瓶。

（2）气瓶运输、存放、使用时，应符合下列规定：

1）气瓶应保持直立状态，并采取防倾倒措施，乙炔瓶严禁横躺卧放；

2）严禁碰撞、敲打、抛掷、滚动气瓶；

3）气瓶应远离火源，与火源的距离不应小于 10m，并应采取避免高温和防止曝晒的措施；

4）燃气储装瓶罐应设置防静电装置。

(3) 气瓶应分类储存，库房内应通风良好；空瓶和实瓶同库存放时，应分开放置，空瓶和实瓶间距不应小于 1.5m；

(4) 气瓶使用时应符合下列规定：

1) 使用前，应检查气瓶及气瓶附件的完好性，检查连接气路的气密性，并采取避免气体泄漏的措施，严禁使用已老化的橡皮气管；

2) 氧气瓶与乙炔瓶的工作间距不应小于 5m，气瓶与明火作业点的距离不应小于 10m；

3) 冬季使用气瓶，气瓶的瓶阀、减压阀等发生冻结时，严禁用火烘烤或用铁器敲击瓶阀，严禁猛拧减压器的调节螺丝；

4) 氧气瓶内剩余气体的压力不应少于 0.1MPa；

5) 气瓶用后应及时归库。

3.4.4　其他防火管理

1. 施工现场的重点防火部位或区域，应设置防火警示标识。

2. 施工单位应做好施工现场临时消防设施的日常维护工作，对已失效、损坏或丢失的消防设施应及时更换、修复或补充。

3. 临时消防车道、临时疏散通道、安全出口应保持畅通，不得遮挡、挪动疏散指示标识，不得挪用消防设施。

4. 施工期间，不应拆除临时消防设施及疏散设施。

5. 施工现场严禁吸烟。

第 4 章　建设工程施工现场安全管理知识

第 1 节　安全生产的基本概念、方针、原则及措施

4.1.1　安全生产的基本概念

1. 安全生产的概念

安全生产就是指生产经营活动中，为保证人身健康与生命安全，保证财产不受损失，确保生产经营活动得以顺利进行，促进社会经济发展、社会稳定和进步而采取的一系列措施和行动的总称。

2. 劳动保护的概念

劳动保护就是依靠科学技术和管理，采取技术措施和管理措施，消除生产过程中危及人身安全和健康的不良环境、不安全设备和设施、不安全环境、不安全场所和不安全行为，防止伤亡事故和职业危害，保障劳动者在生产过程中的安全与健康的总称。

3. 职业健康安全的概念

与安全生产或者劳动保护的含义基本相同，均以法律法规、管理机制、组织制度、技术措施、宣传教育等手段，来确保人身健康与生命安全以及财产安全。

劳动保护和职业健康安全的着眼点不一样，但都是安全生产的重要方面，属于安全生产的范畴。

4.1.2　安全生产的方针

安全生产工作的方针是“安全第一，预防为主，综合治理”。“安全第一”是安全生产的基础。“预防为主”是安全生产方针的核心，是实施安全生产的根本。“综合治理”是安全生产的方法和手段。

4.1.3　安全生产的原则

1. 安全生产基本原则

《中华人民共和国宪法》规定：“加强劳动保护，改善劳动条件”，这是国家和企业安全生产所必须遵循的基本原则。

2.“管生产必须管安全”的原则

“管生产必须管安全”这是企业各级领导在生产过程中必须坚持的原则。

3.“安全设施建设三同时”原则

“三同时”原则是指生产性基本建设项目中的劳动安全卫生设施必须符合国家规定的标准，必须与主体工程同时设计、同时施工、同时投入生产和使用。

4. 全员安全生产教育培训的原则

全员安全生产教育培训的原则是指对企业全体员工（包括管理人员含高级管理层、农民工、临时工）进行安全生产法律、法规和安全专业知识以及安全生产技能等方面的教育和培训。

5.“三同步”原则

“三同步”原则是指企业在考虑经济发展，进行机构改革、技术改造时，安全生产要与之同时规划，同时组织实施，同时运作投产。

6.“三不伤害”原则

“三不伤害”原则是指教育广大职工做到不伤害自己、不伤害他人、不被他人伤害。首先确保自己不违章，保证不伤害到自己，不去伤害到别人。要做到不被别人伤害，这就要求我们要有良好的自我保护意识，要及时制止他人违章。制止他人违章既保护了自己，也保护了他人，同时也保护了别的许多人。

7. 杜绝“三违”原则

“三违”是指违章指挥、违章作业、违反劳动纪律。

（1）违章指挥：企业负责人和有关管理人员法制观念淡薄，缺乏安全知识，思想上存有侥幸心理，对国家、集体的财产和人民群众的生命安全不负责任。明知不符合安全生产有关条件，仍指挥作业人员冒险作业。

（2）违章作业：作业人员没有安全生产常识，不懂安全生产规章制度和操作规程，或者在知道基本安全知识的情况下，在作业过程中，违反安全生产规章制度和操作规程，不顾国家、集体的财产和他人、自己的生命安全，擅自作业，冒险蛮干。

（3）违反劳动纪律：上班时不知道劳动纪律，或者不遵守劳动纪律，违反劳动纪律进行冒险作业，造成不安全因素。

8.“四不放过”原则

“四不放过”原则是指发生安全事故后原因分析不清不放过，事故责任者和群众没有受到教育不放过，没有防范措施不放过，责任者没有被追究责任不放过。

9.“五同时”原则

“五同时”原则是指企业生产组织及领导者在计划、布置、检查、总结、评比生产经营工作的时候，同时计划、布置、检查、总结、评比安全工作，把安全生产工作落实到每一个生产组织管理环节中去。

4.1.4　安全生产的基本措施

安全生产的基本措施是指：安全技术措施、安全教育措施和安全管理措施。

1. 安全技术措施。即通过安全设施、安全设备、安全装置、安全检测和监测、防护用品等安全工程与技术硬件的投入，实现技术系统的本质安全化。

2. 安全教育措施。即通过对全员的安全培训教育，以提高全员的安全素质，包括意识、知识、技能、态度、观念等综合安全素质。

3. 安全管理措施。即通过立法、监察、监督、检查等管理方式，保障技术条件和环境达标，以及人员的行为规范以实现安全生产的目的。

“三大基本措施”都很重要，在安全生产管理中应将“三大基本措施”具体落实到部门和有关人员。目前，安全生产管理中最为缺乏的是安全教育措施。安全教育措施的不落实或流于形式，会导致安全技术措施和安全管理措施的不到位或不落实。所以，认真开展安全教育培训目前显得尤为重要。

第2节 安全教育、安全技术交底、班组活动

4.2.1 安全教育

安全生产教育培训是指专门针对安全生产形势、安全生产管理知识、安全生产法律法规、安全生产管理方法和安全生产操作技能等内容组织的教育培训活动。安全生产教育培训应以企业为主，包括岗前（含转岗）培训、持证后的继续教育以及日常生产活动中的技术交底等。

安全生产教育培训的对象为企业主要负责人、项目负责人、安全管理人员、特种作业人员、企业其他管理人员和作业人员（包括待岗、转岗、换岗人员、新进场工人）。其中，前四类对象由有关部门考核发证，其中前三类人员应取得建设行政主管部门颁发的安全资格证书，特种作业人员应取得特种作业操作资格证书。

三级安全教育是指对新进员工的公司级教育、项目部级教育和班组级教育。新进员工（包括合同工、临时工、代训工、实习人员及参加劳动的学生等）必须进行三级安全教育，经考试合格后方可分配工作。三级安全教育的主要内容有以下几个方面：

1. 公司级安全教育

公司级安全教育一般由企业安全管理部门负责进行。

（1）讲解党和国家有关安全生产的方针、政策、法令、法规及有关建筑施工安全的规程、规定，讲解劳动保护的意义、任务、内容及基本要求，使新入公司人员树立“安全第一、预防为主”和“安全生产，人人有责”的思想；

（2）介绍本企业的安全生产情况，包括企业发展史（含企业安全生产发展史）、企业生产特点、企业设备分布情况（着重介绍特种设备的性能、作用、分布和注意事项）、主要危险及要害部位，介绍一般安全生产防护知识和电气、起重及机械方面安全知识，介绍企业的安全生产组织机构及企业的主要安全生产规章制度等；

（3）介绍企业安全生产的经验和教训，结合企业和同行业常见事故案例进行剖析讲解，阐明伤亡事故的原因及事故处理程序等；

（4）提出希望和要求。如要求受教育人员要按《全国职工守则》和企业职工奖惩条例积极工作；要树立“安全第一、预防为主”的思想；在生产劳动过程中努力学习安全技术、操作规程，经常参加安全生产经验交流和事故分析活动和安全检查活动；要遵守操作规程和劳动纪律，不擅自离开工作岗位，不违章作业，不随便出入危险区域及要害部位；要注意劳逸结合，正确使用劳动保护用品等。

新入公司人员必须百分之百进行教育，教育后要进行考试，成绩不及格者要重新教育，直至合格，并填写《职工三级教育卡》，公司级安全教育时间一般不少于15学时。

2. 项目部级安全教育

各个项目部有不同的生产特点和不同的要害部位、危险区域和设备，因此，在进行本级安全教育时，应根据各自情况，详细讲解。

（1）介绍本项目部生产特点、性质。如项目部人员结构，安全生产组织及活动情况；项目部主要工种及作业中的专业安全要求；危险区域、特种作业场所，有毒有害岗位情况；安全生产规章制度和劳动保护用品穿戴要求及注意事项；事故多发部位、原因及相应的特殊规定和安全要求；项目部常见事故和对典型事故案例的剖析；项目部安全生产、文

明生产的经验与问题等；

（2）根据项目部的特点介绍安全技术基础知识；

（3）介绍消防安全知识；

（4）介绍项目部安全生产和文明生产制度。项目部级安全教育由项目部负责人和专职安全管理人员负责，项目部级安全教育时间一般不少于 15 学时。

3. 班组级安全教育

班组是企业生产的“前线”，生产活动是以班组为基础的。由于作业人员活动在班组，机具设备能源在班组，事故常常发生在班组，因此，班组安全教育非常重要。

（1）介绍本班组生产概况、范围、作业环境、设备状况、消防设施等。重点介绍可能发生伤害事故的各种危险因素和危险部位，可用一些典型事故实例去剖析讲解；

（2）讲解本岗位使用的机械设备、工器具的性能，防护装置的作用和使用方法；讲解本工种安全操作规程和岗位责任及有关安全注意事项，使作业人员真正从思想上重视安全生产，自觉遵守安全操作规程，做到不违章作业，爱护和正确使用机器设备、工具等；介绍班组安全活动内容及作业场所的安全检查和交接班制度；教育作业人员发现了事故隐患或发生了事故，应及时报告领导或有关人员，并学会如何紧急处理险情；

（3）讲解正确使用劳动保护用品及其保管方法和文明生产的要求；

（4）实际安全操作示范，重点讲解安全操作要领，边示范，边讲解，说明注意事项，并讲述哪些操作是危险的、是违反操作规程的，使作业人员明白违章将会造成的严重后果。

班组安全教育的重点是岗位安全基础教育，主要由班组长和安全员负责教育。安全操作法和生产技能教育可由安全员、技术员或包教师傅传授，授课时间一般不少于 20 学时。

新进员工只有经过三级安全教育并经考核合格后，方可上岗。三级安全教育成绩应填入职工安全教育卡，存档备查。

安全生产贯穿整个生产劳动过程中，而三级教育仅仅是安全教育的开端。新进员工只进行三级教育还不能单独上岗作业，还必须根据岗位特点，对他们再进行生产技能和安全技术培训。对特种作业人员，必须进行专门培训，经考核合格，方可持证上岗操作。另外，根据企业生产发展情况，还要对职工进行定期复训，安全继续教育等。

4.2.2　安全技术交底

安全技术交底是指在工程施工开工前组织项目技术人员、施工管理人员、施工作业人员把即将开展施工需要交待的施工工艺、工序、投入的机械设备、操作规程、工程质量要求、施工过程中存在的危险因素、应对危险的安全技术措施、预防措施、应对突发事件危害的应急处置措施和救援行动需要注意的事项等进行交待的一系列活动。

安全技术交底活动是施工管理中的重要组成部分，是施工安全管理中不可缺少的过程，是一种超前的管理手段。其目的是让施工作业人员能够提前了解施工中需要控制的工艺、工序、质量和安全注意事项，提前对施工中需要关注的问题进行理解和消化，最大限度地避免质量和安全事故，实现安全、优质、高效地完成施工任务的目标。

《建设工程安全生产管理条例》第二十七条规定，建设工程施工前，施工单位负责项目管理的技术人员应当对有关安全施工的技术要求向施工作业班组、作业人员做出详细说明，并由双方签字确认。

1.工程开工前，由公司安全管理部门负责向项目部进行安全生产管理首次交底。交底内容包括：

（1）国家和地方有关安全生产的方针、政策、法律法规、标准、规范、规程和企业的安全规章制度；

（2）项目安全管理目标、伤亡控制指标、安全达标和文明施工目标；

（3）危险性较大的分部分项工程及危险源的控制、专项施工方案清单和方案编制的指导、要求；

（4）施工现场安全质量标准化管理的一般要求；

（5）公司部门对项目部安全生产管理的具体措施要求。

2.项目部负责向施工队长或班组长进行书面安全技术交底。交底内容包括：

（1）项目各项安全管理制度、办法，注意事项、安全技术操作规程；

（2）每一分部、分项工程施工安全技术措施、施工生产中可能存在的不安全因素以及防范措施等，确保施工活动安全；

（3）特殊工种的作业、机电设备的安拆与使用，安全防护设施的搭设等，项目技术负责人均要对操作班组作安全技术交底；

（4）两个以上工种配合施工时，项目技术负责人要按工程进度定期或不定期地向有关班组长进行交叉作业的安全交底。

3.施工队长或班组长要根据交底要求，对操作工人进行针对性的班前作业安全交底，操作人员必须严格执行安全交底的要求。交底内容包括：

（1）本工种安全操作规程；

（2）现场作业环境要求，本工种操作的注意事项；

（3）个人防护措施等。

4.安全技术交底要全面、有针对性，符合有关安全技术操作规程的规定，内容要全面准确。安全技术交底要经交底人与接受交底人签字方能生效。交底字迹要清晰，必须本人签字，不得代签。

5.安全技术交底的方法

（1）组织与施工有关的人员采用培训、开会的方法。交底活动应有交底资料、人员有签到、有现场照片记录；

（2）工艺简单、危险较大的施工项目，交底活动可与安全培训活动合并进行。必须向施工作业人员如实告知施工中存在的危险和应对危险的安全技术措施和预防措施；

（3）大型工程施工的安全技术交底活动，由于施工人员多，应按分部分项工程项目，分批开展活动；首先对管理人员和班组长、生产骨干进行交底，再组织作业人员传达、讨论；

（4）工艺复杂、危险性较大的施工项目在交底活动中应进行详细交待，并组织讨论；

（5）开展交底活动前，应提前将交底文件下发到班组，可以提前组织生产骨干讨论；

（6）应要求作业班组妥善保存下发的安全技术交底文件资料，便于随时参照执行。

6.安全交底后，项目技术负责人、安全员、班组长等要对安全交底的落实情况进行检查和监督、督促操作工人严格按照交底要求施工，制止违章作业现象发生。

4.2.3　班组活动

1. 上班前各班组应实行班前安全生产教育交底。

2. 交底内容：根据本班组工作内容进行电器、机械设备、“四口五临边”防护、高处作业、季节气候、防火等各个环节的情况进行有针对性的交底和提出针对性的预防措施。

3. 上岗检查，主要查上岗人员的劳动保护情况，查现场的每个岗位的作业环境是否安全无患。

4. 上岗检查机械设备的安全保险装置是否完好有效，以及各类安全技术交底措施的落实工作情况等。

5. 做好上岗记录，记录好上岗交底的主要内容，班组人员分工情况，记录好上岗检查后存在主要的不安全因素和采取的相应措施。

6. 检查过程中发现的问题，采取措施作出处理意见，并付诸实施，并作好记录，作好签字手续。

7. 在做好每日班组上岗活动的基础上，班组还应每周进行一次安全讲评活动，利用上班前后进行一周的安全生产工作的小结，表扬先进事例和遵章守纪的先进个人，小结主要经验教训，针对不安全因素，发动职工提出改进措施，从中吸取经验教训，举一反三，做到安全生产警钟长鸣。

8. 班组开展的班前“三上岗、一讲评”活动（即班组在班前须进行上岗交底、上岗检查、上岗教育和每周一次的“一讲评”安全活动），项目部要做好监督指导工作，并对班组的安全活动开展情况制定考核措施。

第 3 节　危险源识别与生产安全事故的防范

4.3.1　危险源识别

1. 危险源的概念

危险源是指可能导致死亡、伤害、职业疾病、财产损失、作业环境破坏或其他损失的根源或状态。

2. 危险源的种类

根据危险源在事故发生、发展中的作用，一般把危险源划分为两大类，即第一类危险源和第二类危险源。

第一类危险源是指生产过程中存在的，可能发生意外释放的能量，包括生产过程中各种能量源、能量载体或危险物质。第一类危险源决定了事故后果的严重程度，它具有能量越大，发生事故后果越重的特点。

第二类危险源是指导致能量或危险物质约束或限制措施破坏或失效的各种因素。广义上包括物的故障、人的失误、环境不良以及管理缺陷等因素。第二类危险源决定了事故发生的可能性，它出现越频繁，发生事故的可能性越大。

事故的发生是两类危险源共同作用的结果。在企业安全管理工作中，第一类危险源客观上已经存在并且在工程设计、建设时已经采取了必要的控制措施，因此，施工企业安全工作重点是第二类危险源的控制问题。从上述意义上讲，危险源可以是一次事故、一种环境、一种状态的载体，也可以是可能产生不期望后果的人或物。例如，人员在高处坠落事故的发生，首先是有人在高处的位能存在（第一类危险源），所处的坠落高度越高，势能就越大，坠落后的后果也就越严重；在无防护或防护措施失效或者是人的操作失误等条件下（第二类危险源），事故才可能发生的，这种条件存在的越多，发生事故的可能性就越大。施工过程中，没有完善的操作标准，可能使员工出现不安全行为，可能导致事故的发生，因此没有操作标准也是危险源。

3. 危险源的识别

危险源的辨识是识别危险源的存在、根源状态并确定其特性的过程，是安全管理的基础工作，主要目的是要找出每项工作活动有关的所有危险源，并考虑这些危险源可能会对什么人造成什么样的伤害，或导致什么设备设施损坏等。

为了做好危险源识别的工作，可以把危险源按工作活动的专业进行分类，如机械类、电气类、辐射类、物质类、火灾和爆炸类等。可以采用危险源提示表的方法，进行危险源辨识。

建筑施工企业应根据本企业的施工特点，依据承包工程的类型、特征、规模及自身管理水平等情况，辨识出危险源，并对重大危险源制定管理控制措施和应急预案，这是安全技术管理的一项重要内容。企业应对危险源识别，列出危险源清单，一一进行评价，对重大危险源进行控制策划、建档，并对重大危险源的识别及时进行更新。危险源的识别与评价必须有文件记录。

4.3.2 生产安全事故隐患

隐患是指潜藏着的祸患。生产安全事故隐患是指生产经营活动中未被人们发现或者被人们忽视的可能导致人身伤害或者重大生产安全事件的意外变故或者灾害。

通常情况下，生产安全事故隐患是指生产经营单位违反安全生产法律、法规、规章、标准、规程、安全生产管理制度的规定，或者其他因素在生产经营活动中存在的可能导致伤亡事故发生的物的危险状态、人的不安全行为和管理上的缺陷。

生产安全事故隐患分为一般事故隐患和重大事故隐患。一般事故隐患，是指危害和整改难度较小，发现后能够立即整改排除的隐患。重大事故隐患，是指危害和整改难度较大，应当全部或者局部停产停业，并经过一定时间整改治理方能排除的隐患，或者因外部因素影响致使生产经营单位自身难以排除的隐患。

生产安全事故隐患的特征主要表现在隐蔽性，即未被人们发现或者易被人们忽视，这是与我们通常所指的生产安全事故的重大区别。

生产安全事故隐患与我们通常所指的生产安全事故的共同特点是已给生产经营活动造成了损失，只是未发现或者对于损失认定的认识问题。实际上根据生产安全事故的定义和划分，生产安全事故隐患就是生产安全事故的一种类型。

隐患就是事故，已成为安全生产管理的一个重要管理理念。建筑施工中应当经常对事故隐患进行排查，并予以消除。

4.3.3 生产安全事故的概念与防范

1. 生产安全事故的概念

根据《中华人民共和国安全生产法》释义，所谓生产安全事故，是指在生产经营活动中发生的意外的突发事件的总称，通常会造成人员伤亡或者财产的损失，使正常的生产经营活动中断。

生产经营单位在生产经营活动中发生的造成人身伤亡或者直接经济损失的事故，属于生产安全事故。生产安全事故其适用范围仅限于生产经营活动中的事故。社会安全、自然灾害、公共卫生事件，不属于生产安全事故。

由于人们的认识问题和管理水平存在差异，有些生产安全事故可能已经发生，往往被忽视或者未发觉，如生产安全隐患、劳动者工作环境不达标甚至恶劣以及工厂、工地食堂饮食卫生等，都有可能造成人身伤害、身心健康或者不同程度的经济损失，使得生产活动不能和谐地开展、顺利地进行，甚至造成不良的社会影响，影响到社会经济发展、社会稳定和进步。

2. 事故特征与防范

事故是一种意外事件。同其他事物一样，也具有本身特有的一些属性，掌握这些特性，对我们认识事故，了解事故及预防事故具有指导性作用。概括起来，事故主要有以下 4 种特性：

（1）因果性。事故的因果性指事故是由相互联系的多种因素共同作用的结果。引起事故的原因是多方面的。在伤亡事故调查分析过程中，应弄清事故发生的因果，找出事故发生的原因，这对预防类似的事故重复发生将起到积极作用；

（2）随机性。事故的随机性是指事故发生的时间、地点、后果的程度是偶然的。这就给事故的预防带来一定的困难。但是，事故这种随机性在一定范围内也遵循一定的规律。从事故的统计资料中，我们可以找到事故发生的规律性。因此，伤亡事故统计分析对制定正确的预防措施有重大意义；

（3）潜伏性。表面上，事故是一种突发事件，但是事故发生之前有一段潜伏期。事故发生之前，系统（人、机、环境）所处的这种状态是不稳定的，也就是说系统存在着事故隐患，具有潜伏的危险性。如果这时有一触即发因素出现，就会导致事故的发生。人们应认识事故的潜伏性，克服麻痹思想。生产活动中，某些企业较长时间内未发生伤亡事故，就会麻痹大意，就会忽视事故的潜伏性。这是造成重大伤亡事故的思想隐患；

（4）可预防性。现代事故预防所遵循的这一原则即指事故是可以预防的。也就是说，任何事故，只要采取正确的预防措施，事故是可以防止的。认识到这一特性，对坚定信心，防止伤亡事故发生有促进作用。因此，我们必须通过事故调查，找到已发生事故的原因，采取预防事故的措施，从根本上降低伤亡事故发生频率。

3. 事故等级划分

根据 2007 年 4 月 9 日中华人民共和国国务院令第 493 号《生产安全事故报告和调查处理条例》的规定，生产安全事故按造成的人员伤亡或者直接经济损失划分为以下四个等级：

（1）特别重大事故，是指造成 30 人以上死亡，或者 100 人以上重伤（包括急性工业中毒，下同），或者 1 亿元以上直接经济损失的事故；

（2）重大事故，是指造成 10 人以上 30 人以下死亡，或者 50 人以上 100 人以下重伤，或者 5000 万元以上 1 亿元以下直接经济损失的事故；

（3）较大事故，是指造成 3 人以上 10 人以下死亡，或者 10 人以上 50 人以下重伤，或者 1000 万元以上 5000 万元以下直接经济损失的事故；

（4）一般事故，是指造成 3 人以下死亡，或者 10 人以下重伤，或者 1000 万元以下直接经济损失的事故。

以上等级事故中的“以上”包括本数，所称的“以下”不包括本数。

该条例规定，国务院安全生产监督管理部门可以会同国务院有关部门，制定事故等级划分的补充性规定。

第4节　安全色与安全标志

4.4.1　安全色

安全色是表达安全信息的颜色，表示禁止、警告、指令、提示等意义。应用安全色使人们能够对威胁安全和健康的物体和环境做出尽快地反应，以减少事故的发生。安全色用途广泛，如用于安全标志牌、交通标志牌、防护栏杆及机器上不准乱动的部位等。安全色的应用必须是以表示安全为目的和有规定的颜色范围。安全色应用红、蓝、黄、绿四种，其含义和用途分别如下：

红色表示禁止、停止、消防和危险的意思。禁止、停止和有危险的器件设备或环境涂以红色的标记。如禁止标志、交通禁令标志、消防设备、停止按钮和停车、刹车装置的操纵把手、仪表刻度盘上的极限位置刻度、机器转动部件的裸露部分、液化石油气槽车的条带及文字，危险信号旗等。

黄色表示注意、警告的意思。需警告人们注意的器件、设备或环境涂以黄色标记。如警告标志、交通警告标志、道路交通路面标志、皮带轮及其防护罩的内壁、砂轮机罩的内壁、楼梯的第一级和最后一级的踏步前沿、防护栏杆及警告信号旗等。

蓝色表示指令、必须遵守的规定。如指令标志、交通指示标志等。

绿色表示通行、安全和提供信息的意思。可以通行或安全情况涂以绿色标记。如表示通行、机器启动按钮、安全信号旗等。

4.4.2　安全标志

安全标志是为了使人们对威胁安全和健康的物体及环境能尽快作出反应，以减少或避免发生事故的标志。

1. 禁止标志

禁止标志是禁止或制止人们想要做的某种动作。它的基本标志是红色斜杆的圆边框，白色背景，黑色图像（如图4-1所示）。

2. 警告标志

警告标志是促使人们提防可能发生的危险，它的基本标志是正三角形黑色边框，黄色背景，黑色图案（如图4-2所示）。

3. 指令标志

指令标志是必须遵守的意思。它的基本标志是圆形边框，蓝色背景，白色图像（如图4-3所示）。

4. 提示标志

提示标志是提供目标所在位置和方向性的信息。它的基本标志是矩形边框，白色图像和文字。背景色为两种：一般提示标志为绿色，消防设备标志为红色（如图4-4所示）。

该安全标志名称：禁止吸烟
英文名称：No smoking
国标代码：GB 2894-2008

该安全标志名称：禁止用水灭火
英文名称：No watering to put out the fire
国标代码：GB 2894-2008

该安全标志名称：禁止合闸
英文名称：No switching on
国标代码：GB 2894-2008

该安全标志名称：禁止跨越
英文名称：No striding
国标代码：GB 2894-2008

该安全标志名称：禁止转动
英文名称：No turning
国标代码：GB 2894-2008

该安全标志名称：禁止攀登
英文名称：No climbing
国标代码：GB 2894-2008

该安全标志名称：禁止烟火
英文名称：No burning
国标代码：GB 2894-2008

该安全标志名称：禁止放易燃物
英文名称：No laying inflammable thing
国标代码：GB 2894-2008

该安全标志名称：禁止停留
英文名称：No stopping
国标代码：GB 2894-2008

该安全标志名称：禁止乘人
英文名称：No riding
国标代码：GB 2894-2008

该安全标志名称：禁止带火种
英文名称：No kindling
国标代码：GB 2894-2008

该安全标志名称：禁止启动
英文名称：No starting
国标代码：GB 2894-2008

该安全标志名称：禁止触摸
英文名称：No touching
国标代码：GB 2894-2008

该安全标志名称：禁止跳下
英文名称：No jumping down
国标代码：GB 2894-2008

该安全标志名称：禁止入内
英文名称：No entering
国标代码：GB 2894-2008

该安全标志名称：禁止靠近
英文名称：No nearing
国标代码：GB 2894-2008

该安全标志名称：禁止通行
英文名称：No thoroughfare
国标代码：GB 2894-2008

该安全标志名称：禁止堆放
英文名称：No stocking
国标代码：GB 2894-2008

图 4-1　禁止标志

该安全标志名称：当心火灾
英文名称：Caution, fire
国标代码：GB 2894-2008

该安全标志名称：当心腐蚀
英文名称：Caution, corrosion
国标代码：GB 2894-2008

该安全标志名称：当心坠落
英文名称：Caution, drop down
国标代码：GB 2894-2008

该安全标志名称：当心感染
英文名称：Caution, infection
国标代码：GB 2894-2008

该安全标志名称：注意安全
英文名称：Caution, danger
国标代码：GB 2894-2008

该安全标志名称：当心爆炸
英文名称：Caution, explosion
国标代码：GB 2894-2008

该安全标志名称：当心伤手
英文名称：Caution, injure hand
国标代码：GB 2894-2008

该安全标志名称：当心触电
英文名称：Danger!electric shock
国标代码：GB 2894-2008

该安全标志名称：当心扎脚
英文名称：Caution, splinter
国标代码：GB 2894-2008

该安全标志名称：当心电缆
英文名称：Caution, cable
国标代码：GB 2894-2008

图 4-2 警告标志

该安全标志名称：必须戴防护眼镜
英文名称：Must wear protective goggles
国标代码：GB 2894-2008

该安全标志名称：必须戴护耳器
英文名称：Must wear ear protector
国标代码：GB 2894-2008

该安全标志名称：必须戴防毒面具
英文名称：Must wear gas defence mask
国标代码：GB 2894-2008

该安全标志名称：必须戴安全帽
英文名称：Must wear safety helmet
国标代码：GB 2894-2008

该安全标志名称：必须戴防护手套
英文名称：Must wear protective gloves
国标代码：GB 2894-2008

该安全标志名称：必须穿救生衣
英文名称：Must wear life jacker
国标代码：GB 2894-2008

该安全标志名称：必须系安全带
英文名称：Must fastened safety belt
国标代码：GB 2894-2008

该安全标志名称：必须加锁
英文名称：Must be locked
国标代码：GB 2894-2008

图 4-3 指令标志

该安全标志名称：紧急出口
英文名称：Emergent exit
国标代码：GB 2894-2008

该安全标志名称：可动火区
英文名称：Flare up region
国标代码：GB 2894-2008

该安全标志名称：紧急出口
英文名称：Emergent exit
国标代码：GB 2894-2008

该安全标志名称：避险处
英文名称：Haven
国标代码：GB 2894-2008

图 4-4　提示标志

第 5 节　生产安全事故报告与处理

4.5.1　生产安全事故报告与调查

根据国务院令第 493 号《生产安全事故报告和调查处理条例》规定，按照等级事故报告和调查有如下规定：

1. 事故报告应当及时、准确、完整，任何单位和个人对事故不得迟报、漏报、谎报或者瞒报。

2. 事故发生后，事故现场有关人员应当立即向本单位负责人报告；单位负责人接到报告后，应当于 1 小时内向事故发生地县级以上人民政府安全生产监督管理部门和负有安全生产监督管理职责的有关部门报告。

3. 情况紧急时，事故现场有关人员可以直接向事故发生地县级以上人民政府安全生产监督管理部门和负有安全生产监督管理职责的有关部门报告。

4. 自事故发生之日起 30 日内，事故造成的伤亡人数发生变化的，应当及时补报。道路交通事故、火灾事故自发生之日起 7 日内，事故造成的伤亡人数发生变化的，应当及时补报。

5. 按照生产安全事故等级分别由各级政府和部门进行事故调查。未造成人员伤亡的一般事故，县级人民政府也可以委托事故发生单位组织事故调查组进行调查。

6. 事故调查报告应当包括下列内容：

（1）事故发生单位概况；

（2）事故发生经过和事故救援情况；

（3）事故造成的人员伤亡和直接经济损失；

（4）事故发生的原因和事故性质；

（5）事故责任的认定以及对事故责任者的处理建议；

（6）事故防范和整改措施。

4.5.2　生产安全事故处理

企业和施工现场的事故处理应按等级事故和未造成人员伤亡的一般事故包括生产安全事故隐患等两部分内容进行处置。

1. 事故发生单位负责人接到事故报告后，应当立即启动事故应急救援预案，或者采取有效措施，组织抢救，防止事故扩大，减少人员伤亡和财产损失。

2. 事故发生后，有关单位和人员应当妥善保护事故现场以及相关证据，任何单位和个人不得破坏事故现场、毁灭相关证据。

3. 因抢救人员、防止事故扩大以及疏通交通等原因，需要移动事故现场物件的，应当作出标志，绘制现场简图并作出书面记录，妥善保存现场重要痕迹、物证。

4. 事故调查处理应当坚持实事求是、尊重科学的原则，及时、准确地查清事故经过、事故原因和事故损失，查明事故性质，认定事故责任，总结事故教训，提出整改措施，并对事故责任者追究责任。

5. 事故调查处理的最终目的是举一反三，防止同类事故重复发生。

4.5.3 生产安全事故调查与处理的法律责任

根据《生产安全事故报告和调查处理条例》第三十六条规定：事故发生单位及其有关人员有下列行为之一的，对事故发生单位处 100 万元以上 500 万元以下的罚款；对主要负责人、直接负责的主管人员和其他直接责任人员处上一年年收入 60%～100%的罚款；属于国家工作人员的，并依法给予处分；构成违反治安管理行为的，由公安机关依法给予治安管理处罚；构成犯罪的，依法追究刑事责任：

1. 谎报或者瞒报事故的。

2. 伪造或者故意破坏事故现场的。

3. 转移、隐匿资金、财产，或者销毁有关证据、资料的。

4. 拒绝接受调查或者拒绝提供有关情况和资料的。

5. 在事故调查中作伪证或者指使他人作伪证的。

6. 事故发生后逃匿的。

第 6 节 高处作业与安全防护

高处坠落、坍塌、物体打击、机械伤害（包括起重伤害）、触电等事故，为建筑业最常发生的事故，称为“五大伤害”。近几年“五大伤害”事故占房屋、市政工程事故总数的 95%以上。但是应该注意“五大伤害”事故并非均匀发生，2017 年和 2018 年，在“五大伤害”事故中高处坠落事故占事故比例均超过了 50%。因此掌握高处作业要点和安全防护知识是预防高处坠落事故的关键。在施工现场高处作业中，如果未防护，防护不好或作业不当都可能发生人或物的坠落。人从高处坠落的事故，称为高处坠落事故，物体从高处坠落砸着下面的人事故，称为物体打击事故。长期以来，预防施工现场高处作业的高处坠落、物体打击事故始终是施工安全生产的首要任务。2016 年 7 月 9 日，住房和城乡建设部发布了《建筑施工高处作业安全技术规范》JGJ 80-2016，从 2016 年 12 月 1 日起实施，进一步规范了建筑施工现场高处作业活动，对有效防止高处坠落事故和物体打击事故起到了非常重要的作用。

4.6.1 高处作业的基本定义

1. 高处作业，又称登高作业。凡在坠落高度基准面 2m 以上（含 2m），有可能坠落的高处进行作业，均称高处作业。

2. 坠落高度基准面：通过最低坠落着落点的水平面，称为坠落高度基准面。

3. 最低坠落着落点：在作业位置可能坠落到的最低点，称为该作业位置的最低坠落着落点。

4. 高处作业高度：作业区各作业位置至相应坠落高度基准面之间的垂直距离中的最大值，称为该作业区的高处作业高度。

4.6.2 高处作业的基本类型

1. 临边作业

临边作业是指施工现场中，工作面边沿无围护设施或围护设施高度低于 80cm 时的高处作业。

下列作业条件属于临边作业：

(1) 基坑（沟槽）周边，无防护的阳台、料台与挑平台等；

(2) 无防护楼层、楼面周边；

(3) 无防护的楼梯口和梯段口；

(4) 井架、施工电梯和脚手架等的通道两侧面；

(5) 各种垂直运输卸料平台的周边。

2. 洞口作业

洞口作业是指在地面、楼面、屋面和墙面等有可能使人和物料坠落，其坠落高度大于或等于 2m 的洞口处的高处作业，包括施工现场及通道旁深度在 2m 及 2m 以上的桩孔、管道孔洞等边沿作业。

建筑物的楼梯口、电梯井口及设备安装预留洞口等（在未安装正式栏杆，门窗等围护结构时），还有一些施工需要预留的上料口、通道口、施工口等。凡是在 2.5cm 以上，洞口若没有防护时，就有造成作业人员高处坠落的危险；或者若不慎将物体从这些洞口坠落时，还可能造成下面的人员发生物体打击事故。

3. 攀登作业

攀登作业是指借助建筑结构或脚手架上的登高设施或采用梯子或其他登高设施在攀登条件下进行的高处作业。

在建筑物周围搭拆脚手架、张挂安全网，装拆塔机、龙门架、井字架、施工电梯、桩架，登高安装钢结构构件等作业都属于这种作业。

进行攀登作业时作业人员由于没有作业平台，只能攀登在可借助物的架子上作业，要借助一手攀，一只脚勾或用腰绳来保持平衡，身体重心垂线不通过脚下，作业难度大，危险性大，若有不慎就可能坠落。

4. 悬空作业

悬空作业是指在周边无任何防护设施或防护设施不能满足防护要求的临空状态下进行的高处作业。其特点是操作者在无立足点或无牢靠立足点条件下进行高处作业。

建筑施工中的构件吊装，利用吊篮进行外装修，悬挑或悬空梁板、雨棚等特殊部位支拆模板、扎筋、浇混凝土等项作业都属于悬空作业，由于是在不稳定的条件下施工作业，危险性很大。

5. 交叉作业

交叉作业是指在施工现场的上下不同层次，垂直空间贯通状态下，可能造成人员或物体坠落，并处于坠落半径范围内、上下左右不同层面的立体作业。

现场施工上部搭设脚手架、吊运物料、地面上的人员搬运材料、制作钢筋，或外墙装修下面打底抹灰、上面进行面层装饰等，都是施工现场的交叉作业。交叉作业中，若高处作业不慎碰掉物料，失手掉下工具或吊运物体散落，都可能砸到下面的作业人员，发生物体打击伤亡事故。

4.6.3 高处作业的基本规定

1. 建筑施工中凡涉及临边与洞口作业、攀登与悬空作业、操作平台、交叉作业及安全网搭设的，应在施工组织设计或施工方案中制定高处作业安全技术措施。

2. 高处作业施工前，应按类别对安全防护设施进行检查、验收，验收合格后方可进行作业，并应做验收记录。验收可分层或分阶段进行。

3. 高处作业施工前，应对作业人员进行安全技术交底，并应记录。应对初次作业人员进行培训。

4. 应根据要求将各类安全警示标志悬挂于施工现场各相应部位，夜间应设红灯警示。高处作业施工前，应检查高处作业的安全标志、工具、仪表、电气设施和设备，确认其完好后，方可进行施工。

5. 高处作业人员应根据作业的实际情况配备相应的高处作业安全防护用品，并应按规定正确佩戴和使用相应的安全防护用品、用具。

6. 对施工作业现场可能坠落的物料，应及时拆除或采取固定措施。高处作业所用的物料应堆放平稳，不得妨碍通行和装卸。工具应随手放入工具袋；作业中的走道、通道板和登高用具，应随时清理干净；拆卸下的物料及余料和废料应及时清理运走，不得随意放置或向下丢弃。传递物料时不得抛掷。

7. 高处作业应按现行国家标准《建设工程施工现场消防安全技术规范》GB 50720 的规定，采取防火措施。

8. 在雨、霜、雾、雪等天气进行高处作业时，应采取防滑、防冻和防雷措施，并应及时清除作业面上的水、冰、雪、霜。

当遇有 6 级及以上强风、浓雾、沙尘暴等恶劣气候，不得进行露天攀登与悬空高处作业。雨雪天气后，应对高处作业安全设施进行检查，当发现有松动、变形、损坏或脱落等现象时，应立即修理完善，维修合格后方可使用。

9. 对需临时拆除或变动的安全防护设施，应采取可靠措施，作业后应立即恢复。

10. 安全防护设施验收应包括下列主要内容：

（1）防护栏的设置与搭设；

（2）攀登与悬空作业的用具与设施搭设；

（3）操作平台及平台防护设施的搭设；

（4）防护棚的搭设；

（5）安全网的设置；

（6）安全防护设施、设备的性能与质量、所用的材料、配件的规格；

（7）设施的节点构造，材料配件的规格、材质及其与建筑物的固定、连接状况。

11. 安全防护设施验收资料应包括下列主要内容：

（1）施工组织设计中的安全技术措施或施工方案；

（2）安全防护用品用具、材料和设备产品合格证明；

（3）安全防护设施验收记录；

（4）预埋件隐蔽验收记录；

（5）安全防护设施变更记录。

12. 应由专人对各类安全防护设施进行检查和维修保养，发现隐患应及时采取整改措施。

13. 安全防护设施宜采用定型化、工具化设施，防护栏应为黑黄或红白相间的条纹标示，盖件应为黄或红色标示。

4.6.4　安全防护

1. 临边作业防护

（1）坠落高度基准面2m及以上进行临边作业时，应在临空一侧设置防护栏杆，并应采用密目式安全立网或工具式栏板封闭；

（2）施工的楼梯口、楼梯平台和梯段边，应安装防护栏杆；外设楼梯口、楼梯平台和梯段边还应采用密目式安全立网封闭；

（3）建筑物外围边沿处，对没有设置外脚手架的工程，应设置防护栏杆；对有外脚手架的工程，应采用密目式安全立网全封闭。密目式安全立网应设置在脚手架外侧立杆上，并应与脚手架紧密连接；

（4）施工升降机、龙门架和井架物料提升机等在建筑物间设置的停层平台两侧边，应设置防护栏杆、挡脚板，并应采用密目式安全立网或工具式栏板封闭；

（5）停层平台口应设置高度不低于1.80m的楼层防护门，并应设置防外开装置；井架物料提升机通道中间，应分别设置隔离设施。

2. 洞口作业防护

（1）洞口作业时，应采取防坠落措施，并应符合下列规定：

1）当竖向洞口短边边长小于500mm时，应采取封堵措施；当垂直洞口短边边长大于或等于500mm时，应在临空一侧设置高度不小于1.2m的防护栏杆，并应采用密目式安全立网或工具式栏板封闭，设置挡脚板；

2）当非竖向洞口短边边长为25～500mm时，应采用承载力满足使用要求的盖板覆盖，盖板四周搁置应均衡，且应防止盖板移位；

3）当非竖向洞口短边边长为500～1500mm时，应采用盖板覆盖或防护栏杆等措施，并应固定牢固；

4）当非竖向洞口短边边长大于或等于1500mm时，应在洞口作业侧设置高度不小于1.2m的防护栏杆，洞口应采用安全平网封闭。

（2）电梯井口应设置防护门，其高度不应小于1.5m，防护门底端距地面高度不应大于50mm，并应设置挡脚板；

（3）在电梯施工前，电梯井道内应每隔2层且不大于10m加设一道安全平网。电梯井内的施工层上部，应设置隔离防护设施；

（4）洞口盖板应能承受不小于1kN的集中荷载和不小于$2kN/m^2$的均布荷载，有特殊要求的盖板应另行设计；

（5）墙面等处落地的竖向洞口、窗台高度低于800mm的竖向洞口及框架结构在浇注完混凝土未砌筑墙体时的洞口，应按临边防护要求设置防护栏杆。

3. 防护栏杆的搭设要求

（1）临边作业的防护栏杆应由横杆、立杆及挡脚板组成，防护栏杆应符合下列规定：

1）防护栏杆应为两道横杆，上杆距地面高度应为1.2m，下杆应在上杆和挡脚板中间设置；

2）当防护栏杆高度大于1.2m时，应增设横杆，横杆间距不应大于600mm；

3）防护栏杆立杆间距不应大于2m；挡脚板高度不应小于180mm。

（2）防护栏杆立杆底端应固定牢固，并应符合下列规定：

1）当在土体上固定时，应采用预埋或打入方式固定；

2）当在混凝土楼面、地面、屋面或墙面固定时，应将预埋件与立杆连接牢固；

3）当在砌体上固定时，应预先砌入相应规格含有预埋件的混凝土块，预埋件应与立杆连接牢固。

（3）防护栏杆杆件的规格及连接，应符合下列规定：

1）当采用钢管作为防护栏杆杆件时，横杆及栏杆立杆应采用脚手钢管，并应采用扣件、焊接、定型套管等方式进行连接固定；

2）当采用其他材料作防护栏杆杆件时，应选用与钢管材质强度相当的材料，并应采用螺栓、销轴或焊接等方式进行连接固定。

（4）防护栏杆的立杆和横杆的设置、固定及连接，应确保防护栏杆在上下横杆和立杆任何部位处，均能承受任何方向1kN的外力作用。当栏杆所处位置有发生人群拥挤、物件碰撞等可能时，应加大横杆截面或加密立杆间距；

（5）防护栏杆应张挂密目式安全立网或其他材料封闭。

4. 攀登作业

（1）攀登作业设施和用具应牢固可靠；当采用梯子攀爬作用时，踏面荷载不应大于1.1kN；当梯面上有特殊作业时，应按实际情况进行专项设计；

（2）同一梯子上不得两人同时作业。在通道处使用梯子作业时，应有专人监护或设置围栏。脚手架操作层上严禁架设梯子作业；

（3）便携式梯子宜采用金属材料或木材制作，并应符合现行国家标准《便携式金属梯安全要求》GB 12142和《便携式木折梯安全要求》GB 7059的规定；

（4）使用单梯时梯面应与水平面成75°夹角，踏步不得缺失，梯格间距宜为300mm，不得垫高使用；

（5）折梯张开到工作位置的倾角应符合现行国家标准《便携式金属梯安全要求》GB 12142和《便携式木折梯安全要求》GB 7059的规定，并应有整体的金属撑杆或可靠的锁定装置；

（6）固定式直梯应采用金属材料制成，并符合现行国家标准《固定式钢梯及平台安全要求　第1部分：钢直梯》GB 4053.1的规定；梯子净宽应为400～600mm，固定直梯的支撑应采用不小于L 70×6的角钢，埋设与焊接应牢固。直梯顶端的踏步应与攀登顶面齐平，并应加设1.1～1.5m高的扶手；

（7）使用固定式直梯攀登作业时，当攀登高度超过3m时，宜加设护笼，当攀登高度超过8m时，应设置梯间平台；

（8）钢结构安装时，应使用梯子或其他登高设施攀登作业。坠落高度超过2m时，应设置操作平台；

(9) 当安装屋架时，应在屋脊处设置扶梯。扶梯踏步间距不应大于400mm。屋架杆件安装时搭设的操作平台，应设置防护栏杆或使用作业人员栓挂安全带的安全绳；

(10) 深基坑施工应设置扶梯、入坑踏步及专用载人设备或斜道等措施，采用斜道时，应加设间距不大于400mm的防滑条等防滑措施。作业人员严禁沿坑壁、支撑或乘运土工具上下。

5. 悬空作业

(1) 悬空作业的立足处的设置应牢固，并应配置登高和防坠落装置的设施；

(2) 构件吊装和管道安装时的悬空作业应符合下列规定：

1) 钢结构吊装，构件宜在地面组装，安全设施应一并设置；

2) 吊装钢筋混凝土屋架、梁、柱等大型构件前，应在构件上预先设置登高通道、操作立足点等安全设施；

3) 在高空安装大模板、吊装第一块预制构件或单独的大中型预制构件时，应站在作业平台上操作；

4) 钢结构安装施工宜在施工层搭设水平通道，水平通道两侧应设置防护栏杆；当利用钢梁作为水平通道时，应在钢梁一侧设置连续的安全绳，安全绳宜采用钢丝绳；

5) 钢结构、管道等安装施工的安全防护宜采用标准化、定型化设施。

(3) 严禁在未固定、无防护设施的构件及管道上进行作业或通行；

(4) 当利用吊车梁等构件作为水平通道时，临空面的一侧应设置连续的栏杆等防护措施。当安全绳为钢索时，钢索的一端应采用花篮螺栓收紧；当安全绳为钢丝绳时，钢丝绳的自然下垂度不应大于绳长的1/20，并不应大于100mm；

(5) 模板支撑体系搭设和拆卸时的悬空作业，应符合下列规定：

1) 模板支撑的搭设和拆卸应按规定程序进行，不得在上下同一垂直面上同时装拆模板；

2) 在坠落基准面2m及以上高处搭设与拆除柱模板及悬挑结构的模板时，应设置操作平台；

3) 在进行高处拆模作业时应配置登高用具或搭设支架。

(6) 绑扎钢筋和预应力张拉的悬空作业应符合下列规定：

1) 绑扎立柱和墙体钢筋，不得沿钢筋骨架攀登或站在骨架上作业；

2) 在坠落基准面2m及以上高处绑扎柱钢筋和进行预应力张拉时，应搭设操作平台。

(7) 混凝土浇筑与结构施工的悬空作业应符合下列规定：

1) 浇筑高度2m及以上的混凝土结构构件时，应设置脚手架或操作平台；

2) 悬挑的混凝土梁和檐口、外墙和边柱等结构施工时，应搭设脚手架或操作平台。

(8) 屋面作业时应符合下列规定：

1) 在坡度大于25°的屋面上作业，当无外脚手架时，应在屋檐边设置不低于1.5m高的防护栏杆，并应采用密目式安全立网全封闭；

2) 在轻质型材等屋面上作业，应搭设临时走道板，不得在轻质型材上行走；安装轻质型材板前，应采取在梁下支设安全平网或搭设脚手架等安全防护措施。

(9) 外墙作业时应符合下列规定：

1）门窗作业时，应有防坠落措施，操作人员在无安全防护措施时，不得站立在樘子、阳台栏板上作业；

2）高处作业不得使用座板式单人吊具，不得使用自制吊篮。

6. 操作平台

（1）一般规定

1）操作平台应通过设计计算，并应编制专项方案，架体构造与材质应满足国家现行相关标准的规定；

2）操作平台的架体结构应采用钢管、型钢及其他等效性能材料组装，并应符合现行国家标准《钢结构设计标准》GB 50017 及国家现行有关脚手架标准的规定。平台面铺设的钢、木或竹胶合板等材质的脚手板，应符合材质和承载力要求，并应平整满铺及可靠固定；

3）操作平台的临边应设置防护栏杆，单独设置的操作平台应设置供人上下、踏步间距不大于 400mm 的扶梯；

4）应在操作平台明显位置设置标明允许负载值的限载牌及限定允许的作业人数，物料应及时运转，不得超重，超高堆放；

5）操作平台使用中应每月不少于 1 次定期检查，应由专人进行日常维护工作，及时消除安全隐患。

（2）移动式操作平台

1）移动式操作平台面积不宜大于 $10m^2$，高度不宜大于 5m，高宽比不应大于 2∶1，施工荷载不应大于 $1.5kN/m^2$；

2）移动式操作平台的轮子与平台架体连接应牢固，立柱底端离地面不得大于 80mm，行走轮和导向轮应配有制动器或刹车闸等制动措施；

3）移动式行走轮承载力不应小于 5kN，制动力矩不应小于 2.5N·m，移动式操作平台架体应保持垂直，不得弯曲变形，制动器除在移动情况外，均应保持制动状态；

4）移动式操作平台移动时，操作平台上不得站人；

5）移动式升降工作平台应符合现行国家标准《移动式升降工作平台 设计计算、安全要求和测试方法》GB 25849 和《移动式升降工作平台 安全规则、检查、维护和操作》GB/T 27548 的要求。

（3）落地式操作平台

1）落地式操作平台架体构造应符合下列规定：

① 操作平台高度不应大于 15m，高宽比不应大于 3∶1；

② 施工平台的施工荷载不应大于 $2.0kN/m^2$，当接料平台的施工荷载大于 $2.0kN/m^2$ 时，应进行专项设计；

③ 操作平台应与建筑物进行刚性连接或加设防倾措施，不得与脚手架连接；

④ 用脚手架搭设操作平台时，其立杆间距和步距等结构要求应符合国家现行相关脚手架规范的规定；应在立杆下部设置底座或垫板、纵向与横向扫地杆，并应在外立面设置剪刀撑或斜撑；

⑤ 操作平台应从底层第一步水平杆起逐层设置连墙件，且连墙件间隔不应大于 4m，并应设置水平剪刀撑。连墙件应为可承受拉力和压力的构件，并应与建筑结构可靠连接。

2）落地式操作平台的搭设材料及搭设技术要求、允许偏差应符合国家现行相关脚手架标准的规定；

3）落地式操作平台应按国家现行相关脚手架标准的规定计算受弯构件强度、连接扣件抗滑承载力、立杆稳定性、连墙杆件强度与稳定性及连接强度、立杆地基承载力等；

4）落地式操作平台一次搭设高度不应超过相邻连墙件以上两步；

5）落地式操作平台拆除应由上而下逐层进行，严禁上下同时作业，连墙件应随施工进度逐层拆除；

6）落地式操作平台检查验收应符合下列规定：

① 操作平台的钢管和扣件应有产品合格证；

② 搭设前应对基础进行检查验收，搭设中应随施工进度按结构层对操作平台进行检查验收；

③ 遇 6 级以上大风、雷雨、大雪等恶劣天气及停用超过一个月，恢复使用前，应进行检查。

（4）悬挑式操作平台

1）悬挑式操作平台的设置应符合下列规定：

① 操作平台的搁置点、拉结点、支撑点应设置在稳定的主体结构上，且应可靠连接；

② 严禁将操作平台设置在临时设施上；

③ 操作平台的结构应稳定可靠，承载力应符合设计要求。

悬挑式操作平台的悬挑长度不宜大于 5m，均布荷载不应大于 $5.5kN/m^2$，集中荷载不应大于 15kN，悬挑梁应锚固固定。

2）采用斜拉方式的悬挑式操作平台，平台两侧的连接吊环应与前后两道斜拉钢丝绳连接，每一道钢丝绳应能承载该侧所有荷载；

3）采用支承方式的悬挑式操作平台，应在钢平台的下方设置不少于两道斜撑，斜撑的一端应支承在钢平台主结构钢梁下，另一端应支承在建筑物主体结构；

4）采用悬臂梁式的操作平台，应采用型钢制作悬挑梁或悬挑桁架，不得使用钢管，其节点应采用螺栓或焊接的刚性节点。当平台板上的主梁采用与主体结构预埋件焊接时，预埋件、焊缝均应经设计计算，建筑主体结构应同时满足强度要求；

5）悬挑式操作平台应设置 4 个吊环，吊运时应使用卡环，不得使吊钩直接钩挂吊环。吊环应按通用吊环或起重吊环设计，并应满足强度要求；

6）悬挑式操作平台安装时，钢丝绳应采用专用的钢丝绳夹连接，钢丝绳夹数量应与钢丝绳直径相匹配，且不得少于 4 个。

建筑物锐角、利口周围系钢丝绳处应加衬软垫物；

7）悬挑式操作平台的外侧应略高于内侧；外侧应安装防护栏杆并应设置防护挡板全封闭；

8）人员不得在悬挑式操作平台吊运、安装时上下。

7. 交叉作业

（1）交叉作业时，下层作业位置应处于上层作业的坠落半径之外，高空作业坠落半径应按表 4-1 确定。

安全防护棚和警戒隔离区范围的设置应视上层作业高度确定，并应大于坠落半径；

坠落半径 表 4-1

序号	上层作业高度(h_b)	坠落半径(m)
1	$2 \leqslant h_b \leqslant 5$	3
2	$5 < h_b \leqslant 15$	4
3	$15 < h_b \leqslant 30$	5
4	$h_b > 30$	6

(2) 交叉作业时，坠落半径内应设置安全防护棚或安全防护网等安全隔离措施。当尚未设置安全隔离措施时，应设置警戒隔离区，人员严禁进入隔离区；

(3) 处于起重机臂架回转范围内的通道，应搭设安全防护棚；

(4) 施工现场人员进出的通道口，应搭设安全防护棚；

(5) 不得在安全防护棚棚顶堆放材料；

(6) 当采用脚手架搭设安全防护棚架构时，应符合国家现行相关脚手架标准的规定；

(7) 对不搭设脚手架和设置安全防护棚时的交叉作业，应设置安全防护网，当在多层、高层建筑外立面施工时，应在二层及每隔四层设一道固定的安全防护网，同时设一道随施工高度提升的安全防护网；

(8) 安全防护棚搭设应符合下列规定：

1) 当安全防护棚为非机动车辆通行时，棚底至地面高度不应小于 3m；当安全防护棚为机动车辆通行时，棚底至地面高度不应小于 4m；

2) 当建筑物高度大于 24m 并采用木质板搭设时，应搭设双层安全防护棚。两层防护的间距不应小于 700mm，安全防护棚的高度不应小于 4m；

3) 当安全防护棚的顶棚采用竹笆或木质板搭设时，应采用双层搭设，间距不应小于 700mm；当采用木质板或与其等强度的其他材料搭设时，可采用单层搭设，木板厚度不应小于 50mm。防护棚的长度应根据建筑物高度与可能坠落半径确定。

(9) 安全防护网搭设应符合下列规定：

1) 安全防护网搭设时，应每隔 3m 设一根支撑杆，支撑杆水平夹角不宜小于 45°；

2) 当在楼层设支撑杆时，应预埋钢筋环或在结构内外侧各设一道横杆；

3) 安全防护网应外高里低，网与网之间应拼接严密。

8. 建筑施工安全网

(1) 安全网分为平网、立网和密目式安全网；

(2) 建筑施工安全网的选用应符合下列规定：

1) 安全网材质、规格、物理性能、耐火性、阻燃性应满足现行国家标准《安全网》GB 5725 的规定；

2) 密目式安全立网的网目密度应为 10cm×10cm 面积上大于或等于 2000 目。

密目式安全网的标准为：在 $100cm^2$ 面积内有 2000 个以上网目，耐贯穿试验，网与地面成 30°夹角，5kg 小 ϕ48mm 钢管在 3m 高度处自由落下不能穿透。

(3) 采用平网防护时，严禁使用密目式安全立网代替平网使用；

(4) 密目式安全立网使用前，应检查产品分类标记、产品合格证、网目数及网体重量，确认合格方可使用；

（5）安全网搭设应符合下列规定：

1）安全网搭设应绑扎牢固、网间严密。安全网的支撑架应具有足够的强度和稳定性；

2）密目式安全立网搭设时，每个开眼环扣应穿入系绳，系绳应绑扎在支撑架上，间距不得大于450mm。相邻密目网间应紧密结合或重叠；

3）当立网用于龙门架、物料提升架及井架的封闭防护时，四周边绳应与支撑架贴紧，边绳的断裂张力不得小于3kN，系绳应绑在支撑架上，间距不得大于750mm；

4）用于电梯井、钢结构和框架结构及构筑物封闭防护的平网，应符合下列规定：

① 平网每个系结点上的边绳应与支撑架靠紧，边绳的断裂张力不得小于7kN，系绳沿网边应均匀分布，间距不得大于750mm；

② 电梯井内平网网体与井壁的空隙不得大于25mm，安全网拉结应牢固。

第7节　安全防护用品

4.7.1　安全帽

1. 安全帽的作用

施工现场上，工人们所佩戴的安全帽主要是为了保护头部不受到伤害。它可以在以下几种情况下可保护人的头部不受伤害或降低头部伤害的程度。

（1）飞来或坠落下来的物体击向头部时；

（2）当作业人员从2m及以上的高处坠落下来时；

（3）当头部有可能触电时；

（4）在低矮的部位行走或作业，头部有可能碰撞到尖锐、坚硬的物体时。

2. 安全帽的正确佩戴

安全帽的佩戴要符合标准，使用要符合规定。如果佩戴和使用不正确，就起不到充分的防护作用。一般应注意下列事项：

（1）戴安全帽前应将帽后调整带按自己头型调整到适合的位置，然后将帽内弹性带系牢。缓冲衬垫的松紧由带子调节，人的头顶和帽体内顶部的空间垂直距离一般在25～50mm之间，至少不要小于32mm为好。这样才能保证当遭受到冲击时，帽体有足够的空间可供缓冲，平时也有利于头和帽体间的通风；

（2）不要把安全帽歪戴，也不要把帽檐戴在脑后方。否则，会降低安全帽对于冲击的防护作用；

（3）安全帽的下颌带必须扣在颌下，并系牢，松紧要适度。这样不致被大风吹掉，或者是被其他障碍物碰掉，或者由于头的前后摆动，使安全帽脱落；

（4）安全帽体顶部除了在帽体内部安装了帽衬外，有的还开了小孔通风。但在使用时不要为了透气而随便再行开孔。因为这样做将会便帽体的强度降低；

（5）由于安全帽在使用过程中，会逐渐损坏。所以要定期检查，检查有没有龟裂、下凹、裂痕和磨损等情况，发现异常现象要立即更换，不准再继续使用。任何受过重击、有裂痕的安全帽，不论有无损坏现象，均应报废；

（6）严禁使用只有下颌带与帽壳连接的安全帽，也就是帽内无缓冲层的安全帽；

（7）施工人员在现场作业中，不得将安全帽脱下，搁置一旁，或当坐垫使用；

（8）由于安全帽大部分是使用高密度低压聚乙烯塑料制成，具有硬化和变蜕的性质。

所以不宜长时间地在阳光下暴晒；

(9) 新领的安全帽，首先检查是否有劳动部门允许生产的证明及产品合格证，再看是否破损、薄厚不均，缓冲层及调整带和弹性带是否齐全有效。不符合规定要求的立即调换；

(10) 在现场室内作业也要戴安全帽，特别是在室内带电作业时，更要认真戴好安全帽，因为安全帽不但可以防碰撞，而且还能起到绝缘作用；

(11) 平时使用安全帽时应保持整洁，不能接触火源，不要任意涂刷油漆，不准当凳子坐，防止丢失。如果丢失或损坏，必须立即补发或更换。无安全帽一律不准进入施工现场。

4.7.2 安全带

施工现场上，高处作业，重叠交叉作业非常多。为了防止作业者在某个高度和位置上可能出现的坠落，作业者在登高和高处作业时，必须系挂好安全带。安全带的使用和维护有以下几点要求：

1. 思想上必须重视安全带的作用。无数事例证明，安全带是“救命带”。可是有少数人觉得系安全带麻烦，上下行走不方便，特别是一些小活、临时活，认为“有扎安全带的时间活都干完了”。殊不知，事故发生就在一瞬间，所以高处作业必须按规定要求系好安全带。

2. 安全带使用前应检查绳带有无变质、卡环是否有裂纹，卡簧弹跳性是否良好。

3. 高处作业如安全带无固定挂处，应采用适当强度的钢丝绳或采取其他方法。禁止把安全带挂在移动或带尖锐棱角或不牢固的物件上。

4. 高挂低用。将安全带挂在高处，人在下面工作就叫高挂低用。这是一种比较安全合理的科学系挂方法。它可以使有坠落发生时的实际冲击距离减小。与之相反的是低挂高用。就是安全带拴挂在低处，而人在上面作业。这是一种很不安全的系挂方法，因为当坠落发生时，实际冲击的距离会加大，人和绳都要受到较大的冲击负荷。所以安全带宜高挂低用，杜绝低挂高用。

5. 安全带要拴挂在牢固的构件或物体上，要防止摆动或碰撞，绳子不能打结使用，钩子要挂在连接环上。

6. 安全带保护套要保持完好，以防绳被磨损。若发现保护套损坏或脱落，必须加上新套后再使用。

7. 安全带严禁擅自接长使用。如果使用 3m 及以上的长绳时必须要加缓冲器，各部件不得任意拆除。

8. 安全带在使用前要检查各部位是否完好无损。安全带在使用后，要注意维护和保管。要经常检查安全带缝制部分和挂钩部分，必须详细检查捻线是否发生裂断和残损等。

9. 安全带不使用时要妥善保管，不可接触高温、明火、强酸、强碱或尖锐物体，不要存放在潮湿的仓库中保管。

10. 安全带在使用两年后应抽验一次，频繁使用应经常进行外观检查，发现异常必须立即更换。定期或抽样试验用过的安全带，不准再继续使用。

4.7.3 防护服

施工现场上的作业人员应穿着工作服。焊工的工作服一般为白色，其他工种的工作服没有颜色的限制。防护服有以下几类：

1. 全身防护型工作服。
2. 防毒工作服。
3. 耐酸工作服。
4. 耐火工作服。
5. 隔热工作服。
6. 通气冷却工作服。
7. 通水冷却工作服。
8. 防射线工作服。
9. 劳动防护雨衣。
10. 普通工作服。

施工现场上对作业人员防护服的穿着有如下要求：

1. 作业人员作业时必须穿着工作服。
2. 操作转动机械时，袖口必须扎紧。
3. 从事特殊作业的人员必须穿着特殊作业防护服。
4. 焊工工作服应是白色帆布制作的。

4.7.4　防护鞋

防护鞋的种类比较多，如皮安全鞋、防静电胶底鞋、胶面防砸安全鞋、绝缘皮鞋、低压绝缘胶鞋、耐酸碱皮鞋、耐酸碱胶靴、耐酸碱塑料模压靴、高温防护鞋、防刺穿鞋、焊接防护鞋等。应根据作业场所和内容的不同选择使用。电力建设施工现场上常用的有绝缘靴（鞋）、焊接防护鞋、耐酸碱橡胶靴及皮安全鞋等。

对绝缘鞋的要求有：

1. 必须在规定的电压范围内使用。
2. 绝缘鞋（靴）胶料部分无破损，且每半年作一次预防性试验。
3. 在浸水、油、酸、碱等条件上不得作为辅助安全用具使用。

4.7.5　防护手套

施工现场上人的一切作业，大部分都是由双手操作完成的。这就决定了手经常处在危险之中。对手的安全防护主要靠手套。使用防护手套时，必须对工件、设备及作业情况分析之后，选择适当材料制作的，操作方便的手套，方能起到保护作用。但是对于需要精细调节的作业。戴用防护手套就不便于操作，尤其对于使用钻床、铣床和传送机旁及具有夹挤危险的部位操作人员，若使用手套，则有被机械缠住或夹住的危险。所以从事这些作业的人员，严格禁止使用防护手套。在建施工现场上常用的防护手套有下列几种：

1. 劳动保护手套。具有保护手和手臂的功能，作业人员工作时一般都使用这类手套。

2. 带电作业用绝缘手套。要根据电压选择适当的手套，检查表面有无裂痕、发黏、发脆等缺陷，如有异常禁止使用。

3. 耐酸、耐碱手套。主要用于接触酸或碱时戴的手套。

4. 橡胶耐油手套。主要用于接触矿物油、植物油及脂肪簇的各种溶剂作业时戴的手套。

5. 焊工手套。电、火焊工作业时戴的防护手套，应检查皮革或帆布表面有无僵硬、薄档、洞眼等残缺现象，如有缺陷，不准使用。手套要有足够的长度，手腕部不能裸露在外边。

4.7.6 脚扣

脚扣也称脚爬，是攀登电杆的主要工具，分为木杆用脚扣和水泥杆用脚扣两种，木杆用脚扣的半圆环和根部均有凸起的小齿，以便登杆时刺入杆中达到防滑的作用，水泥杆用脚扣的半圆环和根部装有橡胶套或橡胶垫来防滑。

脚扣可根据电杆的粗细不同，选择大号或小号。使用脚扣应注意以下事项：

1. 使用前应作外观检查，检查各部位是否有裂纹、腐蚀、开焊等现象。若有，不得使用。平常每月还应进行一次外表检查。

2. 登杆前，使用人应对脚扣做人体冲击检验，将脚扣系于电杆离地 0.5m 左右处，借人体重量猛力向下蹬踩，脚扣及脚套不应有变形及任何损坏后方可使用。

3. 按电杆的直径选择脚扣大小，并且不准用绳子或电线代替脚扣绑扎鞋子。

4. 脚扣不准随意从杆上往下摔扔，作业前后应轻拿轻放，并妥善存放在工具柜内。

5. 脚扣应按有关技术规定每年试验一次。

第 8 节　应急救援的基本规定

应急救援是指在出现突发事件时，即发生触电、高处坠落、坍塌、火灾等生产安全事故时，为及时营救人员、疏散撤离现场、控制事态、减缓事故后果和控制灾情而采取的一系列抢救援助行动。生产安全事故应急救援预案是针对可能发生的事故，为迅速、有序地开展应急行动而预先制定的行动方案。它是事先采取的防范措施，是将可能发生的等级事故损失和不利影响减少到最低的有效办法。企业应根据有关规定提出企业的安全事故应急救援预案管理要求，并能指导企业所属施工现场等单位安全事故应急救援预案的编制与有效实施。

4.8.1 应急救援预案的基本规定

1. 建筑施工生产安全事故应急预案应根据施工现场安全管理、工程特点、环境特征和危险等级制定。建筑施工安全应急救援预案应对安全事故的风险特征进行安全技术分析，对可能引发次生灾害的风险，应有预防技术措施。

2. 施工单位的应急预案按照针对情况的不同，分为综合应急预案、专项应急预案和现场处置方案。工程项目现场的生产安全事故应急救援预案主要是专项应急预案和现场处置方案。

3. 对于危险性较大的重点部位，施工单位应当制定重点工作部位的现场处置方案。现场处置方案应当包括危险性分析、可能发生的事故特征、应急处置程序、应急处置要点和注意事项等内容。

4. 应急预案应当包括应急组织机构和人员的联系方式、应急物资储备清单等附件信息。附件信息应当经常更新，确保信息准确有效。

4.8.2 应急救援预案的编制

建筑施工安全事故应急救援预案由工程承包单位编制。实行工程总承包的，由总承包单位编制。实行联合承包的，由承包各方共同编制。

建筑施工安全事故应急救援预案应当包括以下内容：

1. 建设工程的基本情况：含规模，结构类型，工程开工、竣工日期。

2. 建筑施工项目经理部基本情况：含项目经理、安全负责人、安全员等姓名、证书号码等。

3. 施工现场安全事故救护组织：包括具体责任人的职务、联系电话等。

4. 救援器材、设备的配备。

5. 安全事故救护单位：包括建设工程所在市、县医疗救护中心、医院的名称、电话，行驶路线等。

4.8.3 应急组织与人员要求

1. 企业应落实企业本部安全事故应急救援组织，并对施工现场应急救援组织提出要求。

2. 明确企业及施工现场安全事故应急救援组织第一责任人。

3. 企业本部安全事故应急救援组织人员分工合理，并对施工现场安全事故应急救援组织人员分工提出管理要求。

4. 落实企业本部安全事故应急救援组织人员联系方式并对施工现场救援组织人员的联系方式提出要求。

5. 对涉及分包的施工现场提出将分包单位人员纳入救援组织管理的要求。

6. 开展企业本部的应急救援演练，并对施工现场提出定期举行应急预案演练的管理要求。

7. 其他管理要求。

4.8.4 应急救援器材管理要求

1. 企业应落实救援器材和必要的应急救援资金并对施工现场救援器材和必要的应急救援资金落实情况提出管理要求。

2. 企业应对施工现场的应急救援器材提出管理要求。

3. 应急救援器材应符合应急救援的要求。

4. 企业应有相应的应急救援器材检查要求和管理记录。

5. 其他管理要求。

4.8.5 应急救援预案的演练

1. 演练的基本要求

应急预案编制单位应当建立应急演练制度，根据实际情况采取实战演练、桌面推演等方式，组织开展人员广泛参与、处置联动性强、形式多样、节约高效的应急演练。

施工企业和项目部定期组织的应急救援预案演练，应当留有书面记录。

2. 演练的基本方法

（1）接报

接报是实施救援工作的第一步。接报人一般应由总值班担任。接报人应做好以下几项工作：

1）问清报告人姓名、单位部门和联系电话；

2）问清事故发生的时间、地点、事故单位、事故原因、事故性质、危害波及范围和程度以及对救援的要求，同时作好电话记录；

3）按救援程序，派出救援队伍；

4）向上级有关部门报告；

5）保持与救援队伍的联系，并视事故发展情况，必要时派出后继梯队予以增援。

（2）设点

设置救援指挥部、救援和医疗急救站时应考虑的因素为：

1）地点。需注意不要远离事故现场，便于指挥和救援工作的实施；

2）位置。各救援队伍应尽可能在靠近现场救援指挥部的地方设点并随时保持与指挥部的联系；

3）路段。应选择交通路口，利于救援人员或转送伤员的车辆通行；

4）条件。指挥部、救援或急救医疗点，可设在室内或室外，应便于人员行动或群众伤员的抢救，同时要尽可能利用原有通信、水和电等资源，有利救援工作的开展；

5）标志。指挥部、救援或医疗急救点，均应设置醒目的标志，方便救援人员和伤员识别。

（3）报到

指挥各救援队伍进入救援现场后，向现场指挥部报到。报到的目的是接受任务，了解现场情况，便于统一实施救援工作。

（4）救援

进入现场的救援队伍要尽快按照各自的责任和任务开展工作。

1）现场救援指挥部应尽快地开通通信网络；迅速查明事故原因和危害程度；制定救援方案；组织指挥救援行动；

2）工程救援队应尽快堵源；将伤员救离危险区域；协助组织群众撤离和疏散；

3）现场急救医疗队应尽快将伤员就地简易分类，按类急救和做好安全转送，并为现场救援指挥部提供医学咨询。

（5）撤点

撤点指应急救援工作结束后，离开现场或救援后的临时性转移。在救援行动中应随时注意事故发展变化，一旦发现所处的区域有危险应立即向安全地点转移。在转移过程中应注意安全，保持与救援指挥部和各救援队的联系。

救援工作结束后，各救援队撤离现场前要做好现场的清理工作并注意安全。

（6）总结

每一次执行救援任务后都应做好救援小结，总结经验与教训，积累资料，不断提高救援能力。

第 5 章　职业道德

道德是由一定社会的经济关系所决定的特殊意识形态，道德的认识、调节、教育、激励等功能又可以影响经济基础的形成、巩固和发展，是构建社会主义和谐社会的重要基石。职业道德是调整一定职业活动关系的职业行为准则和规范，职业道德建设能够促进职业健康发展，也会对社会道德风尚产生积极影响，是推动社会主义经济建设的重要力量。

第 1 节　职业道德概述

5.1.1　职业道德的含义

所谓职业道德，就是指从事一定职业的人们在其特定职业活动中所应遵循的符合职业特点所要求的道德准则、行为规范、道德情操与道德品质的总和。职业道德是对从事这个职业所有人员的普遍要求，它不仅是所有从业人员在其职业活动中行为的具体表现，同时也是本职业对社会所负的道德责任与义务，是社会公德在职业生活中的具体化。每个从业人员，不论是从事哪种职业，在职业活动中都要遵守职业道德，如现代中国社会中教师要遵守教书育人、为人师表的职业道德，医生要遵守救死扶伤的职业道德，企业经营者要遵守诚实守信、公平竞争、合法经营的职业道德等。具体来讲，职业道德的含义主要包括以下八个方面：

1. 职业道德是一种职业规范，受社会普遍的认可。
2. 职业道德是长期以来自然形成的。
3. 职业道德没有确定的形式，通常体现为观念、习惯、信念等。
4. 职业道德依靠文化、内心信念和习惯，通过职工的自律来实现。
5. 职业道德大多没有实质的约束力和强制力。
6. 职业道德的主要内容是对职业人员义务的要求。
7. 职业道德标准多元化，代表了不同企业可能具有不同的价值观。
8. 职业道德承载着企业文化和凝聚力，影响深远。

5.1.2　职业道德的主要作用

在现代社会里，人人都是服务对象，人人又都为他人服务。社会对人的关心、社会的安宁和人们之间关系的和谐，是同各个岗位上的服务态度、服务质量密切相关的。在构建和谐社会的新形势下，大力加强社会主义职业道德建设，具有十分重要的作用。

1. 加强职业道德建设，是提高职业人员责任心的重要途径

职业道德建设要把个人理想同各行各业、各个单位的发展目标结合起来，同个人的岗位职责结合起来，这样才能增强员工的职业观念、职业事业心和职业责任感。职业道德要求员工在本职工作中不怕艰苦，勤奋工作，既讲团结协作，又争个人贡献，既讲经济效益，又讲社会效益。在现代社会里，各行各业都有它的地位和作用，也都有自己的责任和权力。有些人凭借职权钻空子、谋私利，这是缺乏职业道德的表现。加强职业道德建设，就要紧密联系本行业本单位的实际，有针对性地解决存在的问题。比如，建设行业要针对高估多算、转包工程从中渔利等不正之风，重点解决好提高质量、降低消耗、缩短工期、杜绝敲诈勒索和拖欠农民工工资等问题；商业系统要针对经营商品以次充好、以假乱真和虚假广告等不正之风，重点解决好全心全意为顾客服务的问题；运输行业要针对野蛮装卸、以车谋私和违章超载等不正之风，重点解决好人民交通为人民的问题。当职业人员的职业道德修养提升了，就能做到干一行爱一行，脚踏实地工作，尽心尽责地为企业创造效益。

2. 加强职业道德建设，是促进企业和谐发展的迫切要求

职业道德的基本职能是调节职能，它一方面可以调节从业人员内部的关系，即运用职业道德规范约束职业内部人员的行为，促进职业内部人员的团结与合作，加强职业、行业内部人员的凝聚力，另一方面，职业道德又可以调节从业人员与服务对象之间的关系，用来塑造本职业从业人员的社会形象。

企业是具有社会性的经济组织，在企业内部存在着各种复杂的关系，这些关系既有相互协调的一面，也有矛盾冲突的一面，如果解决不好，将会影响企业的凝聚力。这就要求企业所有的员工都应从大局出发，光明磊落、相互谅解、相互宽容、相互信赖、同舟共济，而不能意气用事、互相拆台。总之，促进企业和谐发展要求职工必须具有较高的职业道德觉悟。

现在，各行各业从宏观到微观都建立了经济责任制，并与企业、个人的经济利益挂钩，从业者的竞争观念、效益观念、信息观念、时间观念、物质利益观念、效率观念都很强，这使得各行各业产生了新的生机和活力。但另一方面，由于社会观念的相对转弱，又往往会产生只顾小集体利益，不顾大集体利益；只顾本企业利益，不顾国家利益和社会利益；只顾个人利益，不顾他人利益；只顾眼前利益，不顾长远利益等问题。因此，加强职业道德建设，教育员工顾大局、识大体，正确处理国家、集体和个人三者之间的关系，防止各种旧思想、旧道德对员工的腐蚀就显得尤为重要。要促进企业内部上下级之间、部门之间、员工之间团结协作，使企业真正成为一个具有社会主义精神风貌的和谐集体。

3. 加强职业道德建设，是提高企业竞争力的必要措施

当前市场竞争激烈，各行各业都讲经济效益，这就促使企业的经营者在竞争中不断开拓创新。但行业之间为了自身的利益，会产生很多新的矛盾，形成自我力量的抵消，使一些企业的经营者在竞争中单纯追求利润、产值，不求质量，或者以次充好、以假乱真，不顾社会效益，损害国家、人民和消费者的利益，这只能给企业带来短暂的收益，当企业失去了消费者的信任，也就失去了生存和发展的源泉，难以在竞争的激流中屹立不倒。在企业中加强职业道德建设，可使企业在追求自身利润的同时，又能创造好的社会效益，从而提升企业形象，赢得持久而稳定的市场份额，同时，也可使企业内部员工之间相互尊重、相互信任、相互合作，从而提高企业凝聚力。如此，企业方能在竞争中稳步发展。

现阶段的企业，在人财物、产供销方面都有极大的自主权，但粗放型经济增长方式在建设、生产、流通等各个领域，突出表现为管理水平低、物资消耗高、科技含量低、资金周转慢、经济效益差等，在转方式、调结构的新常态下，新旧经济体制机制的变革已进入了深化阶段，旧的经济体制机制在许多方面失去了效应，而新的经济体制机制还没有完全建立起来，同时，人们在认识上缺乏科学的发展观念。解决这些问题，当然要坚定不移地推进改革，进一步完善经济、法制、行政的调节机制，但运用道德手段来调节和规范企业及员工的经济行为也是符合规律的极其重要的工作。因此，随着改革的深入，人们的道德责任感应当加强而不是削弱。

4. 加强职业道德建设，是个人职业健康发展的基本保障

市场经济对于职业道德建设有其积极一面，也有消极的一面，它的自发性、自由性、注重经济效益的特性，诱惑一些人“一切向钱看”，唯利是图，不择手段追求经济效益，从而走上不归路，断送前程。通过加强职业道德建设，提高从业人员的道德素质，使其树立职业理想，增强职业责任感，进而能够形成良好的职业行为。当从业人员具备职业道德精神，将职业道德作为行为准则时，就能抵抗物欲诱惑，而不被利益所熏心，脚踏实地在本行业中追求进步。在社会主义市场经济条件下，弄虚作假、以权谋私、损人利己的人不但给社会、国家利益造成损害，自身发展也会受到影响，长远来看，只有具备职业道德精神的从业人员，才能在社会中站稳脚跟，成为社会的栋梁之材，在为社会创造效益的同时，也保障了自身的职业健康发展。

5. 加强职业道德建设，是提高全社会道德水平的重要手段

职业道德是整个社会道德的主要内容，它一方面涉及每个从业者如何对待职业，如何对待工作，同时也是一个从业人员的生活态度、价值观念的表现，是一个人的道德意识和道德行为发展到成熟阶段的体现，具有较强的稳定性和连续性。另一方面，职业道德也是一个职业集体甚至一个行业全体人员的行为表现，如果每个行业、每个职业集体都具备优良的道德，那么对整个社会道德水平的提高就会发挥重要作用。

第 2 节　建设行业从业人员的职业道德

对于建设行业从业人员来说，一般职业道德要求主要有忠于职守、热爱本职，质量第一、信誉至上，遵纪守法、安全生产，文明施工、勤俭节约，钻研业务、提高技能等内容，这些都需要全体人员共同遵守。对于建设行业不同专业、不同岗位从业人员，还有更加具有针对性和更加具体的职业道德要求。

5.2.1　一般职业道德要求

1. 忠于职守，热爱本职

一个从业人员不能尽职尽责，忠于职守，就会影响整个企业或单位的工作进程，严重的还会给企业和国家带来损失，甚至还会在国际上造成不良影响。因此，应当培养高度的职业责任感，以主人翁的态度对待自己的工作，从认识、情感、信念、意志乃至习惯上养成“忠于职守”的自觉性。

（1）忠实履行岗位职责，认真做好本职工作。岗位责任一般包括：岗位的职能范围与工作内容；在规定的时间内完成的工作数量和质量。忠实履行岗位职责是国家对每个从业人员的基本要求，也是职工对国家、对企业必须履行的义务。

（2）反对玩忽职守的渎职行为。玩忽职守、渎职失责的行为，不仅影响企业的正常活动，还会使公共财产、国家和人民的利益遭受损失，严重的将构成渎职罪、玩忽职守罪、重大责任事故罪，而受到法律的制裁。作为一个建设行业从业人员，就要从一点一滴做起，忠实履行自己的岗位职责。

2. 质量第一，信誉至上

“质量第一”就是在施工时要对建设单位（用户）负责，从每个人做起，严把质量关，做到所承建的工程不出次品，更不能出废品，争创全优工程。建设领域的质量工作不仅是企业生产经营管理的核心问题，也是企业职业道德建设中的一个最重要课题。

（1）百年大计，质量第一。建筑工程的质量是建筑企业的生命，建筑企业要向企业全体职工，特别是一线职工反复地进行“百年大计，质量第一”的宣传教育，增强落实“质量第一”方针的自觉性，同时要“奖优罚劣”，严格执行制度，认真检查考核；

（2）诚实守信，履行合同。信誉，是信用和名誉两者在职业活动中的统一。一旦签订合同，就要严格认真履行，不能不守信用，更不能见利忘义。“信招天下客，誉从信中来”，企业生产经营要真诚待客，服务周到，产品上乘，质量良好，以获得社会肯定。

建设行业职工应该从我做起，在职业道德建设中牢固树立诚信观念，使诚实守信成为每个建筑企业的精神，成为每个建筑职工进行职业活动的灵魂。

3. 遵纪守法，安全生产

遵纪守法，是一种高尚的道德行为，作为一个建设领域的从业人员，更应强调在日常生产劳动中遵守纪律。自觉遵守劳动纪律，维护生产秩序，不仅是企业规章制度的要求，也是建筑行业职业道德的要求。

严格遵守劳动纪律，要求做到：听从指挥，服从调配，按时、按质、按量完成生产任务；保证劳动时间，不迟到、不早退、不旷工，遵守考勤制度；认真执行岗位责任制和承包责任制，坚守工作岗位，不玩忽职守，在施工中精力要集中，不干私活，不拉扯闲谈开玩笑，不做与本职工作无关的事；要文明施工、安全生产，严格遵守操作规程，不违章指挥、违章作业；做遵纪守法、维护生产秩序的模范。

4. 文明施工，勤俭节约

文明施工就是坚持合理的施工程序，按既定的施工组织设计科学组织施工，严格执行现场管理制度，做到经常监督检查，保证现场整洁，工完场清，材料堆放整齐，施工秩序良好。

勤俭就是勤劳俭朴，节约就是把不必使用的节省下来。换句话说，一方面要多劳动、多学习、多开拓、多创造社会财富；另一方面又要俭朴办企业，合理使用人力、物力、财力，精打细算，节省开支、减少消耗，降低成本，提高劳动生产率，提高资金利用率，避免浪费和无谓的损失。

5. 钻研业务，提高技能

企业要在优胜劣汰的竞争中立于不败之地，并保持蓬勃的生机和活力，从内因来看，很大程度上取决于企业是否拥有现代化建设所需要的各种适用人才。企业要实现技术先进、管理科学、产品优良，关键是要有人才优势。企业的职工素质优劣往往决定了企业的兴衰。科学技术越进步，人才在生产力发展中的作用也就越大，作为建设行业从业人员，要努力学习先进技术和专门知识，了解行业发展方向，适应新的时代要求。

5.2.2 个性化职业道德要求

在遵守一般职业道德要求的基础上，建设行业从业人员还应遵守各自的特殊、详细职业道德要求。为加强建筑业社会主义精神文明建设，提高全行业的整体素质，树立良好的行业形象，一九九七年九月，中华人民共和国建设部建筑业司组织起草了《建筑业从业人员职业道德规范（试行)》，并下发施行。其中，重点对项目经理、工程技术人员、管理人员、工程质量监督人员、工程招标投标管理人员、建筑施工安全监督人员、施工作业人员的职业道德规范提出了要求。

1. 对项目经理的主要要求：强化管理，争创效益　对项目的人财物进行科学管理；加强成本核算，实行成本否决，厉行节约，精打细算，努力降低物资和人工消耗。讲求质量，重视安全，加强劳动保护措施，对国家财产和施工人员的生命安全负责，不违章指挥，及时发现并坚决制止违章作业，检查和消除各类事故隐患。关心职工，平等待人，不拖欠工资，不敲诈用户，不索要回扣，不多签或少签工程量或工资，搞好职工的生活，保障职工的身心健康。发扬民主，主动接受监督，不利用职务之便谋取私利，不用公款请客送礼。用户至上，诚信服务，积极采纳用户的合理要求和建议，建设用户满意工程，坚持保修回访制度，为用户排忧解难，维护企业的信誉。

2. 对工程技术人员的主要要求：热爱科技，献身事业，不断更新业务知识，勤奋钻研，掌握新技术、新工艺。深入实际，勇于攻关，不断解决施工生产中的技术难题提高生产效率和经济效益。一丝不苟，精益求精，严格执行建筑技术规范，认真编制施工组织设计，积极推广和运用新技术、新工艺、新材料、新设备，不断提高建筑科学技术水平。以身作则，培育新人，既当好科学技术带头人，又做好施工科技知识在职工中的普及工作。严谨求实，坚持真理，在参与可行性研究时，协助领导进行科学决策；在参与投标时，以合理造价和合理工期进行投标；在施工中，严格执行施工程序、技术规范、操作规程和质量安全标准。

3. 对管理人员的主要要求：遵纪守法，为人表率，自觉遵守法律、法规和企业的规章制度，办事公道。钻研业务，爱岗敬业，努力学习业务知识，精通本职业务，不断提高工作效率和工作能力。深入现场，服务基层，积极主动为基层单位服务，为工程项目服务。团结协作，互相配合，树立全局观念和整体意识，遇事多商量、多通气，互相配合，互相支持，不推诿、不扯皮，不搞本位主义。廉洁奉公，不谋私利，不利用工作和职务之便吃拿卡要。

4. 对工程质量监督人员的主要要求：遵纪守法，秉公办事，贯彻执行国家有关工程质量监督管理的方针、政策和法规，依法监督，秉公办事，树立良好的信誉和职业形象。敬业爱岗，严格监督，严格按照有关技术标准规范实行监督，严格按照标准核定工程质量等级。提高效率，热情服务，严格履行工作程序，提高办事效率，监督工作及时到位。公正严明，接受监督，公开办事程序，接受社会监督、群众监督和上级主管部门监督，提高质量监督、检测工作的透明度，保证监督、检测结果的公正性、准确性。严格自律，不谋私利，严格执行监督、检测人员工作守则，不在建筑业企业和监理企业中兼职，不利用工作之便介绍工程进行有偿咨询活动。

5. 对工程招标投标管理人员的主要要求：遵纪守法，秉公办事，在招标投标各个环节要依法管理、依法监督，保证招标投标工作的公开、公平，公正。敬业爱岗，优质服务，以服务带管理，以服务促管理，寓管理于服务之中。接受监督，保守秘密，公开办事程序和办事结果，接受社会监督、群众监督及上级主管部门的监督，维护建筑市场各方的合法权益。廉洁奉公，不谋私利，不吃宴请，不收礼金，不指定投标队伍，不准泄露标底，不参加有妨碍公务的各种活动。

6.对建筑施工安全监督人员的主要要求：依法监督，坚持原则，宣传和贯彻“安全第一，预防为主”的方针，认真执行有关安全生产的法律、法规、标准和规范。敬业爱岗、忠于职守，以减少伤亡事故为本，大胆管理。实事求是，调查研究，深入施工现场，提出安全生产工作的改进措施和意见，保障广大职工群众的安全和健康。努力钻研，提高水平，学习安全专业技术知识，积累和丰富工作经验，推动安全生产技术工作的不断发展和完善。

7.对施工作业人员的主要要求：苦练硬功，扎实工作，刻苦钻研技术，熟练掌握本工作的基本技能，努力学习和运用先进的施工方法，练就过硬本领，立志岗位成才。热爱本职工作，不怕苦、不怕累，认认真真，精心操作。精心施工，确保质量，严格按照设计图纸和技术规范操作，坚持自检、互检、交接检制度，确保工程质量。安全生产，文明施工，树立安全生产意识，严格执行安全操作规程，杜绝一切违章作业现象。维护施工现场整洁，不乱倒垃圾，做到工完场清。不断提高文化素质和道德修养。遵守各项规章制度，发扬劳动者的主人翁精神，维护国家利益和集体荣誉，服从上级领导和有关部门的管理，争做文明职工。

第3节 建设行业职业道德的核心内容

5.3.1 爱岗敬业

爱岗就是热爱自己的工作岗位，敬业就是要用一种恭敬严肃的态度对待自己的工作，爱岗敬业作为最基本的职业道德规范，是对人们工作态度的一种普遍要求。宋朝朱熹对“敬业”的解释是：“专心致志，以事其业”，即敬业的核心要求是严肃认真，一心一意，精益求精，尽职尽责。古人提倡的这种工作态度今天仍然没有过时。对自己工作岗位的爱，对自己所从事职业的敬，既是社会的需要，也是从业者应该自觉遵守的道德要求。职业不仅是个人谋生的手段，也是从业者不断完成自身社会化的重要条件，是个人实现自我、完善自我不可或缺的舞台。爱岗敬业所表达的最基本的道德要求应当是：干一行爱一行，爱一行钻一行，“以辛勤劳动为荣、以好逸恶劳为耻”。这是社会对每个从业者的要求，更应当是每个从业者对自己的自觉约束。

爱岗敬业是人类社会最为普遍的奉献精神，它看似平凡，实则伟大。一份职业，一个工作岗位，都是一个人赖以生存和发展的基本保障。同时，一个工作岗位的存在，往往也是人类社会存在和发展的需要。所以，爱岗敬业不仅是个人生存和发展的需要，也是社会存在和发展的需要。只有爱岗敬业的人，才会在自己的工作岗位上勤勤恳恳，不断地钻研学习，一丝不苟，精益求精，才有可能为社会做出崇高而伟大的奉献。

爱岗敬业需要热爱本职工作、热爱自己的单位。职工要做到爱岗敬业，首先应该热爱单位，树立坚定的事业心。只有真正做到甘愿为实现自己的社会价值而自觉投身这种平凡，对事业心存敬重，甚至可以以苦为乐、以苦为趣才能产生巨大的拼搏奋斗的动力。我们的劳动是平凡的，但追求可以是高尚的，人的一生应该有明确的工作和生活目标，为理想而奋斗虽苦虽累，但也乐在其中，热爱事业，关心单位事业发展，这是每个职工应当具备的品质。

爱岗敬业需要有强烈的责任心。责任心是指对事情能敢于负责、主动负责的态度，一个人的责任心如何，决定着他在工作中的态度，决定着其工作的好坏和成败。如果一个人没有责任心，即使他有再高的技能，也不一定能做出好的成绩来。有了责任心，才会认真地思考，勤奋地工作，细致踏实，实事求是；才会按时、按质、按量完成任务，圆满解决问题；才能主动处理好分管工作，从事业出发，以工作为重，有人监督与无人监督都能主动承担责任而不推卸责任是爱岗敬业的体现。

5.3.2 诚实守信

诚实守信就是指言行一致，表里如一，真实无欺，相互信任，遵守诺言，忠实地履行自己应当承担的责任和义务。诚实守信作为社会主义职业道德的基本规范，是和谐社会发展的必然要求，它不仅是建设领域职工安身立命的基础，也是企业赖以生存和发展的基石。

在公民道德建设中，把“诚实守信”融入职业道德的各个领域和各个方面，使各行各业的从业人员，都能在各自的职业中，培养诚实守信的观念，忠诚于自己从事的职业，信守自己的承诺。对一个人来说，“诚实守信”既是一种道德品质和道德信念，也是每个公民的道德责任，更是一种崇高的“人格力量”，因此“诚实守信”是做人的“立足点”。对一个团体来说，它是一种“形象”，一种品牌，一种信誉，一个使企业兴旺发达的基础。对一个国家和政府来说，“诚实守信”是“国格”的体现，对国内，它是人民拥护政府、支持政府、赞成政府的一个重要的支撑；对国际，它是显示国家地位和国家尊严的象征，是国家自立自强于世界民族之林的重要力量，也是良好“国际形象”和“国际信誉”的标志。

“以诚实守信为荣，以见利忘义为耻”，是社会主义荣辱观的重要内容。市场经济是交换经济、竞争经济，又是一种契约经济。保证契约双方履行自己的义务，是维护市场经济秩序的关键。而“诚实守信”对保证市场经济沿着社会主义道路向前发展，有着特殊的指向作用。一些企业之所以能兴旺发达，在世界市场占有重要地位，尽管原因很多，但“以诚信为本”，是其中的一个决定的因素；相反，如果为了追求最大利润而弄虚作假、以次充好、假冒伪劣和不讲信用，尽管也可能得利于一时，但最终必将身败名裂、自食其果。在前一段时期，我国的一些地方、企业和个人，曾以失去“诚实守信”而导致“信誉扫地”，在经济上、形象上蒙受了重大损失。一些地方和企业，“痛定思痛”，不得不以更大的代价，重新铸造自己“诚实守信”形象，这个沉痛教训，是值得认真吸取的。

一个行业、一个企业的信誉，也就是它们的形象、信用和声誉，是指企业及其产品与服务在社会公众中的信任程度，提高企业的信誉主要靠产品的质量和服务质量，而从业人员职业道德水平高是产品质量和服务质量的有效保证。如江苏省的建筑队伍，由于素质过硬，吃苦耐劳、能征善战，狠抓工程质量、工程进度和安全生产，在全国建造了众多荣获鲁班奖的地标建筑，被誉为江苏建筑铁军。这支队伍在上海世博会的建设上曾大展风采，江苏建筑铁军凭借过硬的质量、创新的科技、可靠的信誉和一流的素质，成为世博会场馆建设的主力军。江苏建筑企业承接完成了英国馆、比利时馆、奥地利馆、阿曼馆、俄罗斯馆、沙特馆、爱尔兰馆、意大利馆和震旦馆、万科馆、气象馆、航空馆、世博村酒店等14个世博会展馆和附属工程的总包项目，是除上海以外承担场馆建设项目最多、工程科技含量最大、施工技术要求最高的省份。

5.3.3 安全生产

近年来，建筑工程领域对工程的要求由原来的三“控”（质量、工期、成本）变成

“四控”（质量、工期、成本、安全），特别增加了对安全的控制，可见安全越来越成为建筑业一个不可忽视的要素。

安全，通常是指各种（指天然的或人为的）事物对人不产生危害、不导致危险、不造成损失、不发生事故、运行正常、进展顺利等状态，近年来，随着安全科学（技术）学科的创立及其研究领域的扩展，安全科学（技术）所研究的问题已不再仅局限于生产过程中的狭义安全内容，而是包括人们从事生产、生活以及可能活动的一切领域、场所中的所有安全问题，即称为广义的安全。这是因为，在人的各种活动领域或场所中，发生事故或产生危害的潜在危险和外部环境有害因素始终是存在的，即事故发生的普遍性不受时空的限制，只要有人和危害人身心安全与健康的外部因素同时存在的地方，就始终存在着安全与否的问题。换句话说，安全问题存在于人的一切活动领域中，伤亡事故发生的可能性始终存在，人类遭受意外伤害的风险也永远存在。

虽然目前我国已经建立了一套较为完整的建筑安全管理组织体系，建筑安全管理工作也取得了较为显著的成绩，但整体形势依然严峻。近十年来我国建筑业百亿元产值死亡率一直呈下降趋势，然而从绝对数上看死亡人数和事故发生数却一直居高不下。因此安全第一、预防为主、综合治理就成了建设行业一项十分重要的工作。

安全文明生产是指以高尚的道德规范为准则，按现代化生产的客观要求进行生产活动的行为，具体表现为物质文明和精神文明两个方面。在这里物质文明是指为社会生产出优质的符合要求的建筑或为业主提供优质的服务。精神文明体现出来的是建筑员工的思想道德素质和精神面貌。安全施工就是在施工过程中强调安全第一，没有安全的施工，随时都会给生命带来危害、给财产造成损失。安全生产、文明施工是社会主义文明对建筑行业的要求，也是建筑行业员工的岗位规范要求。

要达到安全生产、文明施工的要求，一些最基本的要求首先必须做到：

1. 相互协作，默契配合。在生产施工中，各工序、工种之间、员工与领导之间要发扬协作精神，互相学习，互相支援。协调处理好工地上各工种之间的进度不一、互不相让的局面，使工程能够在确保安全的前提下按时按质的完成。

2. 严格遵守操作规程。从业人员在施工中要强化安全意识，认真执行有关安全生产的法律、法规、标准和规范，严格遵守操作规程和施工程序，进入工地要戴安全帽，不违章作业，不野蛮施工，不乱堆乱扔。

3. 讲究施工环境优美，做到优质、高效、低耗。做到不乱排污水，不乱倒垃圾，不遗撒渣土，不影响交通，不扰民施工。

5.3.4 勤俭节约

勤俭节约是指在施工、生产中严格履行节省的方针，爱惜公共财物和社会财物以及生产资料。降低企业成本是指企业在日常工作中将成本降低，通过技术提高效率、减少人员投入、降低人员工资或提高设备性能等方法，将成本降低。作为建筑施工企业的员工，必须要做到杜绝资源的浪费。资源是有限的，但人类利用资源的潜力是无限的，我们应该杜绝不合理的浪费资源现象的发生。在当今建筑施工企业竞争日益激烈的局面中，勤俭节约，降低成本是每一个从业人员都应该努力做到的。员工与公司的关系实质上是同舟共济、并肩前进的关系，只有每个员工都从自身做起，严格要求自己，我们的建筑施工企业才能不断发展壮大。

人才是重要的社会资源，建筑企业要充分发挥员工的才能，让员工在合适的岗位上做出相应的业绩。企业更应当采取各种措施培养人才，留住人才，避免人才流动频繁。每一个员工也都应该关心本企业的发展，以积极向上的精神奉献社会。

5.3.5 钻研技术

技术、技巧、能力和知识是为职业服务的最基本的“工具”，是提高工作效率的客观需要，同时也是搞好各项工作的必要前提。从业人员要努力学习科学文化知识，刻苦钻研专业技术，精通本岗位业务。创新是人类发展之本，从业人员应该在实际工作中不断探索适于本职工作的新知识，掌握新本领，才能更好地获得人生最大的价值。

第4节 建设行业职业道德建设的现状与发展要求

5.4.1 职业道德建设面临的现实问题

1.质量安全问题频发，敲响职业道德建设警钟。从目前我国建设领域总的发展形势来看，总体上各方面还是好的，无论是工程规模、业绩、质量、效益、技术等都取得了很大突破。虽然行业的主流是好的，但出现的一些问题必须引起人们的高度重视。因为，作为百年大计的建筑物产品，如果质量差，则损失和危害无法估量。例如“5.12”汶川地震中某些倒塌的问题房屋，杭州地铁坍塌，上海、石家庄在建楼房倒楼事件以及由于其他一些因为房屋质量、施工技术问题引发的工程事故，对建设行业敲响了职业道德建设警钟。

2.营造市场经济良好环境，急切呼唤职业道德。众所周知，一座建筑物的诞生需要有良好的设计、周密的施工、合格的建筑材料和严格的检验与监督。然而，在一段时间内许多设计不仅结构不合理、计算存在偏差，而且根本不考虑相关因素，埋下很大隐患；施工过程中秩序混乱；建筑材料伪劣产品层出不穷，人情关系和金钱等因素严重干扰建筑工程监督的严肃性。这一系列环节中的问题，使我国近几年的建筑工程质量事故屡见不鲜。影响建筑工程质量的因素很多，但是道德因素是重要因素之一，所以，新形势下的社会主义市场经济急切呼唤职业道德。

面对市场经济大潮，建筑企业逐渐从传统的计划经济体制中走了出来。面对市场竞争，人们要追求经济效益，要讲竞争手段。我国的建筑市场竞争激烈，特别是我国各省市发展不平衡，建筑行业的法规不够健全，在竞争中引发出一些职业道德病。每当我国大规模建设高潮到来时，总伴随着工程质量问题的增加。一些建筑企业为了拿到工程项目，使用各种手段，其中手段之一就是盲目压价，用根本无法完成工程的价格去投标。中标后就在设计、施工、材料等方面做文章，启用非法设计人员搞黑设计，施工中偷工减料，材料上买低价伪劣产品，最终，使建筑物的“百年大计”大大打了折扣。

市场经济不仅要重视经济效益，也要重视社会效益，并且这两种效益密不可分。一个建筑企业如果只重视经济效益，而不重视社会效益，最终必然垮台。实践证明，许多企业并不是垮在技术方面，而是垮在思想道德方面。我国的建筑业要振兴，必须大力加强建筑行业职业道德建设。否则，有可能给中华大地留下一堆堆建筑垃圾，建筑业的发展和繁荣最终成为一句空话。一个企业不仅要在施工技术和经营管理方面有发展，在企业员工职业道德建设方面也不可忽视，否则，将会严重影响我们国家的社会主义经济建设的发展。

5.4.2 职业道德建设的行业特点

开展建设行业职业道德建设，要注意结合行业自身的特点。以建筑行业为例，职业道德建设必须考虑以下几个方面特点：

1. 人员多、专业多、岗位多

我国建筑行业有着逾千万人员，40 多个专业，30 多个岗位，100 多个职业工种。且众多工种的从业人员中，80%左右来自广大农村，全国各地都有，语言不一，普遍文化程度较低，基本上从业前没有受过专门专业的岗位培训教育，综合素质相对不高。对这些员工来讲应该积极参加各类教育培训，认真学习文化、专业知识，努力提高职业技能和道德素质。

2. 条件艰苦，任务繁重

建筑行业大部分属于露天作业、高空作业，有些工地多在人烟荒芜地带，工人常年日晒雨淋，生产生活场所条件艰苦，作业人员缺乏必要的安全作业生产培训，安全作业存在隐患，安全设施落后和不足，安全事故频发。随着经济社会的不断发展和国家社会越来越注重以人为本的理念，经济发达地区的企业对于现场工地人员的生活条件进行了明显改善。同时对建筑行业中房屋的质量、工期、人员安全要求也更高，加强职业道德建设成为一项必要的内容。

3. 施工涉及面大，人员流动性强

建筑行业从业人员的工作地点很难长期固定在一个地方，人员来自全国各地又流向全国各地。随着一个施工项目的完工，建设者会转移到别的地方，可以说这些人是四海为家，随处奔波，很难长期定点接受一定的职业道德教育培训。

4. 各工种之间联系紧密

建筑行业的各专业、岗位和工种之间有一种承前启后的紧密联系。所有工程的建设，都是由多个专业、岗位、工种共同来完成的，每个职业所完成的每项任务，既是对上一个岗位的承接，也是对下一个岗位的延续，直到工程竣工验收。因此，加强团结协作教育、服务意识教育非常必要。

5. 具有较强的社会性

一座建筑物的完工，凝聚了多方面的努力，体现了其社会价值和经济价值。同时，建筑行业随着国民经济的发展，其行业地位和作用也越来越重要，行业的发展关乎国计民生。建筑工程项目生产过程中，几乎与国民经济中所有部门都有协作关系，而且一旦建成为商品，其功能应满足社会的需要，满足国民经济发展的需要。建筑物只有在体现出自身的社会价值之后才能体现出自身的经济价值。

因此，开展建筑行业的职业道德建设，一定要联系上述特点，因地制宜地实施行业的职业道德建设。要以人为本，遵守职业道德规范，一切为了社会广大人民和子孙后代的利益，坚持社会主义、集体主义原则，发挥行业人员优秀品质，严谨务实，艰苦奋斗、团结协作，多出精品优质工程，体现其社会价值和经济价值。

5.4.3 加强建设行业职业道德建设的措施

职业道德建设是塑造建筑行业员工行业风貌的一个窗口，也是提高行业竞争力和发展势头的重要保证。职业道德建设涉及政府部门、行业企业、职工队伍等多个方面，需要齐抓共管，各司其职，各负其责。

1. 发挥政府职能作用，加强监督监管和引导指导

政府各级建设主管部门要加强监督和引导，要重视对建设行业职业道德标准的建立完善，在行政立法上约束那些不守职业道德规范的员工，建立健全建设行业职业道德规范和制度。坚持“教育是基础”，编制相关教材，开展骨干培训，积极采用广播电视网络开展宣传教育。不但要努力贯彻实施住房和城乡建设部制定颁布的行业职业道德准则，有条件的可以下企业了解并制定和健全不同行业、工种、岗位的职业道德规范，并把企业的职业道德建设作为企业年度评优的重要参考内容。

2. 发挥企业主体作用，抓好工作落实和服务保障

企业要把员工职业道德建设作为自身发展的重要工作来抓，领导班子和管理者首先要有对职业道德建设重要性的充分认识，要起模范带头作用。企业领导应关注职业道德建设的具体工作落实情况，企业的相关部门要各负其责，抓好和布置具体活动计划，使企业的职业道德建设工作有序开展。

3. 改进教学手段，创新方式方法

限于目前建设行业特别是建筑行业自身的特点，建筑队伍素质整体上文化水平不是很高，大部分职工接受文化教育的能力有限。因此，在教育时要改进教学手段，创新方式方法，尽量采用一些通俗易懂的方法，防止生硬、呆板、枯燥的教学方式，努力营造良好的学习教育氛围，增加职工对职业道德学习的兴趣。可以采用报纸、讲演、座谈、黑板报、企业报、网络新闻电视传媒等多种有效的宣传教育形式，使职工队伍学习到更多的施工技术、科学文化、道德法律等方面知识。可以充分利用工地民工学校这样的便捷教育场地，利用员工工作的业余时间对其培训或集中进行专门培训；应将岗位业务培训和职业道德教育培训相结合，在班前班后对其进行针对性安全技术教育培训等，使广大员工进行全面有效的职业技能和职业道德教育学习，从而为行业员工队伍建设打好坚实基础。

4. 结合项目现场管理，突出职业道德建设效果

项目部等施工现场作为建设行业的第一线，是反映建设行业职业道德建设的窗口。在开展职业道德建设中要认真做好施工现场管理工作，做到现场道路畅通，材料堆放整齐，防护设备完备，周围环境整洁，努力创建安全文明样板工地，充分展示建设工地新形象。要把提高项目工程质量目标、信守合同作为职业道德建设的一个重要一环，高度注重：施工前为用户着想；施工中对用户负责；完工后使用户满意。把它作为建设企业职业道德建设工作实践的重要环节来抓。

5. 开展典型性教育，发挥惩奖激励机制作用

在职业道德教育中，应当大力宣传身边的先进典型，用先进人物的精神、品质和风格去激发职工的工作热情。此外，应当在项目建设中建立惩奖激励机制。一个品质项目的诞生，离不开那些有着特别贡献的员工，要充分调动广大员工的积极性和主动性，激发其创新潜能和发挥其奉献精神，对优秀施工班组和先进个人实行物质精神奖励，使其成为其他员工的学习榜样。同时，对不遵章守规、作风不良的员工应该曝光、批评，指出缺点错误，使其在接受教育中逐步改进。

6. 倡导以人为本理念，改善职工工作生活环境

随着经济社会的发展，政府和社会更加重视对人的关心、关怀，努力使广大职工有一个良好的工作生活环境，为他们解决生产生活方面的困难，如开展夏季的降温解暑工作，冬天的供热保暖工作，春节、中秋等节假日的慰问、团拜工作，以及举办一些丰富职工业余生活的文化活动。这些工作能使广大职工感觉到企业和社会对他们的关爱，从而更加热爱这份职业，在实现自身价值过程中更加充分展现职业道德风貌。

5.4.4 践行社会主义核心价值观，提升建设行业职业道德建设水平

社会主义核心价值观是当今中国社会精神生活领域占主导和引领地位的价值观念，在个人层面，“爱国、敬业、诚信、友善”为人们判断行为得失提供了基本标准，既注重人与人之间关系的协调，也重视个人与国家、个人与社会关系的协调。在社会层面，“自由、平等、公正、法治”协调和处理的是个人与社会的关系。在国家层面，建设“富强、民主、文明、和谐”的社会主义现代化国家，反映了广大人民的共同意愿，协调和处理的是个人与国家的关系。践行社会主义核心价值观对于道德建设具有重要的指导意义，而加强道德建设又对践行社会主义核心价值观发挥着基础性作用，二者互有联系，相辅相成。

社会主义核心价值观作为历史规律的反映、时代精神的升华、人民利益的体现、思想文化的核心，对于建设行业职工队伍来说，有着导向、激励、规范等作用，应将其贯穿于工作生活的各个层面，通过教育引导、文化熏陶、实践养成、制度保障等，使其内化为人们的精神追求，外化为人们的自觉行动。要紧密结合工作实际践行社会主义核心价值观，促进从业者的职业道德意识提升，陶冶职业道德情操，做弘扬中华美德的参与者、传播者和推动者，以实际行动向社会传递正能量，引领社会主义新风尚。要调动职工队伍的工作积极性和创造性，通过弘扬工人阶级的劳模精神，发挥工人阶级的主力军作用，发展工人阶级的先进性品格，最终达到全面提升建设行业职业道德建设水平的目标。